# 前　言

　　本书为全国机械行业职业教育优质规划教材（高职高专），经全国机械职业教育教学指导委员会审定。

　　本书遵循高等职业教育规律，结合企业生产实际，以满足职业岗位需求为出发点，以职业能力培养为重点，以工作过程为导向，以任务驱动为主线进行编写。书中内容基于机械行业真实产品的生产工艺，由易到难、由简单到复杂、由单项到综合设计教学内容，将学生应掌握的知识点融入选择的载体当中。学生通过项目训练掌握金属车削的基本知识和技能、培养职业素质，为将来就业打下坚实的基础。

　　编者通过广泛的社会调查和行业分析，依照岗位分析和具体的工作过程，在充分分析车工职业岗位能力的前提下，参照车工岗位职业标准中涉及的加工知识和技能要求，确定以车削入门、车削直轴、车削台阶轴、车削槽轴与细长轴、车削圆锥轴、车削螺纹轴、车削套、车削偏心零件、车削成形件、车削组合件作为本书内容。此外，本书还引入了行业标准，将车工职业技能鉴定内容融入课程教学中，实现双证融通，为学生的后续发展奠定了基础。

　　本书由大庆职业学院葛乐清、大庆技师学院代金凤任主编，大庆职业学院王莎、中石油车工技能专家许斌、大庆油田装备制造集团力神泵业有限公司黄华庆任副主编，大庆技师学院潘学民参与了本书编写。全书由葛乐清统稿。本书的项目一、附录由王莎编写，项目二、三、六由葛乐清编写，项目四、五、八由代金凤编写，项目七由潘学民编写，项目九、十由王莎、许斌、黄华庆编写。

　　本书在编写过程中得到了大庆油田装备制造集团的大力支持与帮助，在此表示衷心感谢。

　　由于编者水平有限，书中难免存在一些缺点和不足，恳请读者批评指正。

编　者

# 目 录

# 项目一

# 车削入门

通过学习本项目，了解车削的相关概念，熟悉车床的种类及特点，熟悉车床的结构、型号和主要技术参数，掌握安全生产规程，能对车床进行日常的保养与维护，能掌握车床夹具的定义、分类和应用范围，能熟练地操纵车床。

## 任务一　了解车削及车床

### 学习目标

1) 了解车削的作用及特点。
2) 掌握车床的种类和结构。
3) 掌握车床的型号和主要技术参数。

### 知识准备

#### 一、车削的基本概念

##### 1. 车削的作用及特点

机械装备都是由各种零部件装配而成的，而零部件的加工制造一般离不开金属切削加工，车削是最重要的金属切削加工之一。

车削是在车床上利用工件的旋转运动和刀具的直线运动（或曲线运动）来改变毛坯的形状和尺寸，将毛坯加工成符合图样要求的工件。车工的任务就是操作车床将毛坯加工成符合图样要求的工件。

车削是机械制造业中最基本、最常用的加工方法。通常情况下，在机械制造企业中，车床占机床总数的 30%~50%。在机械制造业中，车削占有举足轻重的地位。因此，车工岗位是装备制造行业最基本、最常见的岗位。

与机械制造业中的钻削、铣削、刨削和磨削等加工方法相比，车削具有以下特点：

1) 适应性强，应用广泛，适用于加工不同材料、不同精度要求的工件。
2) 所用刀具的结构相对简单，制造、刃磨和装夹都比较方便。
3) 车削一般是等截面连续性地进行，因此，切削力变化较小，车削过程相对平稳，生产率较高。车削可以加工出尺寸精度和表面质量较高的工件。

##### 2. 车削加工的基本内容

车削的加工范围很广，其基本内容包括车外圆、车端面、切断和车槽、钻中心孔、钻孔、车孔、铰孔、车螺纹、车圆锥、车成形面、滚花和盘绕弹簧，如图 1-1 所示。

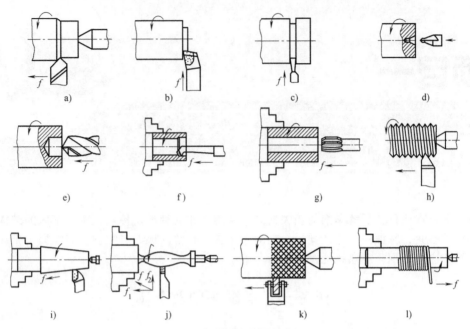

图 1-1  车削的基本内容

a) 车外圆  b) 车端面  c) 切断和车槽  d) 钻中心孔  e) 钻孔  f) 车孔
g) 铰孔  h) 车螺纹  i) 车圆锥  j) 车成形面  k) 滚花  l) 盘绕弹簧

### 3. 车削运动

车削时，为了切除多余的金属，必须使工件和车刀产生相对的车削运动。按其作用划分，车削运动可分为主运动和进给运动两种，如图 1-2 所示。

（1）主运动  机床的主要运动，它消耗机床的主要动力。车削时工件的旋转运动是主运动，通常主运动的速度较高。

（2）进给运动  使工件的多余材料不断被去除的切削运动，如车外圆时的纵向进给运动、车端面时的横向进给运动等。

在车削运动中，工件上会形成已加工表面、过渡表面和待加工表面，如图 1-3 所示。

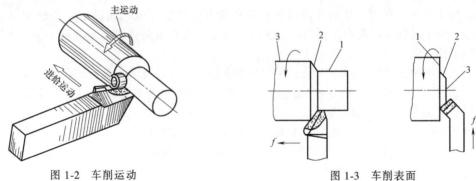

图 1-2  车削运动

图 1-3  车削表面

1—已加工表面  2—过渡表面  3—待加工表面

已加工表面是工件上经车刀车削后产生的新表面。

过渡表面是工件上由车刀正在切削的那部分表面。

待加工表面是工件上有待切除的表面。

## 二、车床的种类和结构

在装备制造领域最常见的车床有卧式车床和立式车床，此外还有转塔车床、多刀半自动车床、仿形车床和自动车床等。这里主要介绍卧式车床和立式车床的结构。

### 1. 卧式车床的结构

CA6140型卧式车床是我国机械制造类企业中使用最普遍的一种车床，其通用性好，结构比较先进，操作方便，外形美观，精度也比较高。图1-4所示为CA6140型卧式车床的外形，它的主要组成部分有：

（1）床身　床身是车床的大型基础部件，有两条精度很高的V形导轨和矩形导轨，主要用于支承和连接车床的各个部件，并保证各部件在工作时有准确的相对位置。

（2）主轴箱　主轴箱支承主轴并带动工件做旋转运动。主轴箱内装有齿轮、轴等零件，以组成变速传动机构。变换主轴箱外的手柄位置，可使主轴获得多种转速，并带动装夹在卡盘上的工件一起旋转。

（3）交换齿轮箱　交换齿轮箱的主要作用是将主轴箱的运动传递给进给箱。更换箱内的齿轮，配合进给箱变速机构，可以车削各种导程的螺纹（或蜗杆），并可以满足车削时对纵向和横向不同进给量的需求。

（4）进给箱　进给箱又称变速箱，是进给传动系统的变速机构。它将交换齿轮箱传递来的运动，经过变速后传递给丝杠或光杠。

（5）溜板箱　溜板箱接收光杠（或丝杠）传递来的运动，操作人员可操纵箱外手柄及按钮，通过快移机构驱动刀架部分以实现车刀的纵向或横向运动。

（6）刀架部分　刀架部分由床鞍、中滑板、小滑板和刀架等组成，用于装夹车刀并带动车刀做纵向运动、横向运动、斜向运动和曲线运动。沿工件轴向的运动为纵向运动，垂直于工件轴向的运动为横向运动。

（7）尾座　尾座安装在床身导轨上，使尾座沿此导轨纵向移动，可以调整其工作位置。尾座主要用来安装后顶尖，以支顶较长工件；也可装夹钻头、铰刀或丝锥等进行加工。

（8）床脚　前后两个床脚分别与床身前后两端下部连为一体，用以支承床身及安装在床

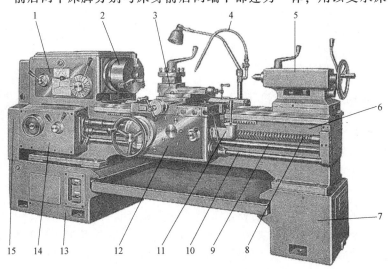

图1-4　CA6140型卧式车床的外形

1—主轴箱　2—卡盘　3—刀架部分　4—冷却嘴　5—尾座　6—床身　7、13—床脚　8—丝杠
9—光杠　10—操纵杆　11—快移机构　12—溜板箱　14—进给箱　15—交换齿轮箱

身上的各个部件。可以通过调整垫块将床身调整到水平状态，然后将其固定在工作场地上。

（9）冷却装置　冷却装置的主要作用是通过冷却泵将切削液加压后经冷却嘴喷射到切削区域。

**2．立式车床的结构原理**

（1）单立柱立式车床的结构原理　图1-5所示为单立柱立式车床。箱形立柱与底座固定连成一体，构成机床的支承骨架。工作台安装在底座的环形导轨上，工件安装在工作台面上，由工作台带动工件绕垂直轴线旋转完成主运动。立柱的垂直导轨上装有横梁和侧刀架，侧刀架可在立柱的导轨上做垂直进给，还可沿刀架滑座的导轨做横向进给。在横梁的水平导轨上装有垂直刀架，垂直刀架可沿横梁导轨做横向进给，还可沿刀架滑座的导轨做垂直进给。刀架滑座可左右旋转一定角度，以使刀架做斜向进给。

（2）双立柱立式车床的结构原理　图1-6所示为双立柱立式车床。横梁沿立柱导轨上下移动，由碟形弹簧通过杠杆夹紧在立柱上，立柱、顶梁、工作台底座组成框架式结构，刚性强，能承受较大的切削负荷。横梁升降的操纵按钮在悬挂按钮站上，横梁上的微动机构可调整横梁的水平位置。左、右两个垂直刀架安装在横梁上，横梁上装有供手动操作刀架的手柄，以便于调整刀架的位置和对刀。滑枕重量由压力油进行平衡，在刀架滑座的上部装有两个卸荷滚子，拧动其上端的螺钉可调整卸荷滚子的承载能力，以便减小手动操作时的用力。工作台由主电动机经变速箱直接起动和制动。各级转速变换由变速箱内的变速液压缸推动交换齿轮实现。工作台主轴上装有一个单向推力球轴承和一个双列短圆柱滚子轴承，以保证主轴在高精度下平稳地工作。横梁、左右刀架上各装有一个润滑手压油泵，以便操作者对它们进行润滑。电气控制采用PLC可编程序控制器实现。

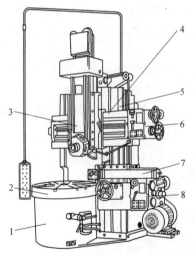

图1-5　单立柱立式车床

1—底座　2—工作台　3—垂直刀架　4—横梁　5—立柱
6—垂直刀架进给箱　7—侧刀架　8—侧刀架进给箱

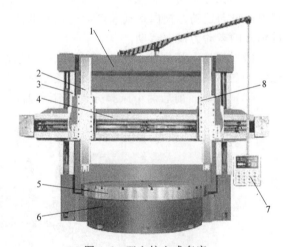

图1-6　双立柱立式车床

1—顶梁　2—垂直刀架　3—立柱　4—横梁　5—工作台
6—底座　7—悬挂按钮站　8—刀架滑座

（3）立式车床的结构特点　主轴竖直布置，一个直径很大的圆形工作台呈水平布置，供装夹工件用，从而使笨重工件的装夹和找正比较方便。由于工件及工作台的重力由床身导轨或推力轴承承受，大大减轻了主轴及其轴承的载荷，所以较易保证加工精度。

（4）立式车床加工工件的类型　立式车床主要用于加工径向尺寸大而轴向尺寸相对较小且形状复杂的大型或重型工件。立式车床加工工件的类型有：大直径的盘类、套类环形工件和薄壁工件；组合件、焊接件及带有各种复杂型面的工件；大直径圆锥工件等。

**3. 其他车床**

（1）回轮车床和转塔车床 回轮车床和转塔车床是在卧式车床的基础上发展起来的两种车床，其与卧式车床的主要区别是：没有尾座和丝杠，而是在卧式车床尾座的位置上有一个可以纵向移动的多工位刀架，其上可装夹多把刀具。加工过程中，多工位刀架可周期性地转位，将不同刀具依次转到加工位置对工件进行加工。回轮车床和转塔车床的优点是：在成批生产中，特别是在加工形状复杂的工件时，生产率比卧式车床高。但是，由于调整此类机床需要花费较多时间，故在单件或小批量生产中受到一定限制；由于没有丝杠，只能用丝锥和板牙加工内、外螺纹。

1）转塔车床。图1-7所示为转塔车床的结构，它除了一个前刀架外，还有一个转塔刀架。前刀架与卧式车床的刀架相似，既可做纵向进给，切削大直径的外圆柱面，也可做横向进给，加工端面和外圆沟槽。转塔刀架可做纵向进给和绕垂直轴线转位，但不能做横向进给。转塔刀架一般为六角形，可在六个面上各装夹一把或一组刀具。转塔刀架用于车削内外圆柱面，如钻孔、扩孔、铰孔、镗孔、攻螺纹和套螺纹等。转塔车床的前刀架和转塔刀架各有一个独立的溜板箱，以控制它们的运动。转塔刀架设有定程装置，加工过程中刀架到达预先调定的位置时，即自动停止进给或快速返回原位。

在转塔车床上加工工件时，需根据工件的加工工艺过程，预先将所用的全部刀具装在刀架上，并根据工件的加工尺寸调整好每把刀具的位置。同时根据需要调整定程装置，以便控制刀具的终点位置。每完成一个工步，刀架手动转位一次，将下一组所需使用的刀具转到加工位置。

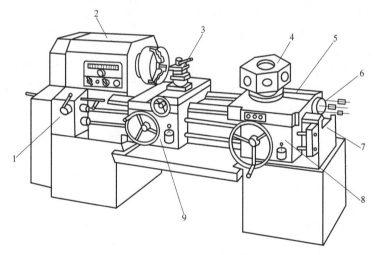

图1-7 转塔车床的结构

1—进给箱 2—主轴箱 3—前刀架 4—转塔刀架 5—纵向刀架滑板 6—定程装置 7—床身
8—转塔刀架溜板箱 9—前刀架溜板箱

2）回轮车床。图1-8a所示为回轮车床的外形，在回轮车床上没有前刀架，只有一个可绕水平轴线转位的圆盘形回轮刀架，其回转轴线与主轴轴线平行。回轮刀架上沿圆周均匀地分布着许多轴向孔（通常为12~16个），如图1-8b所示，供装夹刀具用。当装刀孔转到最高位置时，其轴线与主轴轴线在同一轴线上。回轮刀架随纵向刀架滑板一起，可沿床身导轨做纵向进给运动，进行车内外圆、钻孔、扩孔、铰孔和加工螺纹等工序。

（2）自动车床和多刀车床 无需操作者参与即能自动完成一切切削运动和辅助运动，并且一个工件加工完成后，还能自动重复进行加工的车床，称为自动车床。能自动地完成一个工

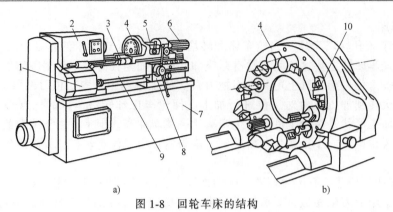

图 1-8　回轮车床的结构

a）外形图　b）回轮刀架

1—进给箱　2—主轴箱　3—刚性纵向定程机构　4—回轮刀架　5—纵向刀架滑板
6—纵向定程机构　7—底座　8—溜板箱　9—床身　10—横向定程机构

作循环，但必须由操作者卸下加工完毕的工件，装上待加工的坯料并重新起动车床，才能开始下一个新的工作循环的车床，称为半自动车床。

自动车床和半自动车床能减轻操作者的劳动强度，并能提高加工精度和劳动生产率。自动车床的分类方法很多，按主轴的数目可分为单轴和多轴，按结构形式可分为立式和卧式，按自动控制方式可分为机械控制、液压控制、电气控制和数字控制等。

1）单轴转塔自动车床。单轴转塔自动车床的结构如图 1-9 所示，其自动循环由凸轮控制。床身 2 固定在底座 1 上，床身的左上方固定有主轴箱 4，在主轴箱的右侧分别装有前刀架 5、后刀架 7 和上刀架 6，它们可以做横向进给运动，用于车成形面、车槽和切断等。在床身的右上方装有可做纵向进给运动的转塔刀架 8，在转塔刀架的圆柱端面上有六个装夹刀具的安装孔，用于完成车外圆、钻孔、扩孔、铰孔、攻螺纹和套螺纹等工作。在床身的侧面装有分配轴 3，其上装有凸轮和定时轮，用于控制机床各部分的协同动作，完成自动工作循环。

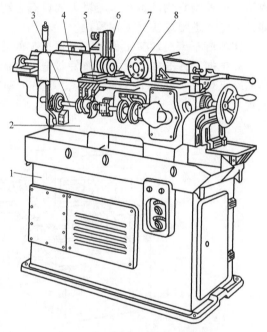

图 1-9　单轴转塔自动车床的结构

1—底座　2—床身　3—分配轴　4—主轴箱
5—前刀架　6—上刀架　7—后刀架　8—转塔刀架

2）多刀车床。多刀车床的车削原理如图 1-10 所示。前刀架用于完成纵向车削，后刀架只能横向进给。前、后刀架上都可以同时装夹多把车刀，可在一次工作行程中对几个表面进行加工。因此，多刀车床具有较高的生产率，可用于批量生产台阶轴及盘、轮类工件。

## 三、车床的型号和主要技术参数

机床型号是机床产品的代号，用以简明地表示机床的类别、主要技术参数和结构特性等。我国目前的机床型号按照

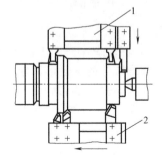

图 1-10　多刀车床的车削原理

1—前刀架　2—后刀架

GB/T 15375—2008《金属切削机床　型号编制方法》编制，其由汉语拼音字母和阿拉伯数字按一定的规律排列组成。例如，CM6140 表示床身上最大工件回转直径为 400mm 的精密卧式车床，型号中字母及数字的含义如图 1-11 所示。

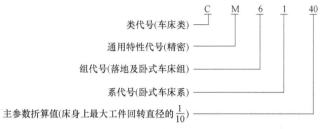

图 1-11　CM6140 精密卧式车床型号中字母及数字的含义

## 1. 机床的类代号

机床的类代号用大写的汉语拼音字母表示，居型号首位，如车床用"C"表示，钻床用"Z"表示。机床的分类和代号见表 1-1。

表 1-1　机床的分类和代号

| 类别 | 车床 | 钻床 | 镗床 | 磨床 | | | 齿轮加工机床 | 螺纹加工机床 | 铣床 | 刨插床 | 拉床 | 锯床 | 其他机床 |
|------|------|------|------|------|------|------|------|------|------|------|------|------|------|
| 代号 | C | Z | T | M | 2M | 3M | Y | S | X | B | L | G | Q |
| 读号 | 车 | 钻 | 镗 | 磨 | 二磨 | 三磨 | 牙 | 丝 | 铣 | 刨 | 拉 | 割 | 其 |

## 2. 机床的特性代号

机床的特性代号包括通用特性代号和结构特性代号，用大写的汉语拼音字母表示，位于类代号之后。

（1）通用特性代号　当某类型机床，除有普通型外，还有某种通用特性时，则在类代号之后加通用特性代号予以区别。机床的通用特性代号见表 1-2。

表 1-2　机床的通用特性代号

| 通用特性 | 高精度 | 精密 | 自动 | 半自动 | 数控 | 加工中心（自动换刀） | 仿形 | 轻型 | 加重型 | 柔性加工单元 | 数显 | 高速 |
|------|------|------|------|------|------|------|------|------|------|------|------|------|
| 代号 | G | M | Z | B | K | H | F | Q | C | R | X | S |
| 读号 | 高 | 密 | 自 | 半 | 控 | 换 | 仿 | 轻 | 重 | 柔 | 显 | 速 |

（2）结构特性代号　对主参数值相同而结构、性能不同的机床，在型号中加结构特性代号予以区别。结构特性代号为汉语拼音字母，但与通用特性代号不同，它在型号中没有统一的含义，只在同类机床中起区分机床结构、性能不同的作用。当型号中有通用特性代号时，结构特性代号应排在通用特性代号之后。通用特性代号已用的字母和 I、O 两个字母均不能用作结构特性代号。当单个字母不够用时，可将两个字母组合起来使用，如 AD、AE 等。

## 3. 车床的组、系代号

将每类机床划分为十个组，每个组又划分为十个系。机床的组、系代号，用两位阿拉伯数字表示，位于类代号或特性代号之后。车床类的组、系划分见表 1-3。

## 4. 车床的主参数和第二主参数

1）机床的主参数用折算值（主参数乘以折算系数）表示，位于组、系代号之后。它反映机床的主要技术规格，主参数的尺寸单位为毫米（mm）。如 C6150 型车床，主参数的折算值为 50，折算系数为 1/10，即主参数（床身上最大工件回转直径）为 500mm。

表 1-3　车床类的组、系划分

| 组 代号 | 组 名称 | 系 代号 | 系 名称 | 组 代号 | 组 名称 | 系 代号 | 系 名称 |
|---|---|---|---|---|---|---|---|
| 0 | 仪表小型车床 | 0 | 仪表台式精整车床 | 5 | 立式车床 | 0 | |
| | | 1 | | | | 1 | 单柱立式车床 |
| | | 2 | 小型排刀车床 | | | 2 | 双柱立式车床 |
| | | 3 | 仪表转塔车床 | | | 3 | 单柱移动立式车床 |
| | | 4 | 仪表卡盘车床 | | | 4 | 双柱移动立式车床 |
| | | 5 | 仪表精整车床 | | | 5 | 工作台移动单柱立式车床 |
| | | 6 | 仪表卧式车床 | | | 6 | |
| | | 7 | 仪表棒料车床 | | | 7 | 定梁单柱立式车床 |
| | | 8 | 仪表轴车床 | | | 8 | 定梁双柱立式车床 |
| | | 9 | 仪表卡盘精整车床 | | | 9 | |
| 1 | 单轴自动车床 | 0 | 主轴箱固定型自动车床 | 6 | 落地及卧式车床 | 0 | 落地车床 |
| | | 1 | 单轴纵切自动车床 | | | 1 | 卧式车床 |
| | | 2 | 单轴横切自动车床 | | | 2 | 马鞍车床 |
| | | 3 | 单轴转塔自动车床 | | | 3 | 轴车床 |
| | | 4 | 单轴卡盘自动车床 | | | 4 | 卡盘车床 |
| | | 5 | | | | 5 | 球面车床 |
| | | 6 | 正面操作自动车床 | | | 6 | 主轴箱移动型卡盘车床 |
| | | 7 | | | | 7 | |
| | | 8 | | | | 8 | |
| | | 9 | | | | 9 | |
| 2 | 多轴自动、半自动车床 | 0 | 多轴平行作业棒料自动车床 | 7 | 仿形及多刀车床 | 0 | 转塔仿形车床 |
| | | 1 | 多轴棒料自动车床 | | | 1 | 仿形车床 |
| | | 2 | 多轴卡盘自动车床 | | | 2 | 卡盘仿形车床 |
| | | 3 | | | | 3 | 立式仿形车床 |
| | | 4 | 多轴可调棒料自动车床 | | | 4 | 转塔卡盘多刀车床 |
| | | 5 | 多轴可调卡盘自动车床 | | | 5 | 多刀车床 |
| | | 6 | 立式多轴半自动车床 | | | 6 | 卡盘多刀车床 |
| | | 7 | 立式多轴平行作业半自动车床 | | | 7 | 立式多刀车床 |
| | | 8 | | | | 8 | 异形多刀车床 |
| | | 9 | | | | 9 | |
| 3 | 回轮、转塔车床 | 0 | 回轮车床 | 8 | 轮、轴、辊、锭及铲齿车床 | 0 | 车轮车床 |
| | | 1 | 滑鞍转塔车床 | | | 1 | 车轴车床 |
| | | 2 | 棒料滑枕转塔车床 | | | 2 | 动轮曲拐销车床 |
| | | 3 | 滑枕转塔车床 | | | 3 | 轴颈车床 |
| | | 4 | 组合式转塔车床 | | | 4 | 轧辊车床 |
| | | 5 | 横移转塔车床 | | | 5 | 钢锭车床 |
| | | 6 | 立式双轴转塔车床 | | | 6 | |
| | | 7 | 立式转塔车床 | | | 7 | 立式车轮车床 |
| | | 8 | 立式卡盘车床 | | | 8 | |
| | | 9 | | | | 9 | 铲齿车床 |
| 4 | 曲轴及凸轮轴车床 | 0 | 旋风切削曲轴车床 | 9 | 其他车床 | 0 | 落地镗车床 |
| | | 1 | 曲轴车床 | | | 1 | |
| | | 2 | 曲轴主轴颈车床 | | | 2 | 单能半自动车床 |
| | | 3 | 曲轴连杆轴颈车床 | | | 3 | 气缸套镗车床 |
| | | 4 | | | | 4 | |
| | | 5 | 多刀凸轮轴车床 | | | 5 | 活塞车床 |
| | | 6 | 凸轮轴车床 | | | 6 | 轴承车床 |
| | | 7 | 凸轮轴中轴颈车床 | | | 7 | 活塞环车床 |
| | | 8 | 凸轮轴端轴颈车床 | | | 8 | 钢锭模车床 |
| | | 9 | 凸轮轴凸轮车床 | | | 9 | |

　　2）机床的第二主参数一般是指主轴数、最大工件长度、最大车削长度和最大模数等。多轴车床的主轴数，以实际轴数列入型号中的主参数折算值之后，并用"×"分开，如 C2140×4。

常用的车床主参数及折算系数见表1-4。

表1-4 常用的车床主参数及折算系数

| 车床 | 主参数 | 主参数折算系数 | 第二主参数 |
|---|---|---|---|
| 单轴自动车床 | 最大棒料直径 | 1 | |
| 多轴自动车床 | 最大棒料直径 | 1 | 轴数 |
| 多轴半自动车床 | 最大车削直径 | 1/10 | 轴数 |
| 回轮车床 | 最大棒料直径 | 1 | |
| 转塔车床 | 最大车削直径 | 1/10 | |
| 单柱及双柱立式车床 | 最大车削直径 | 1/100 | |
| 落地车床 | 最大工件回转直径 | 1/100 | 最大工件长度 |
| 卧式车床 | 床身上最大工件回转直径 | 1/10 | 最大工件长度 |
| 铲齿车床 | 最大工件直径 | 1/10 | 最大模数 |

**5. 车床的重大改进顺序号**

只有当机床的结构、性能有更高的要求，并需按新产品重新设计、试制和鉴定时，才按改进的先后顺序选用A、B、C等汉语拼音字母（但I、O两个字母不得选用），加在型号基本部分的尾部，以区别原机床型号，如C6136A型是C6136型经过第一次重大改进的车床。

**6. 常用车床的主要技术参数**

车床的技术参数标明了不同车床加工工件的最大外形尺寸、最大工作精度、表面粗糙度以及最大功率等，这些参数在工艺编制过程中选择设备时起到参考作用。

由于最常见的车床是卧式车床和立式车床，因此本书只介绍卧式车床和立式车床的型号和技术参数。其他车床的技术参数可以在相关的工具书中查询。

常用卧式车床的型号与技术参数见附录A。

常用立式车床的型号与技术参数见附录B。

# 任务二 车工安全生产训练

## 学习目标

1）了解安全生产的重要性。
2）掌握车床使用的安全知识。
3）能熟记车工安全知识。

## 知识准备

### 一、安全生产的重要性

安全为了生产，生产必须安全。坚持安全生产是保障生产工人和设备的安全，防止工伤和设备事故的根本保证，同时也是工厂科学管理的一项十分重要的内容。它直接影响人身安全、产品质量和生产率的提高，影响设备和工、夹、量具的使用寿命以及操作工人技术水平的正常发挥。安全生产的一些具体要求是长期生产活动中的实践经验和血的教训的总结，要求操作者必须严格执行。

### 二、车床使用的安全知识

车床使用的安全知识包括安全生产、合理组织工作位置和安全操作技术。

## 1. 安全生产

安全生产是工厂管理的重要内容之一，它直接影响操作者技能的发挥。因此，作为工厂的后备力量，高职院校的学生从开始学习基本操作技能时，就要重视培养安全生产的良好习惯。

操作者在操作时必须做到：

1）开车前，应检查车床各部分机构是否完好，各传动手柄、变速手柄位置是否正确，以防开车时因突然撞击而损坏机床；起动后，应使主轴低速空转1~2min，将润滑油散布到各需要之处（冬天更为重要），待车床运转正常后才能工作。

2）工作中需要变速时，必须先停车。变换进给箱手柄位置要在低速时进行。使用电气开关的车床不准用正、反车做紧急停车，以免打坏齿轮。

3）不允许在卡盘上及床身导轨上敲击或校直工件，床面上不准放置工具或工件。

4）装夹较重的工件时，应该用木板保护床面；下班时如工件不卸下，应用千斤顶支承。

5）车刀磨损后，要及时刃磨。用磨钝的车刀继续切削，会增加车床负荷，甚至损坏机床。

6）车削铸铁、气割下料的工件时，擦去导轨上的润滑油，清除干净工件上的型砂杂质，以免磨坏床面、导轨。

7）使用切削液时，要在车床导轨上涂抹润滑油。冷却泵中的切削液应定期更换。

8）下班前，应清除车床上及车床周围的切屑及切削液，擦净后按规定在加油部位加上润滑油。

9）下班后应将床鞍摇至床尾一端，各转动手柄放到空档位置，并关闭电源。

10）每件工具应放在固定位置，不可随便乱放。应当根据工具自身的用途来使用，不能用扳手代替榔头，钢直尺代替螺钉旋具等。

11）爱护量具，经常保持其清洁，用后擦净、涂油，放入盒内并及时归还工具室。

## 2. 合理组织工作位置

合理组织工作位置，注意将工、夹、量具和图样放置合理，这对提高生产率有很大的帮助。

1）工作时所使用的工、夹、量具以及工件，应尽可能靠近和集中在操作者的周围。布置物件时，右手拿的放在右边，左手拿的放在左边；常用的放得近些，不常用的放得远些。物件放置应有固定的位置，使用后要放回原处。

2）工具箱的布置要分类，并保持清洁、整齐。要求小心使用的物体应放置稳妥，重的东西放下面，轻的东西放上面。

3）图样、操作卡片应放在便于阅读的位置，并注意保持清洁和完整。

4）毛坯、半成品和成品应分开，并按次序整齐排列，以便安放或拿取。

5）工作位置周围应经常保持整齐清洁。

## 3. 安全操作技术

操作时必须提高执行纪律的自觉性，遵守规章制度，并严格遵守车工安全生产操作规程：

1）操作前要穿好工服，将长发压入工帽内，扎紧袖口，严禁戴手套操作；高速切削时要戴好护目镜。

2）车床开动前应对指定的位置加油，并保证油路畅通；注意观察周围的动态，机床开动后相关人员应站在安全位置，避开机床运动部位和切屑飞溅。

3）机床轨道面上、工作台上、床头、小刀架上禁止放工具或其他东西；机床上的所有防护装置不得擅自拆除，应保持良好状态。

4）开车前检查工、夹、刀具及工件是否装夹牢固。

5）车床开动后，不准接触转动着的工件、刀具和传动部分，禁止隔着机床转动部分传递或拿取工具等物品；必须停车变速。机床运转时，严禁测量工件。

6）调整车床速度、行程、装夹工件和刀具，以及擦拭机床都要在停车状态下进行。

7）装卸卡盘及大的工、夹具时，床面上要垫木板；不准在开车状态下装卸卡盘；装卸工件后，应立即取下扳手；禁止用手制动。

8）用锉刀抛光工件时，应右手在前，左手在后，身体离开卡盘；禁止将砂布裹在工件上砂光，应按照用锉刀的方法，将砂布呈直条状压在工件上。

9）车内孔时，不准用锉刀倒角，用砂布光内孔时，不准将手指或手臂伸进去打磨。

10）加工偏心工件时，必须加平衡铁，并要紧固牢靠；一般不用高速切削；制动不要过猛。

11）选择合理的切削用量。

12）攻螺纹或套螺纹必须用专用工具，不准一手扶攻丝架（或扳手架）一手开车。

13）切大料时，应留有足够的余量；卸下工件后再砸断，以免切断时掉下伤人；小料切断时不准用手接。

14）装卸工件要牢固，夹紧时可用接长套筒，禁止用榔头敲打，滑丝的卡爪不准使用。

15）凡两人或两人以上在同一机床上工作时，严禁多人同时操作；必须有一专人负责安全，统一指挥，防止事故发生。

16）不准在机床运转时离开工作岗位；工作时不可过于靠近工件，注意力要集中，不得闲谈、串岗、打闹；因故要离开时必须先停车，并切断电源。

17）不准用手直接清除切屑，应使用专门化工具清扫。

18）发生异常情况，应立即停车，请有关人员进行检查。

19）未经指导教师的许可，严禁用自动走刀。

20）下班时必须擦净机床，整理场地，在指定部位加油，将床鞍摇至车床导轨后端，并清除火种和切断电源。

 **操作训练**

### 训练：车工安全知识能力训练

**1．训练题目：**"两穿两戴"；工、夹、量、刀具和图样的摆放

**2．训练项目内容及要求**（表1-5）

表1-5　训练项目内容及要求

| 序号 | 项目内容 | 要求 |
|---|---|---|
| 1 | 训练"两穿两戴"的标准模式 | 穿工服、穿工鞋、戴护目镜、戴安全帽 |
| 2 | 工、夹、量、刀具和图样等的合理摆放 | 物件放置应有固定的位置，使用后要放回原处；图样、操作卡片应放在便于阅读的位置，并注意保持清洁和完整 |
| 3 | 毛坯、半成品、成品的摆放 | 毛坯、半成品和成品应分开，并按次序整齐排列，以便安放或拿取 |
| 4 | 整理工具箱 | 工具箱的布置要分类，并保持清洁、整齐 |

**3．操作要点**

1）学生进车间前，必须做好"两穿两戴"，进车间后严格做到令行禁止。

2）只要进入车间就要精神高度集中，要消除麻痹思想，防范为主，杜绝事故。

3）严格规范操作程序。

# 任务三　车床的润滑与日常保养

 **学习目标**

1）掌握车床日常维护的内容。

2）能熟练进行车床的润滑及日常保养工作。

3）了解车床的润滑方法。

 知识准备

为保证车床的加工精度，延长车床的使用寿命和提高劳动生产率，必须加强对车床的维护和保养。

## 一、车床日常维护的内容

1）每班岗位人员，在岗工作时间要进行两次巡回检查，接班时检查一次，交班前半小时检查一次。巡回检查路线为：电动机—主轴箱—交换齿轮箱—进给箱—三杠—溜板箱—刀架—床尾—冷却—照明—附件—工具箱—平车（管车工负责此项），巡回检查内容见表1-6。

表1-6 巡回检查内容

| 名称 | 点 | 序号 | 检查内容 |
|---|---|---|---|
| 电动机（一） | 3 | 1 | 电动机运转及温度正常 |
| | | 2 | 传动带松紧适宜，无裂痕 |
| | | 3 | 传动带罩固定牢固，无松动 |
| 主轴箱（二） | 5 | 4 | 变速手柄变动灵活、准确 |
| | | 5 | 润滑油油窗清晰，油位符合要求 |
| | | 6 | 离合器不卡、不打滑，灵活好用 |
| | | 7 | 制动带松紧适宜，无断裂 |
| | | 8 | 各轴齿轮啮合正常，无异常噪声 |
| 交换齿轮箱（三） | 3 | 9 | 交换齿轮啮合正常，松紧适宜 |
| | | 10 | 交换齿轮架开口垫无松动 |
| | | 11 | 黄油杯中黄油[1]清洁充足 |
| 进给箱（四） | 2 | 12 | 各个手柄变位灵活、可靠、准确 |
| | | 13 | 润滑油充足不缺 |
| 三杠（五） | 1 | 14 | 螺母、销子、三杠运转灵活，安装紧固 |
| 溜板箱（六） | 2 | 15 | 连锁装置快速连锁，可靠灵活 |
| | | 16 | 对合螺母落下，蜗杆灵活好用 |
| 刀架（七） | 4 | 17 | 纵横导轨无研损拉伤等现象 |
| | | 18 | 传动丝杠、螺母传动灵活，间隙合适 |
| | | 19 | 镶条间隙合适，接触面积符合要求 |
| | | 20 | 刀架定位准确 |
| 床尾（八） | 3 | 21 | 尾座套筒销孔无研损拉伤痕迹 |
| | | 22 | 手轮转动灵活 |
| | | 23 | 固定螺钉齐全、紧固 |
| 冷却（九） | 3 | 24 | 冷却泵运转正常 |
| | | 25 | 冷却管接头齐全、无漏水 |
| | | 26 | 固定螺钉齐全、紧固 |
| 照明（十） | 2 | 27 | 照明灯完好无损 |
| | | 28 | 固定架螺钉齐全、紧固 |
| 附件（十一） | 2 | 29 | 附件数量齐全 |
| | | 30 | 附件保管摆放整齐、定期保养 |
| 工具箱（十二） | 3 | 31 | 工具清洁整齐、完好无损 |
| | | 32 | 量具精确，数量齐全 |
| | | 33 | 刀具齐全，分类摆放 |
| 平车（十三） | 8 | 34 | 液压泵、联轴器工作正常 |
| | | 35 | 限压阀不漏油 |

(续)

| 名称 | 点 | 序号 | 检查内容 |
|------|-----|------|----------|
| 平车(十三) | 8 | 36 | 液压缸不漏油 |
| | | 37 | 活动臂灵活、到位 |
| | | 38 | 电磁阀灵活可靠 |
| | | 39 | 液压管线无裂纹 |
| | | 40 | 液压插头不漏油 |
| | | 41 | 电气开关灵活,工作可靠 |

① 黄油是润滑脂的俗称,但由于企业还有用黄油的习惯,故本书用黄油。

2)每天工作后,应切断电源,并对车床各表面、各罩壳、导轨面、丝杠、光杠、各操纵手柄和操纵杆进行擦拭,做到无油污、无切屑、车床外表清洁。

3)每周要求保养床身导轨面和中、小滑板导轨面及转动部位。要求油眼畅通、油标清晰,清洗油绳和护床油毛毡,保持车床外表清洁和工作场地整洁。

## 二、车床的润滑方法

车床的润滑方法主要有浇油润滑、溅油润滑、油泵循环润滑、油绳导油润滑、压注油杯润滑和润滑脂润滑。

## 三、一级保养的内容

当车床运转 500h 后,就需要进行一级保养。一级保养的内容是:清洗、润滑和进行必要的调整。一级保养时要切断电源,以操作工人为主,维修工人配合进行。

为了保证车床正常运转,减少磨损,延长使用寿命,应对车床的所有摩擦部位进行润滑,并注意日常的维护保养。

### 操作训练

1. 准备工作

1)正确穿戴劳动保护用品。穿戴工服、工鞋、工帽并检查合格。

2)设备准备:卧式车床 CA6140,1 台。

3)资料准备:CA6140 型卧式车床操作说明书,1 本。

4)工具、用具准备:机油壶、黄油枪、油盆各 1 个,30 号机油、黄油、清洗柴油、擦布(棉纱)等若干。

2. 操作程序

(1)车床的润滑

1)床头部分。

①观察床腿内的油箱油窗是否缺油,若缺油应及时补充。

②观察主轴箱油窗,确定是否上油,采用油泵输油润滑(图 1-12)。

③打开交换齿轮箱,每班都要紧黄油杯上的螺钉,采用黄油杯润滑(图 1-13a)。

④打开进给箱上盖,观察是否上油,采用油绳导油润滑(图 1-13b)。

2)溜板箱部分。

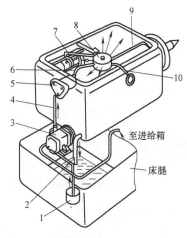

图 1-12 油泵输油润滑

1—网式滤油器具 2—回油管 3—油泵
4、6、7、9、10—油管
5—过滤器 8—分油器

① 观察溜板箱油窗是否缺油，若缺油应及时补充（溅油润滑）。

② 床鞍、刀架、中滑板、小滑板的加油孔应每班加一次，采用弹子油杯注油润滑（图1-13c）。

3）床身部分。床身上的导轨面应每班至少加一次油（浇油润滑），总保持导轨上有油膜存在。

4）床尾部分。

① 尾座按加油孔每班加油一次，采用弹子油杯注油润滑（图1-13c）。

② 三杠支架上的加油孔应采用油绳导油润滑（图1-13b），每班至少加一次油，要长期保持有油。

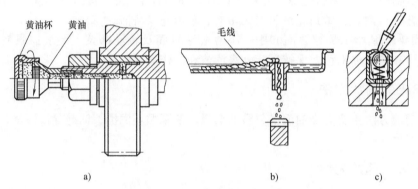

黄油杯　黄油　　　　　　　　　　　　毛线

a)　　　　　　　　　　　　b)　　　　　　　　　c)

图1-13　润滑的几种方式

a）黄油杯润滑　b）油绳导油润滑　c）弹子油杯注油润滑

（2）日常保养　详见［知识准备］。

**3. 注意事项或安全风险提示**

1）检查机床和加油时要注意机床的转动部分，防止伤人。

2）拆装部件时，用力要适度，防止部件损伤和人员受伤。

# 任务四　自定心卡盘的拆装和保养

## 学习目标

1）了解车床夹具的定义、分类和组成。

2）熟练掌握常用车床夹具和附件的应用。

3）能熟练拆装自定心卡盘并保养。

## 知识准备

### 一、车床夹具的定义、分类和组成

#### 1. 车床夹具的定义

在车床上用于装夹工件的装置称为车床夹具。

在车床上加工工件时，必须用夹具装好、夹牢工件。将工件装好，就是在机床上确定工件相对于刀具的正确位置，这一过程称为定位。将工件夹牢，就是对工件施加作用力，使之在已经定好的位置上将工件可靠地夹紧，从定位到夹紧的过程称为装夹。车床夹具的主要功能就是完成工件的装夹工作。

**2. 车床夹具的分类**

车床夹具可分为通用夹具、专用夹具和组合夹具三类。

（1）通用夹具　通用夹具是指结构、尺寸已经规格化，且具有一定通用性的夹具，如自定心卡盘、单动卡盘、顶尖、中心架和跟刀架等。

（2）专用夹具　专用夹具是针对某一工件的某一工序的加工要求而专门设计制造的夹具。其特点是针对性极强，没有通用性。在产品稳定批量较大的生产中，使用专用夹具可获得较高的加工精度和生产率。

（3）组合夹具　组合夹具是一种模块化的夹具，并且已经商品化。标准的模块元件具有较高的精度和耐磨性，可根据需要组装成各种夹具，使用完毕即可拆卸，留待组装新的夹具。组合夹具比较适合于小批量生产和新产品试制。

**3. 车床夹具的组成**

车床夹具一般由以下几部分组成：

（1）定位装置　保证工件在夹具中具有确定位置的装置。

（2）夹紧装置　将工件压紧、夹牢，并保证在加工过程中工件的正确位置不变。

（3）夹具体　夹具体是夹具的基本骨架，其作用是将定位装置和夹紧装置连成一个整体，并使夹具与机床的有关部位相连接，以确定夹具相对机床的位置。

（4）辅助装置　根据夹具的实际需要而设置的一些附属装置。

## 二、常用车床夹具和附件

车床主要用于加工零件的内外圆柱面、圆锥面、螺纹、成形面和端面等。上述各种表面都是围绕车床主轴的旋转轴线而形成的，所以生产中用得最多的是安装在主轴上的各种夹具，本书只介绍这类夹具的特点。

**1. 自定心卡盘**

自定心卡盘的结构如图 1-14 所示，当卡盘扳手插入卡盘扳手方孔内转动时，可带动 3 个卡爪做同步向心运动或同步离心运动。自定心卡盘能自动定心，工件装夹后一般不需找正。其夹紧方便、省时，但夹紧力不太大，所以仅适合装夹外形规则的中、小型工件。

在装夹较长的工件时，工件离卡盘较远处的旋转轴线不一定与车床主轴的旋转轴线重合，这时就必须找正。当自定心卡盘使用时间较长导致精度下降，而工件的加工精度要求又较高时，也需要对工件进行找正。

**2. 单动卡盘**

单动卡盘的结构如图 1-15 所示。单动卡盘有 4 个各不相关的卡爪，每个卡爪背面有半圆弧形螺纹与夹紧螺杆啮合，4 个夹紧螺杆的外端有方孔，用来安装插卡盘扳手的方榫。用扳手转动某一夹紧螺杆时，与其啮合的卡爪就能单独移动，以适应工件大小的需要。

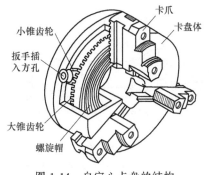

图 1-14　自定心卡盘的结构

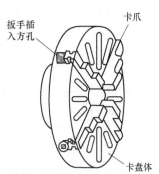

图 1-15　单动卡盘的结构

由于单动卡盘的 4 个卡爪各自独立运动，装夹时不能自动定心，必须使工件加工部分的旋转轴线与车床主轴的旋转轴线重合后才可车削。单动卡盘的找正比较费时，但夹紧力比自定心卡盘大，因此适用于装夹大型或形状不规则的工件。

自定心卡盘和单动卡盘统称为卡盘，卡盘均可装成正爪或反爪两种形式，反爪用来装夹直径较大的工件。

### 3. 拨动顶尖

为了缩短装夹时间，可采用内、外拨动顶尖来装夹工件，如图 1-16 所示。这种顶尖锥面上的齿能嵌入工件，拨动工件旋转。圆锥角一般采用 60°，硬度为 58～60HRC。图 1-16a 所示为外拨动顶尖，用来装夹套类工件，它能在一次装夹中加工整个外圆。图 1-16b 所示为内拨动顶尖，用于装夹轴类工件。

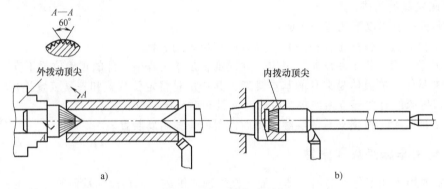

图 1-16　内、外拨动顶尖
a) 外拨动顶尖　b) 内拨动顶尖

端面拨动顶尖如图 1-17 所示，该顶尖装夹工件时，利用端面拨爪带动工件旋转，工件仍以中心孔定位。这种顶尖的优点是能快速装夹工件，并能在一次装夹中加工出全部外表面。此种顶尖适用于装夹外径为 $\phi 50 \sim \phi 150mm$ 的工件。

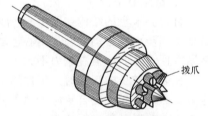

图 1-17　端面拨动顶尖

### 4. 心轴类车床夹具

心轴类夹具属于专用夹具。心轴宜用于以孔做定位基准的工件，由于结构简单而常采用。按照与机床主轴的连接方式，心轴可分为顶尖式心轴、圆锥心轴、圆柱心轴和胀力心轴等。

图 1-18 所示为顶尖式心轴，工件以孔口 60°角定位车削外圆表面。当旋转螺母 6 时，回转顶尖套 4 向左移动，从而使工件定心夹紧。顶尖式心轴结构简单、夹紧可靠、操作方便，适用于加工内外圆无同轴度要求，或只需加工外圆的套类工件。被加工工件的内径 $d_s$ 一般为 $\phi 32 \sim \phi 100mm$，长度 $L_s$ 为 120～780mm。

在车削中小型轴套、带轮、齿轮等工件时，为了保证外圆和内孔轴线的同轴度要求，一般是根据已加工好的内孔配置一根适合的心轴，再将套装工件的心轴装夹在车床上，用于精加工套类工件的外圆、端面等。

图 1-19a 所示为小锥度心轴，其锥度 $C = 1 : 5000 \sim 1 : 1000$，这种心轴的特点是制造容

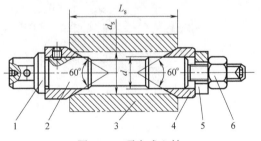

图 1-18　顶尖式心轴
1—心轴　2—固定顶尖套　3—工件
4—回转顶尖套　5—快换垫圈　6—螺母

易、定心精度高，但轴向无法定位，承受切削力小，工件装卸时不太方便。图 1-19b、c 所示心轴主要用于圆锥内孔的套类工件的定位装夹。

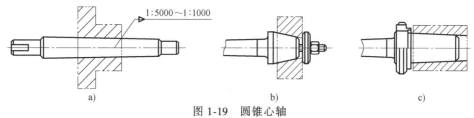

图 1-19　圆锥心轴
a）小锥度心轴　b）普通圆锥心轴　c）带螺母的圆锥心轴

图 1-20 所示为圆柱心轴。圆柱心轴有间隙配合心轴和过盈配合心轴两种，用于具有圆柱内孔的套类零件的定位与装夹。间隙配合心轴的定位精度不高，一般同轴度为 0.02mm。

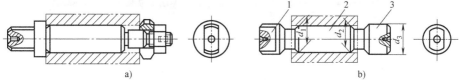

图 1-20　圆柱心轴
a）间隙配合心轴　b）过盈配合心轴
1—传动部分　2—工作部分　3—引导部分

图 1-21 所示为胀力心轴。胀力心轴依靠材料弹性变形所产生的胀力来胀紧工件，胀力心轴的圆锥角最好是 30°，最薄部分的壁厚可为 3～6mm。使用时先把工件装在心轴上，拧紧锥堵的方榫胀紧工件。胀力心轴一般用弹簧钢制成，定心精度高，拆卸方便，因此被广泛使用。

**5. 车床组合夹具**

组合夹具由基础件、支承件、定位件、导向件、压紧件、紧固件、辅助件和组合件等元件组成，如图 1-22 所示。图 1-23 所示为一种车床组合夹具。

**6. 车床附件**

花盘、弯板、V 形块、顶尖、中心架、跟刀架等也可用来装夹工件。在车削复杂工件或偏心工件时，常用花盘、V 形块等定位装夹；在加工细长轴时，常用中心架、跟刀架来增加工件的刚度；同时用弹性顶尖来防止工件受热伸展引起的变形。图 1-24 所示为常用车床附件。

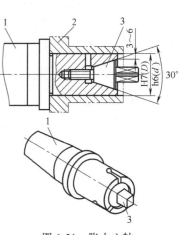

图 1-21　胀力心轴
1—胀力心轴　2—工件　3—锥堵

图 1-22　组合夹具元件
a）基础件　b）支承件

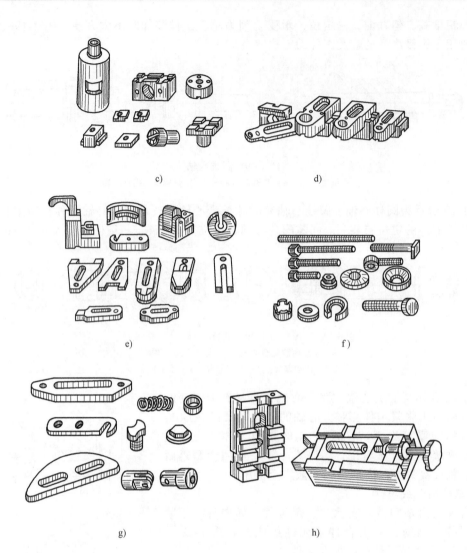

图 1-22　组合夹具元件（续）

c）定位件　d）导向件　e）压紧件　f）紧固件　g）辅助件　h）组合件

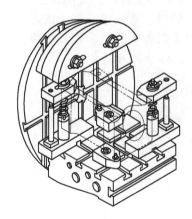

图 1-23　车床组合夹具

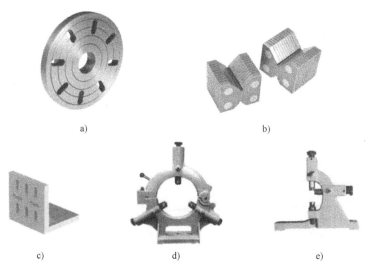

图 1-24　常用车床附件

a）花盘　b）V形块　c）弯板　d）中心架　e）跟刀架

### 操作训练

**1. 准备工作**

1）正确穿戴劳动保护用品。穿戴工服、工鞋、工帽并检查合格。

2）设备准备：卧式车床 CA6140，1 台；$\phi$250mm 自定心卡盘，1 套。

3）资料准备：CA6140 车床操作说明书，1 本；如图 1-25 所示的自定心卡盘结构图，1 份。

4）工具、用具准备：机油壶、清洗油槽各 1 个，活扳手、六方扳手、卡盘扳手 14mm×14mm×150mm、螺钉旋具各 1 套，保护木板 1 块，硬质木棒、铜棒、木槌各 1 个，30 号机油、清洗柴油、擦布（棉纱）等若干。

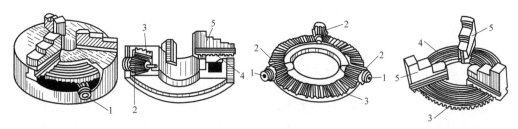

图 1-25　自定心卡盘

1—方孔　2—小锥齿轮　3—大锥齿轮　4—平面螺纹　5—卡爪

**2. 操作程序**

（1）拆卸连接盘、卡盘体（图 1-26）

1）关闭机床电源。

2）床身导轨上垫一块木板，木板主要起防护作用。

3）在主轴孔内插入硬质木棒。木棒的另一端伸出卡盘之外并搁置在刀架上。木棒的作用是防止拆卡盘的过程中，卡盘体意外下落，将床面砸坏。

4）连接盘 4 与主轴 1 分离。卸下锁紧盘 2 后的四个螺母 8，用木槌轻敲卡盘座背面，以使卡盘连接盘从主轴轴头上分离下来。两人合力将卡盘体与卡盘座轻轻抬下机床。

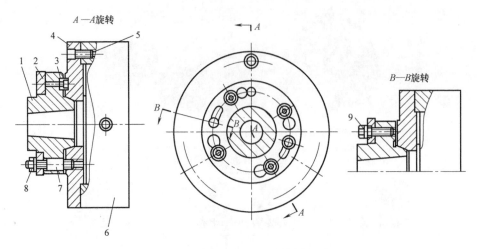

图 1-26　连接盘与主轴、卡盘体的连接

1—主轴　2—锁紧盘　3—端面键　4—连接盘　5、9—螺钉　6—卡盘体　7—螺栓　8—螺母

5）卡盘体 6 与连接盘 4 分离。卸下连接卡盘体与连接盘的三个螺钉 5，用木槌轻敲卡盘背面，以使卡盘止口从连接盘的台阶上分离下来。（新式的卡盘在连接盘的背面有两个顶丝，拆卡盘体与连接盘时只要将两顶丝上紧，就能把卡盘座与卡盘体分离。）

（2）卡盘保养

1）拆下卡盘体后盖上面的压紧螺钉，将螺钉与后盖放入清洗油槽内。

2）拆下卡盘体后面卡住小锥齿轮的三个螺钉，使小锥齿轮与卡盘体分离，并将螺钉与小锥齿轮放入清洗油槽内。

3）拆下大锥齿轮，将大锥齿轮与卡盘体放入清洗油槽内。

方法一：卡盘体上没装卡爪。用铜棒通过卡盘体卡爪的方槽敲打大锥齿轮的平面螺纹面部分，使大锥齿轮与卡盘体分离。

方法二：卡盘体上装有卡爪。两人合力将卡盘体抬起一定高度，将卡盘体在铺有保护（硬胶皮或木板）的地面上摔打，利用惯性原理使大锥齿轮与卡盘体分离。

4）清洗油槽内的卡盘部件，清洗后用擦布擦净柴油。

5）将大锥齿轮装入卡盘体。装配前先在卡盘体与大锥齿轮接触表面加入一定量的机油，然后将大锥齿轮装入卡盘体，用铜棒敲打使大锥齿轮到正确的位置。

6）将小锥齿轮装入卡盘体。装配前先在小锥齿轮与卡盘体接触表面加入一定量的机油，然后将小锥齿轮放入卡盘体孔内，使小锥齿轮与大锥齿轮啮合，拧紧夹紧螺钉。用手轻轻盘动大锥齿轮或小锥齿轮，观察其转动情况。如果转动太紧就说明拆装的过程中有磕碰现象，找出磕碰变形点，用锉刀修复，修复后再重新装配。

7）装入卡盘体后盖并拧紧压紧螺钉。拧紧螺钉时要将卡盘扳手插入方孔中，边拧边转动卡盘扳手，力度要合适，不能太松或太紧。

（3）连接卡盘体与连接盘、连接盘与主轴轴头

1）关闭机床电源。

2）床身导轨上垫一块木板，木板主要起防护作用。

3）将卡盘体与连接盘装在一起，拧紧螺钉 5，如图 1-26 所示。注意装配前要先将接触面擦净。

4）将卡盘孔内穿入硬质木棒，两人合力将卡盘体和木棒抬上机床，将木棒的一端插入主轴，另一端搁置在刀架上。

5）抬起卡盘体和连接盘与车床主轴轴头相连接，转动锁紧盘2，拧紧螺母8，如图1-26所示。

6）锁死锁紧盘的螺钉9。

7）检察卡盘体与连接盘、连接盘与主轴轴头端面的接触情况，没有缝隙的才是装配合格。

（4）装拆卡爪

1）关闭机床电源。

2）床身导轨上垫一块木板，木板主要起防护作用。

3）安装卡爪时，要按卡爪上的号码依1、2、3的顺序装配。若号码看不清，则可把三个卡爪并排放在一起，比较卡爪端面螺纹的第一牙与卡爪头的距离，距离小为1号，距离大为3号，如图1-27a所示。

4）将卡爪与卡盘连接部分擦洗干净。

5）将卡盘扳手插入方孔1中，如图1-25所示，沿顺时针方向转动，以驱动大锥齿轮背面的平面螺纹，当平面螺纹的螺纹头转到将要接近壳体上的1槽时，将1号卡爪插入壳体槽内，如图1-27b所示，继续沿顺时针方向转动卡盘扳手，使螺纹头带上卡爪1为止。

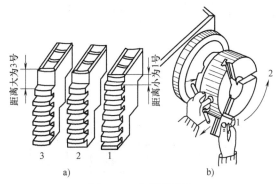

图1-27　卡爪的安装

6）用手盘动卡盘沿车床反转方向转动120°，将卡盘扳手插入第二个方孔中，沿顺时针方向转动，当平面螺纹的螺纹头转到将要接近壳体上的2槽时，将2号卡爪插入壳体槽内，继续沿顺时针方向转动卡盘扳手，使螺纹头带上卡爪2为止。

7）继续用手盘动卡盘沿车床反转方向转动120°，将卡盘扳手插入第三个方孔中，沿顺时针方向转动，当平面螺纹的螺纹头转到将要接近壳体上的3槽时，将3号卡爪插入壳体槽内，继续沿顺时针方向转动卡盘扳手，使三爪合并到一起来检验装爪是否正确。

8）装卡爪的要点是，在平面螺纹的螺纹头转一周时，依次将1、2、3号卡爪都带上。

9）拆卡爪是将卡盘扳手沿逆时针方向转动，直至各卡爪与卡盘体分离。

**3. 注意事项或安全风险提示**

1）在主轴上安装卡盘时，应在主轴孔内插入硬质木棒，并垫好床面护板，以防止砸坏床面。

2）装卡盘时，要切断电源，防止误操作不准开车，以防发生危险。

3）卡盘拆装过程中，各部件要轻拿轻放，文明操作。

4）安装卡爪时，要沿顺时针方向转动卡盘扳手，并注意螺纹头的位置，以防止平面螺纹转过头。

5）拆卸卡盘时，要注意安全，最好两人共同完成。

# 任务五　操纵车床

**学习目标**

1）了解车床的传动路线和主要部件。

2）掌握车床的主运动传动链，螺纹进给运动传动链，纵、横向进给运动传动链。

3）能熟练操作车床的起动、主轴箱的变速、进给箱及溜板箱的运动。

4）能熟练操作刻度盘、分度盘、自动进给、开合螺母操作手柄、刀架以及尾座。

## 一、CA6140 型卧式车床的传动路线

为了将电动机的旋转运动转化为工件和车刀的运动，所经过的一系列复杂的传动机构称为车床的传动路线。

如图 1-28 所示，由电动机驱动 V 带轮，把运动输入到主轴箱。通过变速机构变速，使主轴获得不同的转速，再经卡盘（或夹具）带动工件做旋转运动。另一方面，主轴把旋转运动输入到交换齿轮箱，再通过进给箱变速后由丝杠或光杠驱动溜板箱和刀架部分，从而很方便地实现手动、机动、快速移动及车螺纹等运动。

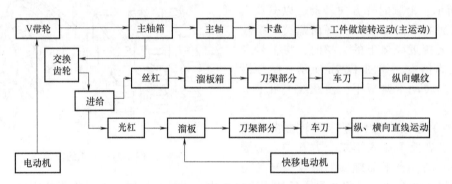

图 1-28　CA6140 型卧式车床的传动路线

## 二、CA6140 型卧式车床的传动系统

CA6140 型卧式车床的传动系统需要具备以下传动链：主运动传动链，螺纹进给运动传动链，纵、横向进给运动传动链。此外，为了节省辅助时间和减轻工人的劳动强度，还有一条纵、横向快速移动传动链。CA6140 型卧式车床的传动系统如图 1-29 所示。

### 1. 主运动传动链

（1）传动路线　CA6140 型卧式车床主运动的传动链可以使主轴获得 24 级正转转速（10~1400r/min）和 12 级反转转速（14~1580r/min），其传动系统如图 1-30 所示。

运动由主电动机经 V 带传至主轴箱中的轴 I，轴 I 上装有一个双向多片式摩擦离合器 $M_1$，用以控制主轴的起动、停止和换向。$M_1$ 的左右两部分分别与空套在轴 I 上的两个齿轮连在一起。

离合器 $M_1$ 向左接合时，轴 I 的运动经轴 I -II 间的齿轮副 51/43 或 56/38 传给轴 II。离合器 $M_1$ 向右接合时，轴 I 的运动经轴 I -VII 间的齿轮副 50/34 传给轴 VII 上空套的中间齿轮，然后由齿轮副 34/30 传给轴 II。这时，由于在轴 I 和轴 II 之间多了一个中间齿轮，所以轴 II 实现反转。离合器 $M_1$ 左右都不接合时，主轴停转。由以上分析不难看出，轴 II 有 2 级正转和 1 级反转。轴 II 的运动可分别通过三对齿轮副（22/58、30/50、39/41）传递至轴 III，然后分两路传给主轴。

当主轴 VI 上的滑移齿轮 $z = 50$ 移至左端（离合器 $M_2$ 不接合）时，运动由轴 III 经齿轮副 63/50

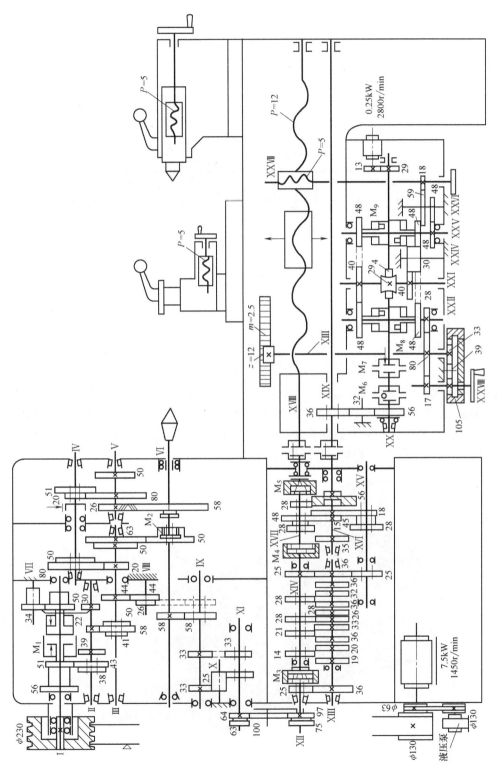

图 1-29　CA6140 型卧式车床的传动系统

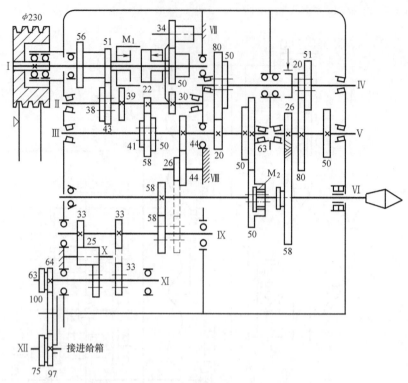

图 1-30　CA6140 型卧式车床主运动传动系统

直接传给主轴Ⅵ，使主轴得到高转速。当主轴Ⅵ上的滑移齿轮移至右端（离合器 $M_2$ 处于接合位置）时，运动由轴Ⅲ-Ⅳ间的齿轮副 20/80 或 50/50 传给轴Ⅳ，然后再由轴Ⅳ-Ⅴ间的齿轮副 20/80 或 51/50 传给轴Ⅴ，再经斜齿轮副 26/58 和离合器 $M_2$ 传给主轴Ⅵ，使主轴Ⅵ得到中、低转速。CA6140 型卧式车床主轴箱的内部结构如图 1-31 所示。

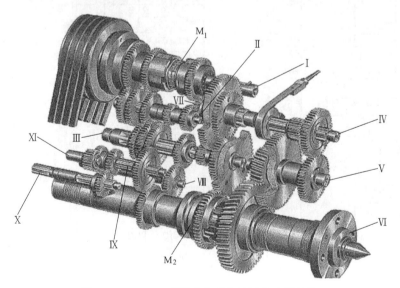

图 1-31　CA6140 型卧式车床主轴箱的内部结构

（2）主运动传动链的表达式　CA6140 型卧式车床主运动传动链的表达式如下：

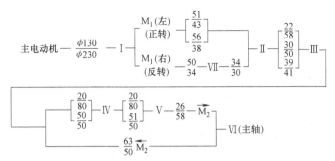

## 2. 螺纹进给运动传动链

CA6140 型卧式车床可车米制螺纹、寸制螺纹、米制蜗杆、寸制蜗杆；此外还可车削大导程、非标准和较精密的螺纹（或蜗杆）。

车螺纹时的进给运动传递链公式为

$$P_h = i \times P_{丝} \tag{1-1}$$

车蜗杆时的进给运动传动链公式为

$$P_z = i \times P_{丝} \tag{1-2}$$

式中，$P_h$ 为被加工螺纹的导程（mm）；$P_z$ 为被加工蜗杆的导程（mm）；$i$ 为主轴至丝杠间全部传动机构的总传动比；$P_{丝}$ 为机床丝杠的螺距（mm）。

在使用进给箱铭牌上的正常数据（如导程）进行车削时，运动由主轴Ⅵ经齿轮副 58/58 传给轴Ⅸ，然后经换向机构 33/33（车右旋螺纹）或（33/25）×（25/33）（车左旋螺纹）传给交换齿轮箱上的轴Ⅺ。在车米制螺纹和寸制螺纹时，交换齿轮选 63、100、75，即（63/100）×（100/75）；在车米制蜗杆和寸制蜗杆时，交换齿轮选 64、100、97，即（64/100）×（100/97）。运动经交换齿轮变速后，传至进给箱内的轴Ⅻ。

（1）车削米制螺纹和米制蜗杆  在进给箱内车削米制螺纹和米制蜗杆的传动路线相同，如图 1-32 所示，离合器 $M_3$、$M_4$ 脱开，$M_5$ 接合。图 1-33 所示为 CA6140 型卧式车床进给箱的内部结构。

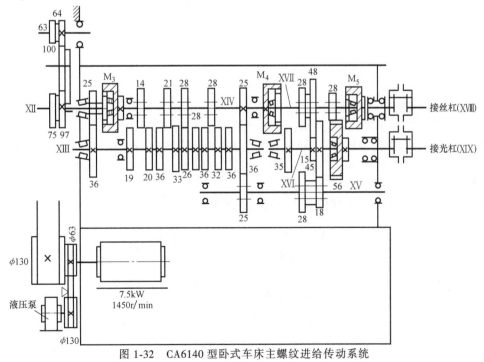

图 1-32  CA6140 型卧式车床主螺纹进给传动系统

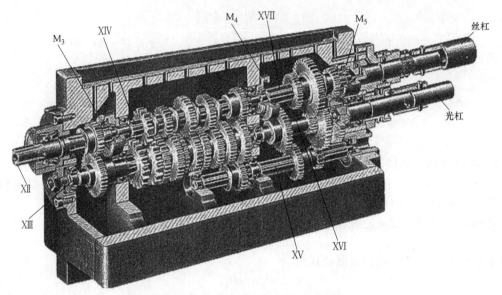

图 1-33　CA6140 型卧式车床进给箱的内部结构

运动由轴 XII 经齿轮副 25/36 传至轴 XIII，进而经轴 XIII-XIV 间的 8 级滑移齿轮变速机构（基本组）传给轴 XIV，然后经齿轮副（25/36）×（36/25）传给轴 XV，再经轴 XV-XVII 间的两组滑移齿轮变速机构和离合器 $M_5$ 使丝杠 XVIII 转动。合上溜板箱中的开合螺母，使其与丝杠啮合，带动刀架纵向移动，车削米制螺纹和米制蜗杆。

车削米制螺纹和米制蜗杆时传动链的表达式如下：

$$\text{主轴 VI} - \frac{58}{58} - \text{IX} - \begin{bmatrix} \dfrac{33}{33} \\ \text{（右旋螺纹）} \\[4pt] \dfrac{33}{25}\times\dfrac{25}{33} \\ \text{（左旋螺纹）} \end{bmatrix} - \text{XI} - \begin{bmatrix} \dfrac{63}{100}\times\dfrac{100}{75} \\ \text{（米制螺纹）} \\[4pt] \dfrac{64}{100}\times\dfrac{100}{97} \\ \text{（米制蜗杆）} \end{bmatrix} - \text{XII} - \frac{25}{36}$$

$$- \text{XIII} - \text{（基本组）} - \text{XIV} - \frac{25}{36}\times\frac{36}{25} - \text{XV} - \text{（增倍组）}$$

$$- \text{XVII} - M_5 - \text{XVIII（丝杠）} - \text{刀架}$$

（2）车削寸制螺纹和寸制蜗杆　在 CA6140 型卧式车床上车削寸制螺纹和寸制蜗杆在进给箱内的传动路线相同，如图 1-32 所示，将离合器 M4 脱离，M3、M5 接合。

轴 XII 的运动可直接传给轴 XIV；同时轴 XV 左端的滑移齿轮 $z=25$ 向左滑移，与轴 XIII 上的齿轮 $z=36$ 啮合，运动经基本组传给轴 XV，再经轴 XVI 传给轴 XVII，从而带动丝杠转。此时，轴 XV-XVII 间的传动与车削米制螺纹相同。

车削寸制螺纹和寸制蜗杆时传动链的表达式如下：

$$\text{主轴 VI} - \frac{58}{58} - \text{IX} - \begin{bmatrix} \dfrac{33}{33} \\ \text{（右旋螺纹）} \\[4pt] \dfrac{33}{25}\times\dfrac{25}{33} \\ \text{（左旋螺纹）} \end{bmatrix} - \text{XI} - \begin{bmatrix} \dfrac{63}{100}\times\dfrac{100}{75} \\ \text{（寸制螺纹）} \\[4pt] \dfrac{64}{100}\times\dfrac{100}{97} \\ \text{（寸制蜗杆）} \end{bmatrix} - \text{XII} - M_3$$

$$- \text{XIV} - \frac{25}{36}\times\frac{36}{25} - \text{XV} - \text{（增倍组）} - \text{XVII} - M_5 - \text{XVIII（丝杠）} - \text{刀架}$$

### 三、卧式车床的主要部件和机构

#### 1. 主轴部件

主轴部件（图 1-34a）是主轴箱中最重要的部分，车削时将工件装夹在主轴上的夹具中，并由其直接带动做旋转主运动，在工作中要承受很大的切削力。主轴的旋转精度、刚度、抗振性和热变形等对工件的加工精度和表面粗糙度有直接影响，因此对主轴及其主轴支承要求较高。

CA6140 型卧式车床的主轴支承为前后两点支承，大多采用滚动轴承。轴承对主轴的回转精度和刚度影响很大，轴承应在无间隙（或少量过盈）条件下进行运转。在车床上使用一段时间后，因磨损会使轴承间隙增大，需及时进行调整。

卧式车床的主轴Ⅵ是空心的，其内孔用于通过长棒料以及气动、液压等夹紧驱动装置的传动杆，也可在卸顶尖时穿入钢棒。主轴前端有精密的莫氏锥孔，供装夹前顶尖或心轴使用。

CA6140 型车床主轴部件的结构简图如图 1-34b 所示。

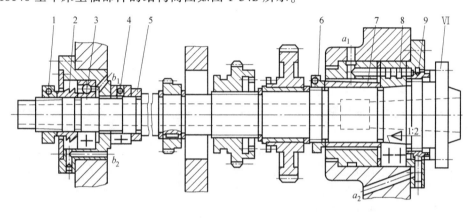

a)

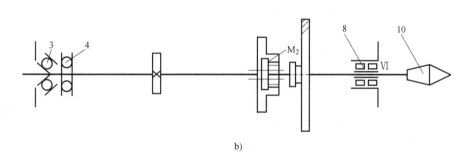

b)

图 1-34　CA6140 型卧式车床的主轴部件

a）结构图　b）结构简图

1、6—调整螺母　2、5、7—轴套　3—角接触球轴承　4—推力球轴承　8—双列短圆柱滚子轴承
9—锁紧螺母　10—前顶尖　Ⅵ—主轴

#### 2. 离合器

离合器用来使同轴线的两轴或轴与轴上的空套传动件随时接合或脱开，以实现车床运动的起动、停止、变速和变向等。

离合器的种类很多，CA6140 型卧式车床上的离合器有啮合式离合器、摩擦式离合器和超越离合器等，其图形符号如图 1-35 所示。

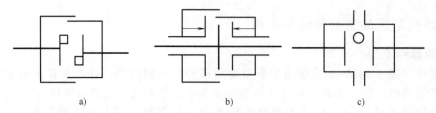

图 1-35　离合器的图形符号

a）啮合式　b）摩擦式　c）超越式

### 3. 制动装置

（1）功用　制动装置的功能是在车床停车的过程中，克服主轴箱内各运动件的旋转惯性，使主轴迅速停止转动，以缩短辅助时间。

CA6140 型卧式车床上采用的制动装置是闸带式制动器，如图 1-36 所示。制动带的松紧是可以调整的。

（2）制动带的调整方法

1）松开螺母 6。

2）旋转调节螺钉 5，调整制动带的松紧程度。

3）在松紧程度调整合适的情况下，若主轴旋转，制动带能完全松开；而在停车时，主轴能迅速停转。调整好后，用螺母 6 锁紧。

### 4. 变速机构

变速机构用来改变主动轴与从动轴之间的传动比，在主动轴转速固定不变的条件下，使从动轴获得多种不同的转速。车床上常用的变速机构有滑移齿轮变速机构和离合器变速机构等。

（1）滑移齿轮变速机构　图 1-37 所示为滑移齿轮变速机构。齿轮 $z_1$、$z_2$ 和 $z_3$ 固定在主动轴 I 上，齿轮 $z_4$、$z_5$ 和 $z_6$ 组成的三联齿轮与从动轴 II 用花键连接，可移换左、中、右三个位置使传动比不同的齿轮副 $z_1/z_4$、$z_2/z_5$ 和 $z_3/z_6$ 依次啮合，在主动轴 I 转速不变的条件下，从动轴 II 可得到三级不同的转速。

（2）离合器变速机构　图 1-38 所示为离合器

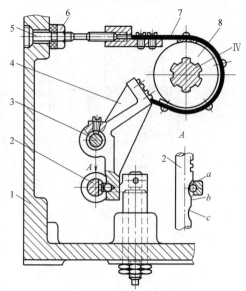

图 1-36　闸带式制动器

1—箱体　2—齿条轴　3—杠杆支承轴
4—杠杆　5—调节螺钉　6—螺母
7—制动带　8—制动轮　IV—传动轴

变速机构。固定在轴 I 上的齿轮 $z_1$ 和 $z_2$ 分别与空套在轴 II 上的齿轮 $z_3$ 和 $z_4$ 保持啮合。由于两对齿轮的传动比不同，当轴 I 的转速一定时，$z_3$ 和 $z_4$ 将以不同的转速旋转。当双向牙嵌离合

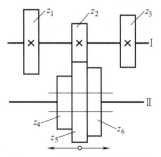

图 1-37　滑移齿轮变速机构

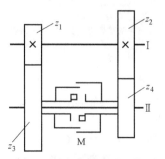

图 1-38　离合器变速机构

器 M 分别与 $z_3$ 和 $z_4$ 接合时，轴 II 就获得两级不同的转速。

**5. 变向机构**

变向机构用来改变车床运动部件的运动方向，如主轴的旋转方向、床鞍和中滑板的进给方向等。车床上常用的变向机构有滑移齿轮变向机构、圆柱齿轮和摩擦离合器组成的变向机构等。

（1）滑移齿轮变向机构  图 1-39 所示为滑移齿轮变向机构。当滑移齿轮 $z_2$ 在图示位置时，运动由 $z_3$ 经中间齿轮 $z_0$ 传至 $z_2$，轴 XI 与轴 IX 的转向相同；当 $z_2$ 左移至轴 XI 左端位置时，轴 IX 上的 $z_1$ 与 $z_2$ 直接啮合，轴 XI 与轴 IX 的转向相反。在 CA6140 型卧式车床的主轴箱中就用了这种滑移齿轮变向机构，以改变丝杠的旋转方向，实现左旋或右旋螺纹的车削。

（2）圆柱齿轮和摩擦离合器组成的变向机构  圆柱齿轮和摩擦离合器组成的变向机构如图 1-40 所示。当离合器 M 向左接合时，轴 II 与轴 I 的转向相反；当离合器 M 向右接合时，轴 II 与轴 I 的转向相同。

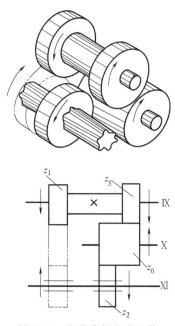

图 1-39  滑移齿轮变向机构

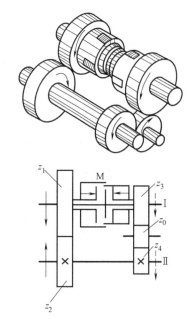

图 1-40  圆柱齿轮和摩擦离合器组成的变向机构

**6. 操纵机构**

车床操纵机构的作用是改变离合器的工作状态和滑移齿轮的啮合位置，实现主运动和进给运动的起动、停止、变速、变向等动作。

在车床上，除一些较简单的拨叉操纵外，常采用集中操纵的方式，即用一个手柄操纵几个滑移齿轮或离合器等传动件。这样可减少手柄的数量，便于操作。CA6140 型卧式车床上有主轴变速操纵机构和纵、横向机动进给操纵机构。图 1-41 所示为主轴变速操纵机构。拨动手柄 9，通过链条 8 带动轴 7，使拨盘 6 处于不同位置，拨盘的不同位置通过拨杆 11 带动拨叉拨动滑移齿轮 1 与不同的齿轮啮合，得到不同的主轴转速。主轴箱变速机构的链条松紧是可以调整的。

**7. 安全离合器**

安全离合器的作用是在机动进给过程中，当进给力过大或刀架运动受到阻碍时，能自动停止进给运动，避免传动机件损坏，因此又称为进给过载保护机构。

CA6140 型卧式车床的安全离合器安装在溜板箱中轴 XX 上，其结构由端面带有螺旋形齿

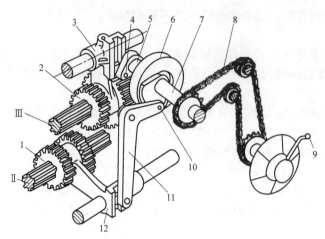

图 1-41　主轴变速操纵机构

1、2—滑移齿轮　3、12—拨叉　4、10—铰链销　5、7—轴　6—拨盘　8—链条　9—手柄　11—拨杆　Ⅱ、Ⅲ—传动轴

爪的左右两部分组成，如图 1-42a 所示。安全离合器左半部 1 空套在轴 XX 上，离合器右半部 2 用键连接在轴 XX 上。在正常机动进给时，在弹簧 3 的压力作用下，左、右半部相互啮合，把光杠的运动传递给轴 XX，如图 1-42b 所示。

当进给运动出现过载时，轴 XX 的转矩增大，通过离合器齿传递的转矩也随之增加，当离合器螺旋形齿面上的轴向推力 $F_轴$ 超过弹簧 3 的弹力时，离合器右半部被推开，将传动链断开，如图 1-42c、d 所示。因此，该机构可保证在出现过载时传动件不会损坏。改变弹簧 3 的压缩量，从而调整安全离合器能传递转矩的大小。

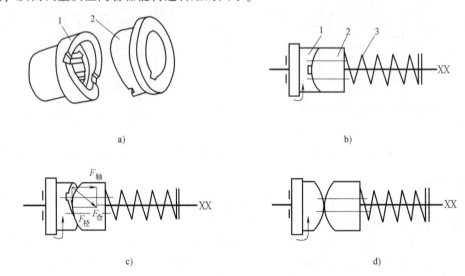

a)　　　　　　　　　　　　　　b)

c)　　　　　　　　　　　　　　d)

图 1-42　安全离合器

a) 结构图　b) 正常传动　c) 过载传动　d) 传动断开

1—离合器左半部　2—离合器右半部　3—弹簧

### 操作训练

**1. 准备工作**

1）正确穿戴劳动保护用品。穿戴工服、工鞋、工帽并检查合格。

2）设备准备：卧式车床CA6140，1台。

3）资料准备：CA6140车床操作说明书，1本。

**2. 操作程序**

（1）车床的起动操作

1）做起动车床的操作，掌握起动车床的先后步骤。

2）用操纵杆控制主轴正、反转和停车训练。

（2）主轴箱的变速操作

1）调整主轴转速至115r/min、400r/min、1000r/min。

2）选择车削右旋螺纹和车削左旋加大螺距螺纹的手柄位置。

（3）进给箱的操作

1）车削螺距为1mm、1.5mm、2.0mm的米制螺纹时，确定并调整进给箱上手轮和手柄的位置。

2）选择纵向进给量为0.46mm、横向进给量为0.20mm时，确定并调整手轮与手柄的位置。

（4）滑板部分的操作

1）熟练操作使床鞍沿纵向左、右移动。

2）熟练操作使中滑板沿横向进、退刀。

3）熟练操作控制小滑板沿纵向做短距离左、右移动。

（5）刻度盘及分度盘的操作

1）若刀架需向左纵向进刀250mm，应该操纵哪个手柄（或手轮）？其刻度盘转过的格数为多少？并实施操作。

2）若刀架需横向进刀0.5mm，中滑板手柄刻度盘应朝什么方向转动？转过多少格？并实施操作。

3）若需车制圆锥角$\alpha=30°$的正锥体（即小头在右），小滑板分度盘应如何转动？并实施操作。

（6）自动进给的操作　刀架实现纵、横向机动进给操纵机构。

（7）开合螺母操作手柄的操作　根据所需螺距和螺纹调配表选择好进给箱相关手轮、手柄的位置后，做如下操作训练：

1）不扳下开合螺母操纵手柄，观察溜板箱的运动状态。

2）扳下开合螺母操纵手柄后，再观察溜板箱是否按选定的螺距做纵向运动。体会开合螺母操纵手柄压下与扳起时手中的感觉。

3）先横向退刀，然后快速右向纵进，实现车完螺纹后的快速纵向退刀。

（8）刀架的操作

1）刀架上不装夹车刀，进行刀架转位和锁紧的操作训练。体会刀架手柄转位或锁紧刀架时的感觉。

2）刀架上安装四把车刀，再进行刀架转位和锁紧的操作训练。

当刀架上装有车刀时，转动刀架时其上的车刀也随同转动，注意避免车刀与工件或卡盘相撞。必要时，在刀架转位前可将中滑板向远离工件的方向退出适当距离。

（9）尾座的操作

1）做尾座套筒进、退移动操作训练，并掌握操作方法。

2）做尾座沿床身向前移动、固定操作训练，并掌握操作方法。

**3. 注意事项或安全风险提示**

1）操作训练时必须有熟练的操作人员指导；在操纵演示后，让学生逐个轮换练习，然后再分散练习，以防车床发生事故。

2）机床转动时，身体要离开转动部件一定的安全距离。

3）起动车床前应先看各手柄位置，关闭下课后应该"三对齐"。

4）在起动机床主轴之前必须把自定心卡盘收紧，防止卡爪飞出发生安全事故。

5）变换转速时，必须先停车再进行。

6）在练习溜板箱移动时，一定要注意刀架不能与机床发生碰撞。

7）在练习尾座使用时，用力不要过猛，防止尾座脱离轨道发生安全事故。

8）进入实训现场要遵守车工安全生产操作规程。

# 思 考 题

1. 车削的作用及特点有哪些？车削加工的基本内容有哪些？车削运动有哪些？

2. 常见的车床有哪些种类？各有什么特点？

3. CA6140 型卧式车床的主要组成部分有哪些？各有什么作用？

4. 立式车床的结构有哪些？各起什么作用？

5. CA6140 型卧式车床的型号及主要技术参数是什么？

6. 车床的安全操作知识包括哪些？

7. 车床日常维护的内容有哪些？车床一级保养的内容有哪些？其操作过程有哪些？

8. 什么是车床夹具？一般车床夹具的分类有哪些？各在什么情况下使用？

9. 车床夹具一般由哪几部分组成？各起什么作用？

10. 常用车床夹具及其附件有哪些？各在什么情况下使用？

11. 拆装自定心卡盘及保养卡盘的操作步骤有哪些？

12. CA6140 型卧式车床的传动路线是怎样的？什么是 CA6140 型卧式车床的主传动传动链和进给运动传动链？

13. 车削米制螺纹和米制蜗杆时的传动链与车削寸制螺纹和寸制蜗杆时的传动链有什么不同？

14. CA6140 型卧式车床的操作机构及其部件有哪些？在车床运动中各起什么作用？

15. CA6140 型卧式车床各运动的操作步骤有哪些？

# 项目二

# 车削直轴

直轴的表面加工是车工具备的基础技能，通过车削直轴的完成，熟悉车削过程的基本知识，能正确地安装刀具并会刃磨车刀，能正确选择切削用量，能合理使用切削液，了解车床常用的装夹方法，会对工件进行找正，了解并会使用常用量具，熟练掌握对外圆、端面和倒角进行操作的车削基本功。

## 任务一　认识车削过程

**学习目标**

1）了解切屑的形成和分类。
2）掌握切削用量和刀具角度对切屑的影响，掌握断屑的方法。
3）了解切削力的来源，掌握切削力的影响因素。
4）了解切削热的来源，掌握切削热的影响因素。
5）掌握常用金属的切削加工性。

**工作任务**

直轴零件图如图 2-1 所示。通过图样可以看出，该直轴结构简单，有一处外圆接刀和两端

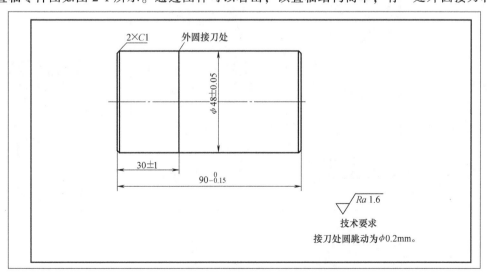

图 2-1　直轴零件图

倒角 $C1$。技术要求包括 3 处尺寸精度以及接刀处的位置精度，表面粗糙度值均为 $1.6\mu m$。总长为 $90^{\ 0}_{-0.15}$ mm，最大直径为 $\phi$（48±0.05）mm。

### 一、切屑的形成和分类

切削过程是指通过切削运动，刀具从工件表面上切下多余的金属层，从而形成切屑和已加工表面的过程。在各种切削过程中，一般都伴随有切屑的形成、切削力、切削热及刀具磨损等物理现象，它们对加工质量、生产率和生产成本等都有直接影响。

在切削过程中，刀具推挤工件，首先使工件上的一层金属产生弹性变形，刀具继续进给时，在切削力的作用下，金属产生不能恢复原状的滑移（即塑性变形）。当塑性变形超过金属的强度极限时，金属就从工件上断裂下来，形成切屑。随着切削继续进行，切屑不断地产生，逐步形成已加工表面。由于工件材料和切削条件不同，切削过程中材料变形程度也不同，因此产生各种不同切屑，根据 ISO 规定并由全国刀具标准化技术委员会推荐的 GB/T 16461—2016《单刃车削刀具寿命试验》中规定了切屑的形状与名称，共有八类，见表 2-1。

表 2-1　切屑形状的分类

| 切屑形状 | 长 | 短 | 缠乱 |
|---|---|---|---|
| 带状切屑 | | | |
| 管形切屑 | | | |
| 盘旋形切屑 | | | |
| 环形螺旋切屑 | | | |
| 锥形螺旋切屑 | | | |
| 弧形切屑 | | | |

（续）

| 切屑形状 | 长 | 短 | 缠乱 |
|---|---|---|---|
| 单元切屑 | | | |
| 针状切屑 | | | |

其中比较理想的是短弧形切屑、短环形螺旋切屑和短锥形螺旋切屑。在生产中最常见的是带状切屑，产生带状切屑时，切削过程比较平稳，因而工件表面光滑，刀具磨损也较慢。但带状切屑过长时会妨碍工作，并容易发生人身事故，所以应采取断屑措施。

断屑措施有以下几种：

**1. 磨制断屑槽**

对于焊接硬质合金车刀，在前面上可磨制成图 2-2 所示的折线型、直线圆弧型和全圆弧型三种断屑槽。

在使用断屑槽时，影响断屑效果的主要参数有：断屑槽的宽度 $L_{Bn}$、槽深 $h_{Bn}(r_{Bn})$。槽宽 $L_{Bn}$ 的大小应保证一定厚度的切屑在流出时碰到断屑台。

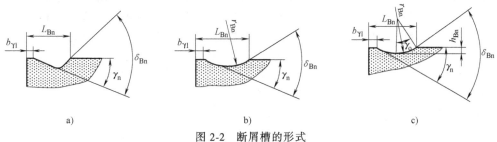

图 2-2　断屑槽的形式
a）折线型　b）直线圆弧型　c）全圆弧型

**2. 改变切削用量**

在切削用量参数中，对断屑影响最大的是进给量 $f$，其次是背吃刀量 $a_p$，最小的是切削速度 $v_c$。进给量增大，使切屑厚度增大，当受到碰撞后切屑容易折断。背吃刀量增大时对切屑影响不明显，只有当同时增加进给量时效果才明显。

**3. 改变刀具角度**

主偏角 $\kappa_r$ 是影响断屑的主要因素。主偏角增大，切屑厚度增大，容易折断。所以生产中断屑良好的车刀，均具有较大的主偏角。通常 $\kappa_r = 60° \sim 90°$。

刀倾角 $\lambda_s$ 使切屑流向改变后，使切屑碰到加工表面上或刀具后面上造成断屑，如图 2-3 所示，$-\lambda_s$ 使切屑流出碰撞待加工表面形成 "C" "6" 形切屑，$+\lambda_s$ 使切屑流出碰撞后面形成 "C" 形

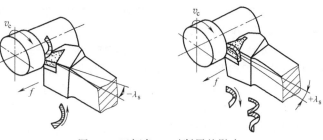

图 2-3　刀倾角 $\lambda_s$ 对断屑的影响

切屑或形成短螺旋切屑自行甩断。

一般加工塑性金属材料（如低碳钢、铜、铝等）时，在切削厚度较小、切削速度较高、刀具前角较大时，容易得到带状切屑。切削过程较平稳，切削力波动较小，已加工表面质量高，但连续切屑会缠绕工件。

加工塑性较低的金属材料（如黄铜）时，在切削速度较低、切削厚度较大、刀具前角较小时，容易得到带状切屑；特别是当工艺系统刚性不足、加工碳钢材料时，容易得到节状切屑。切削过程不太稳定，切削力波动也较大，已加工表面质量较低。采用小前角或负前角，以极低的切削速度和大的切削厚度切削塑性金属（伸长率较低的结构钢）时，会产生粒状切屑。切削过程不平稳，切削力波动较大，已加工表面质量较差。

切削脆性金属（如铸铁、青铜等）时，在切削层内靠近切削刃和前面的局部金属未经明显的塑性变形就被挤裂，形成不规则状的碎块切屑。材料越硬脆、刀具前角越小、切削厚度越大时，越易产生崩碎切屑。产生崩碎切屑时，切削力波动大，加工表面凹凸不平，切削刃容易损坏。

## 二、切削力和切削热

### 1. 切削力

切削过程中作用在刀具和工件上的力称为切削力。

切削力是车刀切削工件过程中产生的，大小相等、方向相反地作用在车刀和工件上的力。

（1）切削力的来源　在刀具的作用下，被切削层金属、切屑和已加工表面金属都在发生弹性变形和塑性变形。有法向分力作用在前、后面。由于切屑沿前面流出，故有摩擦力作用于前面；由于刀具和工件间有相对运动，故有摩擦力作用于后面。因此，切削力的来源有两个方面：一是切削层金属、切屑和工件表面层金属弹性变形、塑性变形所产生的抗力；二是刀具与切屑、工件表面间的摩擦阻力。切削力的来源如图 2-4 所示。

（2）切削力的分解　作用在刀具上的各种力的总和形成作用在刀具上的合力 $F_r$。为了测量方便和应用，可以把切削力 $F_r$ 分解为三个相互垂直的分力：切削力 $F_c$、背向力 $F_p$ 和进给力 $F_f$，如图 2-5 所示。

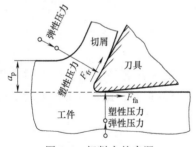

图 2-4　切削力的来源

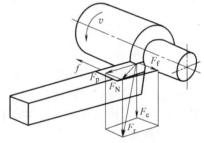

图 2-5　切削力的分解

1）切削力 $F_c$：它是主运动方向上的分力，切于过渡表面并与基面垂直，消耗功率最多。它是确定机床功率的主要依据。

2）背向力 $F_p$：它是作用在吃刀方向上的切削分力，处于基面内并与工件轴线垂直。它是确定与工件加工精度有关的工件挠度、切削过程的振动的力。

3）进给力 $F_f$：它是作用在进给方向上的切削分力，处于基面内并与工件轴线平行。它是计算刀具进给功率的依据。

根据实验，当 $\kappa_r = 45°$ 和 $\gamma_o = 15°$ 时，$F_c$、$F_p$、$F_f$ 之间有以下近似关系：

$$F_p = (0.4 \sim 0.5)F_c; F_f = (0.3 \sim 0.4)F_c; F_r = (1.12 \sim 1.18)F_c$$

（3）影响切削力的主要因素　切削过程中影响切削力的因素很多，从切削条件方面分析主要有：

1）工件材料的影响。工件材料的强度和硬度越高，车削时的切削力就越大。这是因为强度、硬度高的材料，切削时产生的变形抗力大。

同一材料，热处理状态不同，金相组织不同，硬度就不同，从而影响切削力的大小。

2）切削用量的影响。切削用量中，背吃刀量 $a_p$ 和进给量 $f$ 对切削力的影响较明显。当 $a_p$ 增加一倍时，切削力也增加一倍；当 $f$ 增大一倍时，切削力只增加 $68\% \sim 86\%$。切削速度 $v_c$ 对切削力影响不大。可见，同等切削面积下采用大的 $f$ 比采用大的 $a_p$ 省力和节能。

3）刀具几何参数的影响。刀具几何角度中，前角 $\gamma_o$ 和主偏角 $\kappa_r$ 对切削力的影响比较明显，前角 $\gamma_o$ 影响最大，增大前角，车削时切削力就降低；在切削力不变的情况下，主偏角的大小将影响背向力和进给力的分配比例，当主偏角增大时背向力减小，进给力增加，当主偏角等于 $90°$ 时，背向力等于零，这对车削细长轴类工件时减小弯曲变形和振动十分有利。

4）其他影响因素。刀具材料和被加工材料的摩擦系数直接影响摩擦力，从而影响切削力。在相同切削条件下，陶瓷刀具切削力最小，硬质合金刀具次之，高速钢刀具切削力最大。此外，合理选择切削液也可降低切削力。

**2. 切削热**

切削热和切削温度是切削过程中十分重要的物理现象。由切削热引起切削温度的升高，使工件产生热变形，直接影响工件的加工精度和表面质量。切削热是影响刀具寿命的直接因素。

（1）切削热的产生和传出　在刀具的切削作用下，切削层金属发生弹性变形和塑性变形，这是切削热的一个来源；同时，在切屑与前面、工件与后面间消耗的摩擦功也将转化成热能，这是切削热的又一个来源。

切削热由切屑、工件、刀具以及周围的介质传导出去。

根据热力学平衡原理，产生的热量和散出的热量相等，即

$$Q_s + Q_r = Q_c + Q_t + Q_w + Q_m \tag{2-1}$$

式中，$Q_s$ 为工件弹性、塑性变形产生的热量；$Q_r$ 为切屑与前面、工件与后面摩擦产生的热量；$Q_c$ 为切屑带走的热量；$Q_t$ 为刀具传散的热量；$Q_w$ 为工件传散的热量；$Q_m$ 为周围介质带走的热量。

影响热传导的主要因素是工件和刀具材料的导热系数以及周围介质的情况。如果工件材料的导热系数高，由切屑和工件传出去的热量就多，切削区温度就较低。如果刀具材料的导热系数高，则切削区的热量容易从刀具传导出去，也能降低切削区的温度。同时，采用冷却性能好的水溶剂切削液也能有效地降低切削温度。

切削热是由切屑、工件、刀具和周围介质按一定比例传散的。据有关资料介绍，车削加工钢料时，这四种传导形式所占的大致比例为：切削热被切屑带走 $50\% \sim 86\%$，传入刀具的占 $10\% \sim 40\%$，传入工件的占 $3\% \sim 9\%$，传入周围介质的约 $1\%$。

（2）影响切削温度的主要因素　工件材料、切削用量、刀具的几何参数和切削液等是影响切削温度的主要因素。

1）工件材料。被加工工件材料不同，切削温度相差很大。例如，在相同的切削条件下，切削钛合金比切削 45 钢的切削温度要高得多。其原因是各种材料的强度、硬度、塑性和导热系数不同而形成的。工件材料的强度、硬度、塑性越大，切削力越大，产生的切削热越多，切削温度越高。导热系数大的则热量传散快，使切削温度降低。所以切削温度是切削热产生和传散的综合结果。

2）切削用量。

① 背吃刀量 $a_p$：一方面，$a_p$ 增加，变形和摩擦加剧，产生的热量增加；另一方面，$a_p$ 增加，切削宽度按比例增大，实际参与切削的刀口长度按比例增加，散热条件同时得到改善。因此，$a_p$ 对切削温度影响较小。

② 进给量 $f$：$f$ 增大，产生的热量增加。虽然 $f$ 增大使切削厚度增大，切屑的热容量大，带走的热量多，但切削宽度不变，刀具的散热条件没有得到改善，因此切削温度有所上升。

③ 切削速度 $v_c$：$v_c$ 增大，单位时间内金属的切除量按比例增加，产生的热量增加，而刀具的传热能力没有任何改变，切削温度将明显上升，因此切削速度对切削温度的影响最为显著。

切削温度是对刀具磨损和刀具寿命影响最大的因素，在金属切除率相同的条件下，为了有效地控制切削温度以延长刀具寿命，在机床允许时，选用较大的背吃刀量和进给量比选用高的切削速度有利。

3）刀具的几何参数。

① 前角 $\gamma_o$：$\gamma_o$ 增大，剪切角随之增大，切削变形、摩擦均减小，产生的切削热减少，使切削温度降低。但是前角进一步增大，则楔角 $\beta_o$ 减小，使刀具的传热能力降低，切削温度反而逐渐增高，且刀尖强度下降。

② 主偏角 $\kappa_r$：在 $a_p$ 相同的情况下，$\kappa_r$ 增大，刀具切削刃的实际工作长度减小，刀尖角减小，传热能力下降，因而切削温度会上升。反之，如果 $\kappa_r$ 减小，则切削温度会下降。

③ 刀尖角 $\varepsilon_r$：$\varepsilon_r$ 增大，刀具切削刃的平均主偏角减小，切削宽度按比例增大，刀具的传热能力增大，切削温度下降。

4）切削液。合理使用切削液对降低切削温度、减小刀具磨损、提高已加工表面质量有明显的效果。切削液的导热系数、比热容和流量越大，浇注方式越合理，则切削温度越低，冷却效果越好。

### 三、金属材料的加工性

#### 1. 金属切削加工性的概念和评定指标

工件材料的切削加工性是指在一定条件下材料被切削加工的难易程度。由于切削加工的具体条件和要求不同，材料的切削加工性有不同的内容和含义，如粗加工时要求刀具的磨损慢和加工生产率高；而在精加工时，则要求工件有高的加工精度和较小的表面粗糙度值，这两种情况下所指的切削加工难易程度是不相同的，因此切削加工性是一个相对的概念。材料的切削加工性主要从以下几个方面来衡量：

（1）以加工质量衡量切削加工性　在一定条件下，以加工某种材料是否容易达到所要求的加工表面质量的各项指标来衡量。切削加工中，表面质量主要是对工件表面所获得的表面粗糙度而言的。在合理选择加工方法的前提下，容易获得较小表面粗糙度值的材料，其切削加工性好。

（2）以刀具寿命衡量切削加工性　以刀具寿命衡量切削加工性是比较通用的。

在保证高生产率的条件下，加工某种材料时，刀具寿命越高，则该材料的切削加工性越好。

在保证相同刀具寿命条件下，加工某种材料所允许的最大切削速度越高，则表明该材料的切削加工性越好。

在相同切削条件下达到刀具磨钝标准时所能切除的金属体积越大，则表明该材料的切削加工性越好。

（3）以单位切削力衡量切削加工性　在相同切削条件下，单位切削力越小的材料其切削加工性越好。在重型机床或刚性不足的机床上，考虑到人身和设备安全，切削力大小是衡量材料切削加工性的重要指标。

（4）以断屑性能衡量切削加工性 在对工件材料断屑性能要求很高的机床或对材料断屑性能要求很高的工序，如深孔钻和镗不通孔时，都采用这种衡量指标。

由此可见，某材料被切削时，若刀具寿命大，允许的切削速度高，表面质量易保证，切削力小，易断屑，则这种材料的切削加工性好；反之，切削加工性差。但同一种材料很难在各项切削加工性的指标中同时获得良好评价，因此在实际生产中，常常只取某一项指标来反映材料切削加工性的某一侧面。

常用的衡量材料切削加工性的指标为 $v_T$，其含义是：当刀具寿命为 $T$ 时，切削某种材料所允许的切削速度，$T$ 的单位是 min。$v_T$ 越高，切削加工性越好。通常取 $T = 60$min，$v_T$ 记作 $v_{60}$；对于一些难加工的材料，可取 $T = 30$min 或 15min，则 $v_T$ 记作 $v_{30}$ 或 $v_{15}$

通常以抗拉强度 $R_m = 0.637$GPa 的 45 钢的 $v_{60}$ 作为基准，记作 $(v_{60})_j$；而把其他各种材料的 $v_{60}$ 同它相比，比值 $K_v$ 称为相对加工性，即

$$K_v = v_{60} / (v_{60})_j \qquad (2-2)$$

当 $K_v > 1$ 时，表明该材料比 45 钢更易切削；当 $K_v < 1$ 时，表明该材料比 45 钢更难切削。各种材料的相对加工性 $K_v$ 乘以 45 钢的切削速度，即可得出切削各种材料的可用速度。目前，常用工件材料的相对加工性见表 2-2。

表 2-2 常用工件材料的相对加工性

| 加工性等级 | 名称及种类 | | 相对加工性 $K_v$ | 代表性材料 |
|---|---|---|---|---|
| 1 | 很容易切削材料 | 一般有色金属 | >3.0 | 铜铝合金、铝镁合金 |
| 2 | 容易切削金属 | 易切钢 | 2.5~3.2 | 退火 15Cr $R_m = 0.372 \sim 0.441$GPa<br>自动机用钢 $R_m = 0.392 \sim 0.490$GPa |
| 3 | | 较易切钢 | 1.6~2.5 | 正火 30 钢 $R_m = 0.372 \sim 0.441$GPa |
| 4 | 普通钢 | 一般钢及铸铁 | 1.0~1.6 | 45 钢、灰铸铁、结构钢 |
| 5 | | 稍难切削材料 | 0.65~1.0 | 20Cr13 调质 $R_m = 0.8288$GPa<br>85 钢轧制 $R_m = 0.8829$GPa |
| 6 | 难加工材料 | 较难切削材料 | 0.5~0.65 | 45Cr 调质 $R_m = 1.03$GPa<br>60Mn 调质 $R_m = 0.9319 \sim 0.981$GPa |
| 7 | | 难切削材料 | 0.15~0.5 | 50CrV 调质、1Cr18NiTi 未淬火、$\alpha$ 相钛合金 |
| 8 | | 很难切削材料 | <0.15 | $\beta$ 相钛合金、镍基高温合金 |

**2. 影响材料切削加工性的因素**

工件材料切削加工性的好坏，主要取决于工件材料的物理力学性能、化学成分、热处理状态和表层质量等。因此，影响材料切削加工性的主要因素有以下几个方面。

（1）材料的硬度和强度 工件材料在常温和高温下的硬度和强度越高，则在加工中的切削力越大，切削温度越高，刀具寿命越低，故切削加工性差。有些材料的硬度和强度在常温下并不高，但随着切削温度的增加，其硬度和强度提高，切削加工性变差，如 20CrMo 便是如此。

（2）材料的塑性和韧性 工件材料的塑性越大，其切削变形越大；韧性越强，则切削消耗的能量越多，这都使切削温度升高。塑性和韧性高的材料，刀具表面冷焊现象严重，刀具容易磨损，且切屑不易折断，因此切削加工性变差。而材料的塑性和韧性过低时，则使切屑和前面的接触面过小，切削力和切削热集中在切削刃附近，将导致刀具切削刃磨损加剧和工件已加

工表面质量下降。因此，材料的韧性和塑性过大或过小，都将使其切削加工性变差。

（3）材料的导热性　工件材料的导热性越差，则切削热在切削区域内越难传散，刀具表面温度越高，从而使刀具磨损严重，刀具寿命越低，故切削加工性差。

（4）材料的化学成分　工件材料中所含的各种合金元素会影响材料的性能，造成切削加工性的差异。例如，材料含碳、锰、硅、铬、钼的分量多，则会使材料的硬度提高，切削加工性变差。含镍量增加，韧性提高，导热系数降低，故切削加工性变差。工件材料中含铅、硫、磷，会使材料的塑性降低，切屑易于折断，有利于改善切削加工性。在工件材料中含氧和氮，易形成氧化物和氮化物，氧化物的硬质点和硬而脆的氮化物会加速刀具磨损，从而使切削加工性变差。

此外，金属材料的各种金相组织及采用不同的热处理方法，都会影响材料的性能，而形成不同的切削加工性。

**3. 常用金属的切削加工性**

（1）有色金属　普通铝及铝合金、铜及铜合金，强度和硬度低，导热性好，易切削。

（2）铸铁　白口铸铁硬度高（600HBW），难切削；灰铸铁硬度适中，强度、塑性小，切削力较小，但高硬度的碳化物对刀具有擦伤，易崩碎切屑，切削热集中在切削刃上且有波动，刀具磨损率并不低，应采用低于加工钢的切削速度。球墨铸铁、可锻铸铁的强度、塑性比灰铸铁高，切削性良好，工件表面若有硬皮应进行退火处理。

（3）结构钢　碳素结构钢的切削加工性取决于含碳量。

低碳钢硬度低，塑韧性高，变形大，断屑难，粘屑，加工表面粗糙，切削加工性较差。

高碳钢硬度高，塑性低，切削力大，温度高，刀具寿命低，切削加工性差。

中碳钢性能适中，切削加工性良好。

合金结构钢的强度和硬度提高，切削加工性变差。

（4）难加工材料　高强度、硬度，高塑性、韧性或高脆性材料，耐高温，导热性差。切削力大，温度高，刀具磨损快，断屑难，切削加工性差。

**4. 改善材料切削加工性的途径**

目前，在高性能结构的机械设备中都需要使用许多难加工材料，其中以高强度合金结构钢、高锰钢、不锈钢、高温合金、钛合金、冷硬铸铁以及各种非金属材料（如陶瓷、玻璃钢等）最为普遍。为了改善这些材料的切削加工性，科学工作者们进行了大量的研究，以下是改善材料切削加工性的途径。

（1）合理选择刀具材料　根据工件材料的性能和加工要求，选择与之相适应的刀具材料，如切削含钛元素的不锈钢、高温合金和钛合金，宜用 YG 类硬质合金刀具，其中选用 YG 类中细颗粒牌号，能明显提高刀具寿命。加工工程材料和石材等非金属材料，也应选用 YG 类刀具。切削钢和铸铁，尤其是冷硬铸铁，则选用 $Al_2O_3$ 基陶瓷刀具。高速切削淬硬钢和镍基合金，则可选用 $Si_3N_4$ 基陶瓷刀具。

（2）适当选择热处理　材料的切削加工性并不是一成不变的。生产中通常采用热处理的方法来改善材料的金相组织，以达到改善材料切削加工性的目的。例如：对中、低碳钢进行正火处理，均匀组织，能适当地降低其塑性和韧性，使切削加工性提高；对高碳钢或工具钢进行球化退火，使其金相组织中片状和网状渗碳体转变为球状渗碳体，从而降低其硬度，改善切削加工性；中碳以上的合金钢硬度较高，需退火以降低硬度；不锈钢常要进行调质处理，降低塑性，以便改善切削加工性；铸铁需进行退火处理，降低表皮硬度，消除内应力，以提高切削加工性。

（3）适当调剂化学元素　调剂材料的化学成分也是改善其切削加工性的重要途径。例如：在钢中加入少量的硫、铅、钙、磷等元素，可略微降低其强度和韧性，提高其切削加工性；在铸铁中加入少量的硅、铝等元素，可促进碳化元素的石墨化，使其硬度降低，切削加工性得到改善；在不锈钢中加入硒元素，可改善其硬化程度，从而提高切削加工性。

（4）采用新的切削加工技术　随着切削加工技术的发展，一些新的切削加工方法相继问世，如加热切削、低温切削、振动切削、在真空中切削和绝缘切削等，都可有效地解决难加工材料的切削问题。

此外，还可通过选择加工性好的材料状态，以及选择合理的刀具几何参数、制订合理的切削用量、选用合适的切削液等措施来改善难加工材料的切削加工性。

# 任务二　车刀的安装与刃磨

## 学习目标

1）掌握车刀的分类和用途。
2）掌握车刀切削部分的几何要素。
3）能熟练选择车刀角度和刀具材料。
4）能熟练进行车刀的安装和刃磨。

## 知识准备

### 一、车刀的分类和用途

#### 1. 车刀的分类方法

将刃磨好的车刀装夹在方刀架上，再对工件进行车削。车刀刃磨与安装的正确与否，直接影响车削能否顺利进行和工件的加工质量。

金属切削中，车刀应用最为广泛，由于车刀的用途多种多样，其结构形状和几何参数也各有不同，根据不同的分类方法，车刀有不同的形式，车刀的分类见表2-3。

表2-3　车刀的分类

| 分类方式 | 车刀形式 |
|---|---|
| 机床型号 | 普通车刀、立车车刀、成形车刀、专用机床车刀 |
| 加工部位 | 端面车刀、外圆车刀、切断或切槽刀、成形车刀、螺纹车刀 |
| 加工性质 | 粗车刀、精车刀 |
| 刀杆截面 | 矩形车刀、方形车刀、圆车刀 |
| 进给方向 | 左切车刀、右切车刀 |
| 刀头构造 | 直头车刀、偏头车刀、弯头车刀 |
| 制造方法 | 整体车刀、焊接车刀、机夹车刀 |
| 刀刃材料 | 硬质合金车刀、高速钢车刀、陶瓷车刀、金刚石车刀、立方氮化硼车刀 |

#### 2. 常用车刀的种类和用途

车削加工时，根据不同的车削要求，需选用不同种类的车刀。常用车刀的种类和用途见表2-4。

表2-4　常用车刀的种类和用途

| 车刀种类 | 车刀形状图 | 用途 | 车削示意图 |
|---|---|---|---|
| 90°车刀（偏刀） | | 车外圆、台阶和端面 | |

（续）

| 车刀种类 | 车刀形状图 | 用途 | 车削示意图 |
|---|---|---|---|
| 75°车刀 | 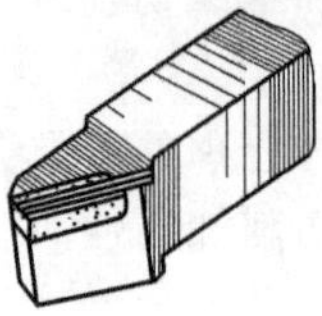 | 车外圆、端面 | 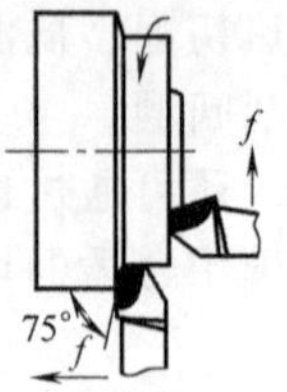 |
| 45°车刀<br>（弯头车刀） |  | 车外圆、端面、倒角 | 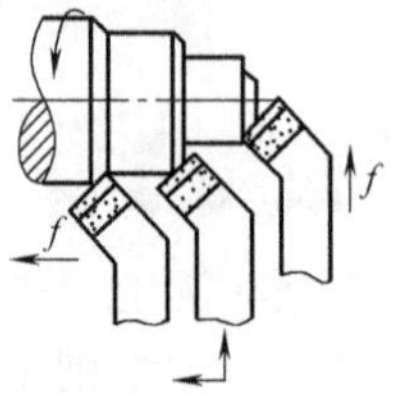 |
| 切断刀 | 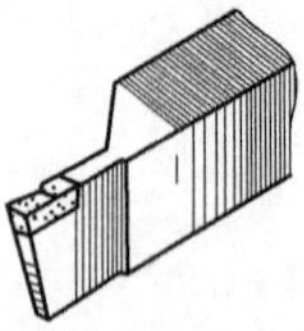 | 切断或切槽 | 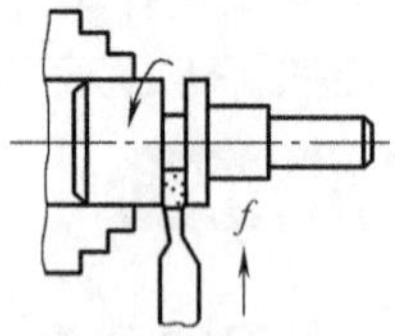 |
| 内孔车刀 |  | 车内孔 | 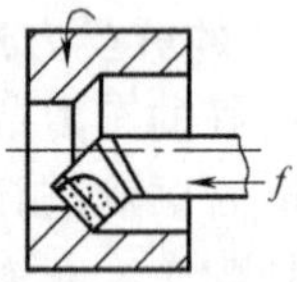 |
| 圆头车刀 | 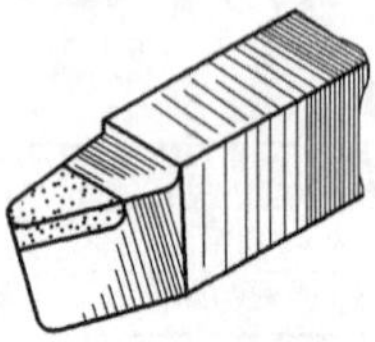 | 车圆弧面或成<br>形面 | 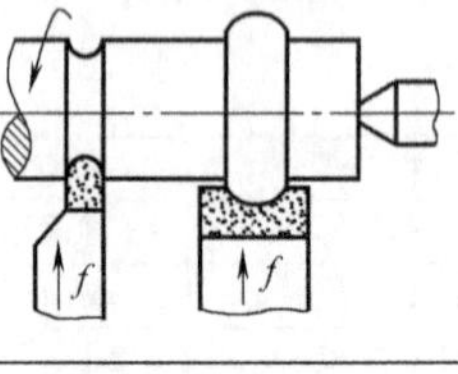 |
| 螺纹车刀 | 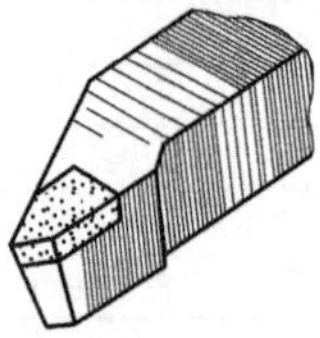 | 车螺纹 | 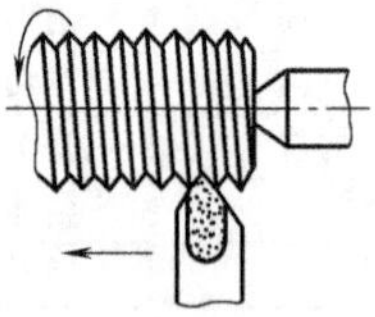 |

### 3. 硬质合金可转位车刀

采用机械夹固的可转位车刀，是 1949—1950 年间美国最早研制成功的，并于 1954 年开始出售，也是我国近年来大力发展并广泛应用的先进刀具之一。用机械夹紧机构将刀片装夹在刀柄上，当刀片上的一个切削刃磨钝后，只需将刀片转过一个角度，即可用新的切削刃继续车削，从而大大缩短了换刀和磨刀的时间，并提高了刀柄的利用率。

硬质合金可转位车刀的刀柄可以装夹各种不同形状和角度的刀片，分别用来车外圆、车端面、切断、车孔和车螺纹等。

图 2-6 所示为硬质合金可转位车刀的结构形状，图 2-7 所示为硬质合金可转位车刀的夹紧机构，图 2-8 所示为硬质合金可转位刀片形状。

图 2-6　硬质合金可转位车刀的结构形状

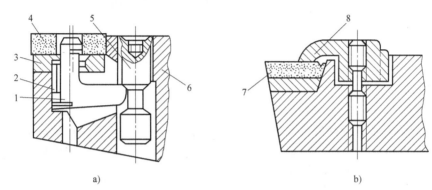

图 2-7　硬质合金可转位车刀的夹紧机构
a) 杠杆式夹紧　b) 上压式夹紧
1—杠杆　2—卡簧　3—刀垫　4、7—刀片　5—压紧螺钉　6—刀柄　8—压板

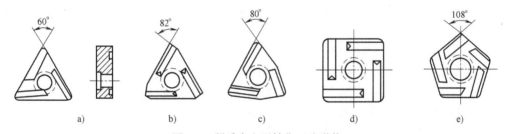

图 2-8　硬质合金可转位刀片形状
a) 正三角形　b) 加大刀尖角的三角形　c) 凸三角形　d) 四边形　e) 五边形

## 二、车刀切削部分的几何要素

车刀由刀头（或刀片）和刀柄两部分组成。刀头担负切削工作，故又称为切削部分；刀柄用来把车刀装夹在刀架上。刀头由若干刀面和切削刃组成，如图 2-9a、b 所示。

（1）前面 $A_\gamma$　刀具上切屑流过的表面称为前面，又称为前刀面。

（2）后面 $A_\alpha$　后面分主后面和副后面。与工件上过渡表面相对的刀面称为主后面 $A_\alpha$；与工件上已加工表面相对的刀面称为副后面 $A_\alpha'$。后面又称为后刀面，一般是指主后面。

（3）主切削刃 $S$　前面和主后面的交线称为主切削刃，它担负着主要的切削工作，与工件上过渡表面相切。

（4）副切削刃 S′　前面和副后面的交线称为副切削刃，它配合主切削刃完成少量的切削工作。

（5）刀尖　主切削刃和副切削刃交汇的一小段切削刃称为刀尖。为了提高刀尖强度和延长车刀寿命，多将刀尖磨成圆弧形或直线形过渡刃，如图 2-9c 所示。

（6）修光刃　副切削刃近刀尖处一小段平直的切削刃称为修光刃，如图 2-9d 所示，它在切削时起修光已加工表面的作用。装刀时必须使修光刃与进给方向平行，且修光刃长度必须大于进给量，才能起到修光作用。

组成车刀刀头上述组成部分的几何要素并不相同。例如，75°车刀由三个刀面、两条切削刃和一个刀尖组成，而 45°车刀却由四个刀面（其中副后面两个）、三条切削刃（其中副切削刃两条）和两个刀尖组成。此外，切削刃可以是直线，也可以是曲线，如车成形面的成形刀就是曲线切削刃。

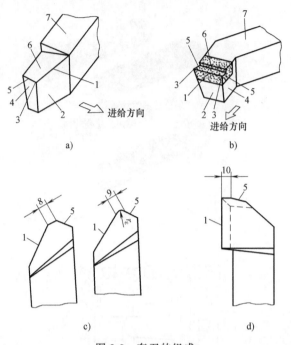

图 2-9　车刀的组成
1—主切削刃　2—主后面　3—刀尖　4—副后面　5—副切削刃　6—前面　7—刀柄　8—直线过渡刃　9—圆弧过渡刃　10—修光刃

## 三、测量车刀角度的三个基准坐标平面

为了测量车刀的角度，需要假想三个基准坐标平面。

（1）基面 $p_r$　通过切削刃上某个选定点，垂直于该点主运动方向的平面称为基面，如图 2-10a、c 和图 2-11 所示。

对于车削，一般可认为基面是水平面。

（2）切削平面 $p_s$　切削平面是指通过切削刃上某个选定点，与切削刃相切并垂直于基面的平面。其中，选定点在主切削刃上的为主切削平面 $p_s$，选定点在副切削刃上的为副切削平面 $p_s'$，如图 2-10 所示。切削平面一般是指主切削平面。

对于车削，一般可认为切削平面是铅垂面。

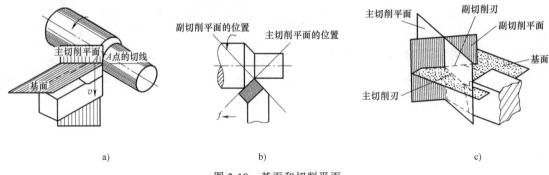

图 2-10　基面和切削平面
a）基面和主切削平面　b）主、副切削平面的位置　c）基面和主、副切削平面

（3）正交平面 $p_o$　正交平面是指通过切削刃上某个选定点，并同时垂直于基面和切削平面的平面。也可以认为，正交平面是指通过切削刃上某个选定点，垂直于切削刃在基面上投影的平面，如图 2-12 所示。通过主切削刃上 $P$ 点的正交平面称为主正交平面 $p_o$，通过副切削刃上 $P'$ 点的正交平面称为副正交平面 $p_o'$。正交平面一般是指主正交平面。

对于车削，一般可认为正交平面是铅垂面。

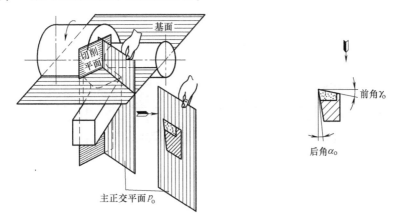

图 2-11　测量车刀角度的三个基准坐标平面

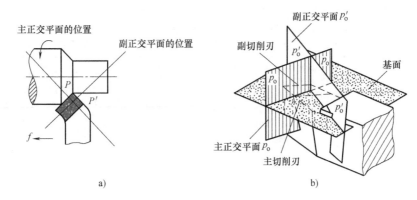

a)　　　　　　　　　　　　　b)

图 2-12　正交平面和基面

a）主、副正交平面的位置　b）基面和主、副正交平面

## 四、车刀切削部分的几何角度及其选择

车刀切削部分共有六个独立的基本角度：主偏角 $\kappa_r$、副偏角 $\kappa_r'$、前角 $\gamma_o$、后角 $\alpha_o$、副后角 $\alpha_o'$ 和刃倾角 $\lambda_s$；还有两个派生角度：刀尖角 $\varepsilon_o$ 和楔角 $\beta_o$。

车刀切削部分的几何角度中，主偏角 $\kappa_r$ 和副偏角 $\kappa_r'$ 没有正负值规定，但前角 $\gamma_o$、后角 $\alpha_o$ 和刃倾角 $\lambda_s$ 有正负值规定。

车刀前角和后角的正负值规定：车刀前角和后角分别有正值、零度和负值三种，见表 2-5。

车刀切削部分几何角度的主要作用及初步选择依据见表 2-6。

车刀刃倾角的正负值规定：车刀刃倾角有正值、零度和负值三种，其排出切屑情况、刀尖强度和冲击点先接触车刀的位置见表 2-7。

高速钢车刀和硬质合金车刀相对不同材料前角和后角的参考值见表 2-8。

表 2-5 在正交平面 $p_o$ 内车刀前角和后角正负值规定一览表

| 角度值 | | 正 值 | 零 度 | 负 值 |
|---|---|---|---|---|
| 前角 $\gamma_o$ | 图示 | 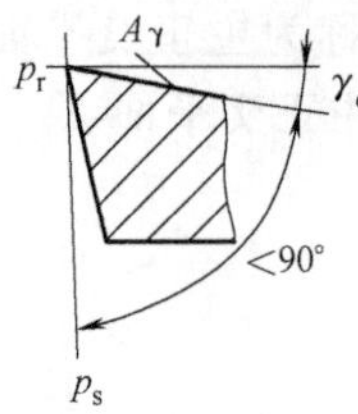 $\gamma_o > 0°$ | 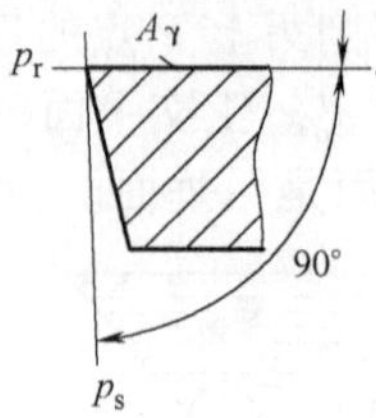 $\gamma_o = 0°$ | 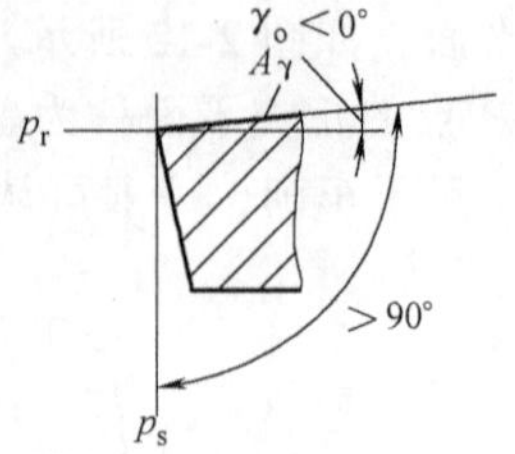 $\gamma_o < 0°$ |
| | 正负值规定 | 前面 $A_\gamma$ 与切削平面 $p_s$ 间的夹角小于 90°时 | 前面 $A_\gamma$ 与切削平面 $p_s$ 间的夹角等于 90°时 | 前面 $A_\gamma$ 与切削平面 $p_s$ 间的夹角大于 90°时 |
| 后角 $\alpha_o$ | 图示 | 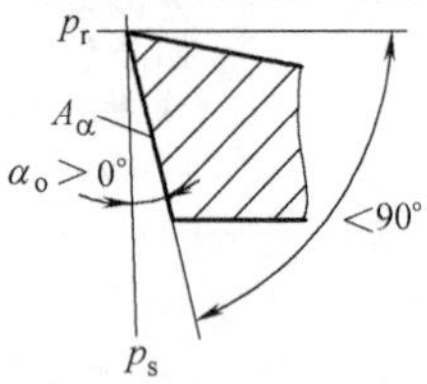 $\alpha_o > 0°$ | 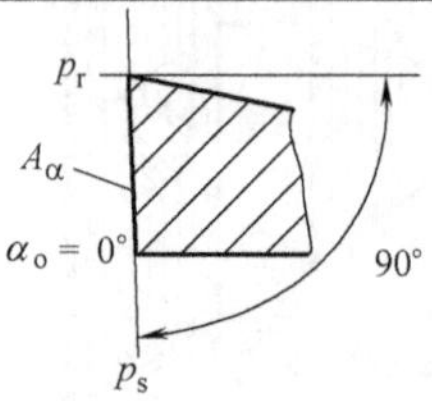 $\alpha_o = 0°$ | 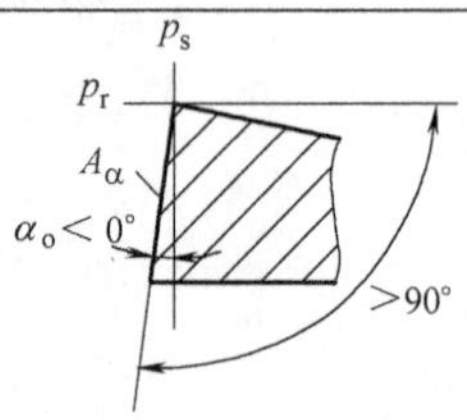 $\alpha_o < 0°$ |
| | 正负值规定 | 后面 $A_\alpha$ 与基面 $p_r$ 间的夹角小于 90°时 | 后面 $A_\alpha$ 与基面 $p_r$ 间的夹角等于 90°时 | 后面 $A_\alpha$ 与基面 $p_r$ 间的夹角大于 90°时 |

表 2-6 车刀切削部分几何角度的主要作用及初步选择依据

| 角度 | 定 义 | 主 要 作 用 | 初 步 选 择 依 据 |
|---|---|---|---|
| 前角 $\gamma_o$ | 前面和基面间的夹角定义为刀具的前角 | 1)影响切削变形和切削力。前角增大,切削变形将减小,从而减小切削力、切削功率和切削热<br>2)影响已加工表面的质量。增大前角能减少切削层的塑性变形和加工硬化程度,抑制积屑瘤和鳞刺的产生,减小切削时的振动,从而提高已加工表面的质量<br>3)影响切削强度及散热状况。减小前角,可以使切屑变形增大,从而使切屑容易卷曲和折断 | 1)根据工件材料选择。加工塑性材料时可选择较大的前角,加工脆性材料时可选择较小的前角,材料的强度和硬度越高,前角越小,甚至取负值<br>2)根据刀具材料选择。高速钢强度、韧性好,加工时可选用较大的前角;硬质合金强度低、脆性大,加工时应选用较小的前角<br>3)根据加工要求选择。粗加工和断续切削,切削力和冲击力较大,应选用较小的前角;精加工时,为使刀具锋利,提高表面加工质量,应选用较大的前角;当机床功率不足或工艺系统刚性较差时,可选较大的前角 |
| 后角 $\alpha_o$ | 主后面与切削平面间的夹角 | 减小后面与工件之间的摩擦,它和前角一样,也影响刃口的强度和锋利程度 | 选择原则与前角相似,一般为 0~8° |
| 副后角 $\alpha_o'$ | 副后面和副切削平面间的夹角 | 减小车刀副后面和工件已加工表面间的摩擦 | 1)副后角 $\alpha_o'$ 一般磨成与后角 $\alpha_o$ 相等<br>2)在切断刀等特殊情况下,为了保证刀具的强度,副后角应取较小值:$\alpha_o' = 1° ~ 2°$ |
| 主偏角 $\kappa_r$ | 主切削刃在基面上的投影与进给方向间的夹角 | 1)影响已加工表面的残留高度。减小主偏角可以减小已加工表面的残留高度,从而减小已加工表面的表面粗糙度值<br>2)影响切削层尺寸和断屑效果<br>3)影响刀尖强度<br>4)影响切削分力的比例关系 | 1)根据工件已加工表面的形状选择。如加工工件的台阶,必须选取 $\kappa_r \geq 90°$;加工中间切入的工件表面时,一般选用 $\kappa_r = 45° ~ 60°$<br>2)根据工件材料选择。工件的刚度高或工件的材料较硬,应选较小的主偏角;反之,应选用较大的主偏角。常用车刀的主偏角有 45°、60°、75° 和 90° 等几种 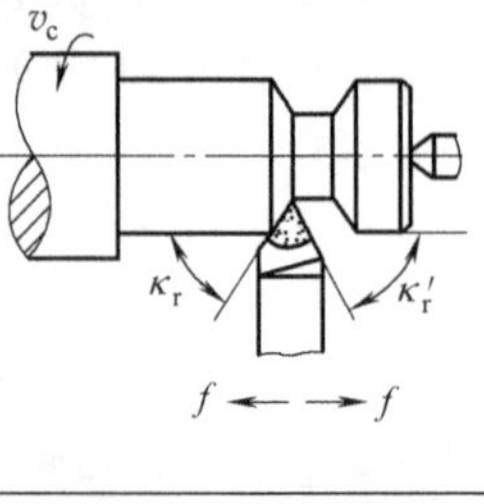 |

（续）

| 角度 | 定　义 | 主　要　作　用 | 初步选择依据 |
|---|---|---|---|
| 副偏角 $\kappa_r'$ | 副切削刃在基面上的投影与背离进给方向间的夹角 | 影响已加工表面的残留高度。减小副偏角可以减小已加工表面的残留高度，从而减小已加工表面的表面粗糙度值。但是副偏角不能太小，否则会使背向力增大 | 1）副偏角一般选取 $\kappa_r' = 6° \sim 8°$<br>2）精车时，如果在副切削刃上刃磨修光刃，则取 $\kappa_r' = 0°$<br>3）加工中间切入的工件表面时，副偏角应取 $\kappa_r' = 45° \sim 60°$ |
| 刃倾角 $\lambda_s$ | 主切削刃与基面间的夹角 | 1）影响排屑流向<br>2）影响刀尖强度和断续切削时切削刃上冲击点的位置<br>3）影响切削刃的锋利程度<br>4）影响切削刃的实际工作长度<br>5）影响切削分力的比例 | 1）根据加工要求选择。精车时，为防止切屑划伤已加工表面，选择 $\lambda_s = 0° \sim +5°$；粗车时，为提高刀具强度，通常取 $\lambda_s = -5° \sim 0°$<br>2）根据工件材料选择。车削淬硬钢等高强度高硬度材料时，常取较大的负刃倾角；车削铸铁件时，常取 $\lambda_s \geqslant 0°$，具体见表 2-7 中的适用场合 |
| 刀尖角 $\varepsilon_r$ | 主、副切削刃在基面上的投影间的夹角 | 影响刀尖强度和散热性能 | $\varepsilon_r = 180° - (\kappa_r + \kappa_r')$ |
| 楔角 $\beta_o$ | 前面和后面间的夹角 | 影响刀头截面的大小，从而影响刀头的强度 | $\beta_o = 90° - (\gamma_o + \alpha_o)$ |

表 2-7　车刀刃倾角正负值的规定及使用情况一览表

| 角度值 | $\lambda_s > 0°$ | $\lambda_s = 0°$ | $\lambda_s < 0°$ |
|---|---|---|---|
| 正负值的规定 | | | |
| | 刀尖位于主切削刃 $S$ 的最高点 | 主切削刃 $S$ 和基面 $p_r$ 平行 | 刀尖位于主切削刃 $S$ 的最低点 |
| 排出切屑情况 | | | |
| | 车削时，切屑排向工件的待加工表面方向，切屑不易擦毛已加工表面，车出的工件表面粗糙度值小 | 车削时，切屑基本上沿垂直于主切削刃方向排除 | 车削时，切屑排向工件的已加工表面方向，容易使已加工表面出现毛刺 |
| 刀尖强度和冲击点先接触车刀的位置 | | | |
| | 刀尖强度较差，尤其是在车削不圆整的工件受冲击时，冲击点先接触刀尖，刀尖易损坏 | 刀尖强度一般，冲击点同时接触刀尖和切削刃 | 刀尖强度高，在车削有冲击的工件时，冲击点先接触远离刀尖的切削刃处，从而保护了刀尖 |
| 适用场合 | 精车时，应取正值 $\lambda_s = 0° \sim 5°$ | 工件圆整、余量均匀的一般车削时，应取 $\lambda_s = 0°$ | 粗加工、断续车削时，为了增加刀头的强度，应取负值 $\lambda_s = 0° \sim -5°$；车削淬硬钢等高强度高硬度材料时，常取较大的负刃倾角 |

表 2-8 车刀（对不同的材料）前角和后角的参考值

| 高速钢车刀 | | | | 硬质合金车刀 | | | |
|---|---|---|---|---|---|---|---|
| 工件材料 | | 前角 $\gamma_o/(°)$ | 后角 $\alpha_o/(°)$ | 工件材料 | | 前角 $\gamma_o/(°)$ | 后角 $\alpha_o/(°)$ |
| 钢和铸铁 | $R_m = 400 \sim 500\mathrm{MPa}$ | $20 \sim 25$ | $8 \sim 12$ | 结构钢、合金钢、铸钢 | $R_m \leqslant 800\mathrm{MPa}$ | $10 \sim 15$ | $6 \sim 8$ |
| | $R_m = 700 \sim 1900\mathrm{MPa}$ | $5 \sim 10$ | $5 \sim 8$ | | $R_m = 800 \sim 1000\mathrm{MPa}$ | $5 \sim 10$ | $6 \sim 8$ |
| 镍铬钢和铬钢 | $R_m = 700 \sim 800\mathrm{MPa}$ | $5 \sim 15$ | $5 \sim 7$ | 高强度钢及表面有夹杂的铸钢 $R_m > 1000\mathrm{MPa}$ | | $-10 \sim -5$ | $6 \sim 8$ |
| 灰铸铁 | $160 \sim 180\mathrm{HBW}$ | 12 | $6 \sim 8$ | 不锈钢 | | $15 \sim 30$ | $8 \sim 10$ |
| | $220 \sim 260\mathrm{HBW}$ | 6 | $6 \sim 8$ | 耐热钢 $R_m = 700 \sim 1000\mathrm{MPa}$ | | $10 \sim 12$ | $8 \sim 10$ |
| 可锻铸铁 | $140 \sim 160\mathrm{HBW}$ | 15 | $6 \sim 8$ | 变形锻造高温合金 | | $5 \sim 10$ | $10 \sim 15$ |
| | $170 \sim 190\mathrm{HBW}$ | 12 | $6 \sim 8$ | 铸造高温合金 | | $0 \sim 5$ | $0 \sim 15$ |
| 铜、铝、巴氏合金 | | $25 \sim 30$ | $8 \sim 12$ | 钛合金 | | $5 \sim 15$ | $10 \sim 15$ |
| 中硬青铜及黄铜 | | 10 | 8 | 淬火钢 40HRC 以上 | | $-10 \sim -5$ | $8 \sim 10$ |
| 硬青铜 | | 5 | 6 | 高锰钢 | | $-5 \sim 5$ | $8 \sim 12$ |
| 钨 | | 20 | 15 | 铬锰钢 | | $-5 \sim -2$ | $8 \sim 10$ |
| 铌 | | $20 \sim 25$ | $12 \sim 15$ | 灰铸铁、青铜、脆性黄铜 | | $5 \sim 15$ | $6 \sim 8$ |
| 钼合金 | | 30 | $12 \sim 15$ | 韧性黄铜 | | $15 \sim 25$ | $8 \sim 12$ |
| 镁合金 | | $25 \sim 35$ | $10 \sim 15$ | 纯铜 | | $25 \sim 35$ | $8 \sim 12$ |
| 电木 | | 0 | $10 \sim 12$ | 铝合金 | | $20 \sim 30$ | $8 \sim 12$ |
| 纤维纸板 | | 0 | $14 \sim 16$ | 纯铁 | | $25 \sim 35$ | $8 \sim 10$ |
| 硬橡皮 | | $-2 \sim 0$ | $18 \sim 20$ | 纯钨铸锭 | | $5 \sim 15$ | $8 \sim 12$ |
| 软橡皮 | | $45 \sim 75$ | $15 \sim 20$ | 纯钨铸锭及烧结钼棒 | | $15 \sim 35$ | 6 |
| 塑料、有机玻璃 | | $20 \sim 25$ | 30 | | | | |

## 五、刀具的材料

### 1. 车刀切削部分应具备的基本性能

车刀切削部分在很高的温度下工作，经受连续强烈的摩擦，并承受很大的切削力和冲击，所以车刀切削部分的材料必须具备下列基本性能：

1）较高的硬度。

2）较高的耐磨性。

3）足够的强度和韧性。

4）较高的耐热性。

5）较好的导热性。

6）良好的工艺性和经济性。

### 2. 车刀切削部分的常用材料

目前，车刀切削部分的常用材料有高速钢和硬质合金两大类。

（1）高速钢　高速钢是含钨 W、钼 Mo、铬 Cr、钒 V 等合金元素较多的工具钢。高速钢刀具制造简单，刃磨方便，容易通过刃磨得到锋利的刃口，而且韧性较好，常用于承受冲击力较大的场合。高速钢特别适用于制造各种结构复杂的成形刀具和孔加工刀具，如成形车刀、螺纹刀具、钻头和铰刀等。高速钢的耐热性较差，因此不能用于高速切削。

高速钢的类别、常用牌号、性能及应用一览表，见表 2-9。

表 2-9　高速钢的类别、常用牌号、性能及应用一览表

| 类别 | 常用牌号 | 性　能 | 应　用 |
|---|---|---|---|
| 钨系 | W18Cr4V (18-4-1) | 性能稳定，刃磨和热处理工艺控制较方便 | 金属钨的价格较高，国外已很少采用。目前国内使用普遍，以后将逐渐减少 |

（续）

| 类别 | 常用牌号 | 性　能 | 应　用 |
|---|---|---|---|
| 钨钼系 | W6Mo5Cr4V2 (6-5-4-2) | 最初是国外为解决缺钨而研制出以取代 W18Cr4V 的高速钢（以 1% 的钼取代 2% 的钨）。其高温塑性和韧性都超过 W18Cr4V，而其切削性能却大致相同 | 主要用于制造热轧工具，如麻花钻等 |
| | W9Mo3Cr4V (9-3-4-1) | 根据我国资源的实际情况而研制的刀具材料，其强度和韧性均比 W6Mo5Cr4V2 好，高温塑性和切削性能良好 | 使用将逐渐增多 |

（2）硬质合金　硬质合金是用钨和钛的碳化物粉末加钴作为黏结剂，高压压制成形后再经高温烧结而成的粉末冶金制品。硬度、耐磨性和耐热性均高于高速钢。切削钢时，切削速度可达 220m/min 左右。硬质合金的缺点是韧性较差，承受不了大的冲击力。硬质合金是目前应用最广泛的一种车刀材料。

切削用硬质合金按其切屑排出形式和加工对象的范围可分为三个主要类别，分别以字母 K、P、M 表示。

硬质合金的分类、用途、性能、代号以及与旧牌号的对照一览表，见表 2-10。

表 2-10　硬质合金的分类、用途、性能、代号以及与旧牌号的对照一览表

| 类别 | 成分 | 用　途 | 常用代号 | 性能（耐磨性） | 性能（韧性） | 适用于的加工阶段 | 相当于旧牌号 |
|---|---|---|---|---|---|---|---|
| K 类（钨钴类） | WC+Co | 适用于加工铸铁、有色金属等脆性材料或冲击性较大的场合。但在切削难加工材料或振动较大（如断续切削塑性金属）的特殊情况时也较适合 | K01 | ↑ | ↓ | 精加工 | YG3 |
| | | | K10 | | | 半精加工 | YG6 |
| | | | K20 | | | 粗加工 | YG8 |
| P 类（钨钛钴类） | WC+TiC+Co | 适用于加工钢或其他韧性较大的塑性金属，不宜用于加工脆性金属 | P01 | ↑ | ↓ | 精加工 | YT30 |
| | | | P10 | | | 半精加工 | YT15 |
| | | | P30 | | | 粗加工 | YT5 |
| M 类［钨钛钽（铌）钴类］ | WC+TiC+TaC(NbC)+Co | 既可加工铸铁、有色金属，又可加工碳钢、合金钢，故又称通用合金。主要用于加工高温合金、高锰钢、不锈钢以及可锻铸铁、球墨铸铁、合金铸铁等难加工材料 | M10 | ↑ | ↓ | 精加工半精加工 | YW1 |
| | | | M20 | | | 半精加工粗加工 | YW2 |

**操作训练**

### 一、刀具安装

**1．准备工作**

1）正确穿戴劳动保护用品。穿戴工服、工鞋、工帽、护目镜并检查合格。

2）刀具、量具、工具、用具准备：90°外圆车刀（YT）1 把，45°弯头刀（YT）1 把，刀架扳手 18mm×18mm、卡盘扳手 14mm×14mm×150mm、主轴固定顶尖、尾座顶尖、刀垫等若干。

3）设备准备：卧式车床 CA6140，1 台。

**2．操作程序**

1）松开刀架螺钉，初步安装 90°（45°）车刀，控制刀具伸出长度。

2）控制刀杆与刀架边缘平齐，并用两个螺钉压紧（不要太紧）。

3）安装主轴固定顶尖或者尾座顶尖，其主要视安装的是右偏刀还是左偏刀而定，右偏刀

用主轴固定顶尖检查方便，左偏刀用尾座顶尖检查方便。

4）移动刀架靠近主轴固定顶尖（或尾座顶尖），目测刀尖是否与顶尖等高，不等高应调整刀垫。

5）拧紧刀架螺钉。

**3. 注意事项或安全风险提示**

1）车刀的刀头部分不能伸出刀架过长，应尽可能伸出的短一些。因为车刀伸出过长刀杆的刚性变差，切削时在切削力的作用下，容易产生振动，使车出的工件表面不光滑（即表面粗糙度值高）。一般车刀伸出的长度不超过刀杆厚度的1~2倍。

2）车刀刀体下面所垫的刀垫数量一般为1~2片为宜，并与刀架边缘对齐，并用两个螺钉压紧（图2-13），以防止车刀车削工件时产生移位或振动。

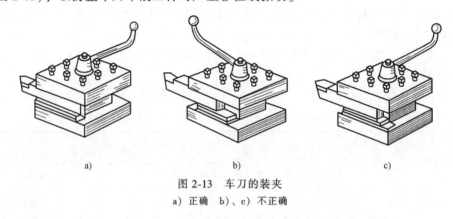

图 2-13　车刀的装夹
a）正确　b）、c）不正确

3）车刀刀尖的高低应对准工件回转轴线的中心，如图2-14b所示，车刀安装得过高或过低都会引起车刀角度的变化而影响切削，其表现为：

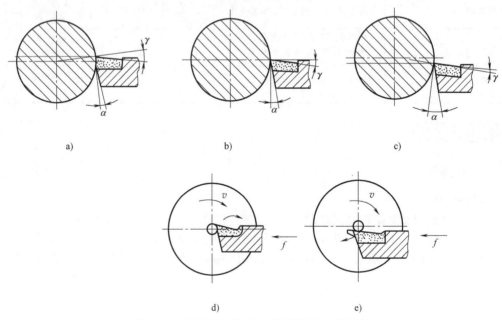

图 2-14　车刀刀尖不对准工件回转中心的后果

① 车刀没有对准工件回转中心。在车外圆柱面时，当车刀刀尖装得高于工件回转中心线时，如图2-14a所示，就会使车刀的工作前角增大，实际工作后角减小，增加车刀后面与工件

表面的摩擦；当车刀刀尖装得低于工件回转中心线时，如图 2-14c 所示，就会使车刀的工作前角减小，实际工作后角增大，切削阻力增大使切削不顺。车刀刀尖不对准工件回转中心而装夹得过高时，车至工件端面中心会留凸头，如图 2-14d 所示，造成刀尖崩碎；装夹得过低时，用硬质合金车刀车至将近工件端面中心处也会使刀尖崩碎，如图 2-14e 所示。

② 为使刀尖快速准确地对准工件回转中心，常采用以下三种方法：

a. 根据机床型号确定主轴中心高，用钢直尺测量装刀，如图 2-15a 所示。

b. 利用尾座顶尖中心确定刀尖的高低，如图 2-15b 所示。

c. 用机床卡盘装夹工件，刀尖慢慢靠近工件端面，用目测法装刀并夹紧，试车端面，根据所车端面中心再调整刀尖高度（即端面对刀）。

根据经验，粗车外圆柱面时，将车刀装夹得比工件回转中心稍低些，这要根据工件直径的大小确定，无论装高或装低，一般不能超过工件直径的 1%。注意装夹车刀时不能使用套管，以防用力过大使刀架上的压刀螺钉拧断而损坏刀架。用手转动压刀扳手压紧车刀即可。

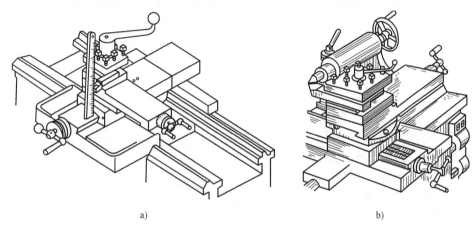

a)　　　　　　　　　　　　b)

图 2-15　对刀的方法

a）用钢直尺　b）用后顶尖

## 二、刀具刃磨

以 90°硬质合金（YT15）焊接车刀为例，介绍手工刃磨车刀的方法。

### 1. 准备工作

1）正确穿戴劳动保护用品。穿戴工服、工鞋、工帽、护目镜并检查合格。

2）图样准备：如图 2-16 所示，1 份。

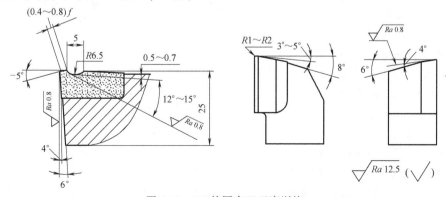

图 2-16　90°外圆车刀刃磨训练

3）工件准备：90°外圆车刀焊接刀坯料，见表2-11，1件。

4）设备准备：砂轮机（砂轮机有氧化铝砂轮和碳化硅砂轮），1台。

表 2-11　90°外圆车刀刃磨训练练习件

| 练习件名称 | 材料 | 材料来源 | 下道工序 | 件数 |
|---|---|---|---|---|
| 90°外圆车刀 | 45 钢(刀柄) | 150mm×20mm×20mm | 车端面 | 1 |
| | YG8 (切削部分) | 90°焊接刀 | | |

**2. 操作程序**

（1）清理前面、后面和车刀底面　先磨去车刀前面、后面上的焊渣，并将车刀底面磨平。可选用粒度号为 F24~F36 的氧化铝砂轮。

（2）粗磨主后面和副后面　粗磨主后面和副后面的刀柄部分，以形成后隙角。刃磨时，在略高于砂轮中心的水平位置处将车刀翘起一个比刀体上的后角大 2°~3° 的角度，以便再刃磨刀体上的后角和副后角，如图 2-17 所示。可选用粒度号为 F24~F36、硬度为中软（ZR1、ZR2）的氧化铝砂轮。

（3）粗磨刀体上的主后面　磨主后面时，刀柄应与砂轮轴线保持平行，同时刀体底平面向砂轮方向倾斜一个比后角大 2° 的角度，如图 2-18a 所示。刃磨时，先把车刀已磨好的后隙面靠在砂轮的外圆上，以接近砂轮中心的水平位置为刃磨的起始位置，然后使刃磨位置继续向砂轮靠近，并做左右缓慢移动。当砂轮磨至切削刃处即可结束。这样可同时磨出 $\kappa_r=90°$ 的主偏角和后角 $\alpha_o$。可选用粒度号为 F36~F60 的碳化硅砂轮。

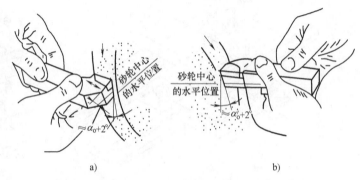

图 2-17　粗磨刀柄上的主后面和副后面（磨后隙角）
a) 磨主后面上的后隙角　b) 磨副后面上的后隙角

（4）粗磨刀体上的副后面　磨副后面时，刀柄尾部应向右转过一个副偏角 $\kappa_r'$，同时刀体底平面向砂轮方向倾斜一个比副后角大 2° 的角度，如图 2-18b 所示。具体刃磨方法与粗磨刀体上的主后面大体相同。不同的是粗磨副后面时砂轮应磨到刀尖处为止。如此，也可同时磨出副偏角 $\kappa_r'$ 和副后角 $\alpha_o'$。

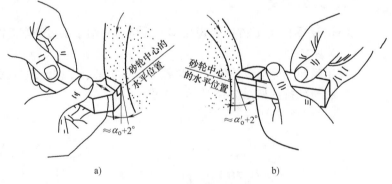

图 2-18　粗磨主后面、副后面
a) 粗磨主后面　b) 粗磨副后面

（5）粗磨前面　以砂轮的端面粗磨出车刀的前面，并在磨前面的同时磨出前角 $\gamma_o$，如图 2-19 所示。

（6）磨断屑槽　常见的断屑槽有圆弧型和直线型两种，如图 2-20 所示。圆弧型断屑槽的前角一般较大，适于切削较软的材料；直线型断屑槽的前角较小，适于切削较硬的材料。

手工刃磨的断屑槽一般为圆弧型。刃磨时，须先将砂轮的外圆和端面的交角处用修砂轮的金刚石笔（或用硬砂条）修磨成相应的圆弧。刃磨时刀尖可向下磨或向上磨，如图 2-21 所示。但选择刃磨断屑槽的部位时，应考虑留出刀头倒棱的宽度（即留出相当于进给量大小的距离）。

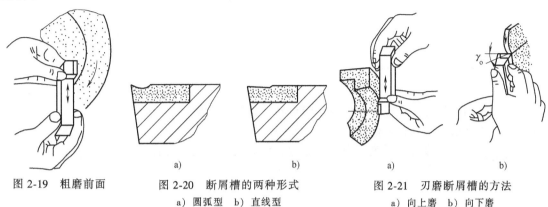

图 2-19　粗磨前面　　　　图 2-20　断屑槽的两种形式　　　　图 2-21　刃磨断屑槽的方法

　　　　　　　　　　　　　a）圆弧型　b）直线型　　　　　　　　a）向上磨　b）向下磨

（7）精磨主后面和副后面　精磨前要修整好砂轮，使砂轮保持平稳旋转，如图 2-22 所示。刃磨时，将刀体底平面靠在调整好角度的托架上，并使切削刃轻轻地靠在砂轮的端面上，并沿砂轮端面缓慢地左右移动，使砂轮磨损均匀、车刀刃口平直。可选用杯形绿色碳化硅砂轮（其粒度号为 F180～F200）或金刚石砂轮。

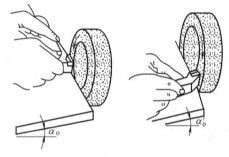

图 2-22　精磨主后面和副后面

（8）磨负倒棱　刀具主切削刃担负着绝大部分的切削工作。为了提高主切削刃的强度，改善其受力和散热条件，通常在车刀的主切削刃上磨出负倒棱，如图 2-23 所示。

负倒棱的倾斜角度 $\gamma_f$ 一般为 $-10°\sim-5°$，其宽度 $b$ 为进给量的 0.5～0.8，即 $b=(0.5\sim0.8)\,f$。

对于采用较大前角的硬质合金车刀及车削强度、硬度特别低的材料时，不宜采用负倒棱。

负倒棱的刃磨方法如图 2-24 所示。刃磨时，用力要轻微，应使主切削刃的后端向刀尖方向摆动。刃磨时可采用直磨法和横磨法。为了保证切削刃的质量，最好采用直磨法。

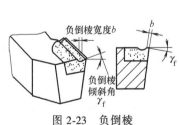

图 2-23　负倒棱

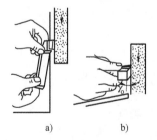

图 2-24　负倒棱的刃磨方法

a）直磨法　b）横磨法

所选用的砂轮与精磨主后面的砂轮相同。

（9）磨过渡刃　过渡刃有直线型和圆弧型两种。其刃磨方法与精磨后面时基本相同。刃磨车削较硬材料的车刀时，也可以在过渡刃上磨出负倒棱。

（10）手工研磨车刀　在砂轮上刃磨的车
刀，其切削刃有时不够平滑光洁。所以手工刃
磨的车刀还应用细磨石研磨其切削刃。研磨时，
手持磨石在切削刃上来回移动，要求动作平稳、
用力均匀，如图 2-25 所示。研磨后的车刀，应
消除在砂轮上刃磨后的残留痕迹，刀面的表面
粗糙度值应达到 $0.2 \sim 0.4\mu m$。

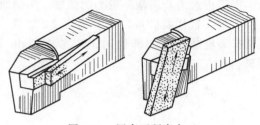

图 2-25　用磨石研磨车刀

### 3. 注意事项或安全风险提示

1）刃磨时须戴护目镜。

2）新装的砂轮必须经过严格检查，经试转合格后才能使用。

3）砂轮磨削表面须经常修整。

4）磨刀时，操作者应尽量避免正对砂轮，以站在砂轮侧面为宜。

5）磨刀时，不要用力过猛，以防打滑而伤手。

6）刃磨结束时，应随手关闭砂轮机电源。

# 任务三　选择切削用量

**学习目标**

1）掌握切削用量的定义及三要素。

2）能熟练选择切削用量。

**知识准备**

## 一、切削用量的定义及三要素

切削用量是表示主运动和进给运动大小的参数，是背吃刀量、进给量和切削速度三者的总称，故又把三者称为切削用量三要素。

### 1. 背吃刀量 $a_p$

工件上已加工表面和待加工表面间的垂直距离称为背吃刀量，如图 2-26 中的尺寸 $a_p$。背吃刀量是每次进给时车刀切入工件的深度，故又称为切削深度。车外圆时，背吃刀量可用下式计算：

$$a_p = \frac{d_w - d_m}{2} \tag{2-3}$$

式中，$a_p$ 为背吃刀量（mm）；$d_w$ 为工件待加工表面的直径（mm）；$d_m$ 为工件已加工表面的直径（mm）。

### 2. 进给量 $f$

工件每转一周，车刀沿进给方向移动的距离称为进给量，如图 2-26 和图 2-27 中的尺寸 $f$，单位为 mm/r。

根据进给方向的不同，进给量又分为纵向进给量和横向进给量，如图 2-27 所示。纵向进给量是指沿车床床身导轨方向的进给量，横向进给量是指垂直于车床床身导轨方向的进给量。

### 3. 切削速度 $v_c$

车削时，刀具切削刃上某选定点相对于待加工表面在主运动方向上的瞬时速度，称为切削

速度。切削速度也可理解为车刀在 1min 内车削工件表面的理论展开直线长度（假定切屑没有变形或收缩），如图 2-28 所示，单位为 m/min。

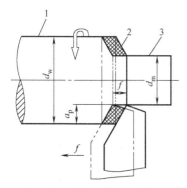

图 2-26　背吃刀量和进给量
1—待加工表面　2—过渡表面　3—已加工表面

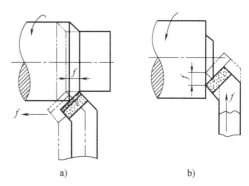

图 2-27　纵、横向进给量
a）纵向进给量　b）横向进给量

切削速度可用下式计算：

$$v_c = \frac{\pi d n}{1000} \qquad (2\text{-}4)$$

或者换算成

$$n = \frac{1000 v_c}{\pi d} \qquad (2\text{-}5)$$

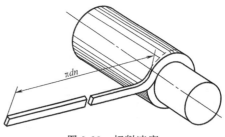

图 2-28　切削速度

式中，$v_c$ 为切削速度（m/min）；$d$ 为工件（或刀具）的直径（mm），一般取最大直径；$n$ 为车床的主轴转速（r/min）。

在实际生产中，往往是已知工件直径，根据工件的材料、刀具的材料和加工要求等因素选定切削速度，再将切削速度换算成车床主轴转速，以便调整车床。

计算出车床主轴转速后，应选取与所选用车床铭牌上接近的转速（每种车床都有固定的转速等级，每个等级输出一个固定转速）。

## 二、切削用量的选择

### 1. 粗车时切削用量的选择

粗车时选择切削用量主要是考虑提高生产率，同时兼顾刀具寿命。增大背吃刀量 $a_p$、进给量 $f$ 和切削速度 $v_c$ 都能提高生产率。但是，它们都对刀具寿命产生不利影响，其中影响最小的是 $a_p$，其次是 $f$，最大的是 $v_c$。因此，粗车时选择切削用量，首先应选择一个尽可能大的背吃刀量 $a_p$，其次选择一个较大的进给量 $f$，最后根据已选定的 $a_p$ 和 $f$，在工艺系统刚度、刀具寿命和机床功率许可的条件下选择一个合理的切削速度 $v_c$。表 2-12 所列为外表面车削常用切削用量推荐值，表 2-13 所列为硬质合金外圆车刀切削速度参考值，表 2-14 所列为硬质合金和高速钢外圆车刀粗车外圆的进给量推荐值。

### 2. 半精车、精车时切削用量的选择

半精车、精车时选择切削用量应首先考虑保证加工质量，并注意兼顾生产率和刀具寿命。

（1）背吃刀量　半精车、精车时的背吃刀量是根据加工精度和表面粗糙度要求，由粗车后留下的余量确定的。

半精车、精车时的背吃刀量：半精车时选取 $a_p = 0.5 \sim 2.0$ mm，精车时选取 $a_p = 0.1 \sim 0.8$ mm。

（2）进给量　半精车、精车的背吃刀量较小，产生的切削力不大，所以加大进给量对工

艺系统的强度和刚度影响较小。半精车、精车时，进给量的选择主要受表面粗糙度的限制。表面粗糙度值越小，进给量可选择小些。表 2-15 所列为硬质合金外圆车刀半精车的进给量推荐值，表 2-16 所列为切断及切槽的进给量推荐值，表 2-17 所列为精车车刀刀尖圆弧半径与表面粗糙度和进给量的关系。

（3）切削速度　为了提高工件的表面质量，用硬质合金车刀精车时，一般采用较高的切削速度（$v_c > 80 \text{m/min}$）。

表 2-12　外表面车削常用切削用量推荐值

| 工件材料 | 硬度（HBW） | 切削用量 | | 工件材料 | 硬度（HBW） | 切削用量 | |
|---|---|---|---|---|---|---|---|
| | | $a_p = 1 \sim 5 \text{mm}$ $f = 0.1 \sim 0.6 \text{mm/r}$ | $a_p = 5 \sim 30 \text{mm}$ $f = 0.6 \sim 1.8 \text{mm/r}$ | | | $a_p = 1 \sim 5 \text{mm}$ $f = 0.1 \sim 0.6 \text{mm/r}$ | $a_p = 5 \sim 30 \text{mm}$ $f = 0.6 \sim 1.8 \text{mm/r}$ |
| | | 切削速度 $v_c / (\text{m/min})$ | | | | 切削速度 $v_c / (\text{m/min})$ | |
| 45 | 200~250 | 40~80 | 20~50 | 35CrMoV | 212~248 | 40~70 | 20~50 |
| 50 | 225~275 | 40~70 | 20~50 | ZG06Cr13Ni5Mo | ≥240 | 40~70 | 20~40 |
| 15Mn | 207 | 40~80 | 20~60 | 12Cr18Ni9Ti | ≤190 | 40~70 | — |
| 50Mn | 269 | 40~70 | 20~50 | 12Cr13 | 156~241 | 40~70 | — |
| 35Mn2 | 207 | 40~80 | 20~60 | 60CrMnMo | 260~302 | 30~50 | — |
| ZG40Mn2 | 179~269 | 40~70 | 20~50 | 34CrNi3Mo | 187~192 | 30~60 | — |
| 20Cr | 229 | 40~80 | 20~50 | ZG230-450 | 450MPa($R_m$) | 30~60 | — |
| 30Cr | 241 | 40~70 | 20~50 | ZG270-500 | 500MPa($R_m$) | 30~60 | — |
| 40Cr | 207 | 40~70 | 20~50 | 20Cr13 | 228~235 | 40~70 | — |
| 18CrMnNi | 207 | 30~70 | 20~40 | 60Si2Mn | 1275MPa($R_m$) | 40~80 | — |
| 38CrMoAl | 229 | 40~70 | 20~50 | 15MnMoV | 156~228 | 40~80 | — |
| 20CrMo | 197~241 | 40~80 | 20~60 | 冷硬铸铁 | >45HRC | $a_p = 3 \sim 6 \text{mm}$ $f = 0.15 \sim 0.3 \text{mm/r}$，$v_c = 5 \sim 20 \text{m/min}$ | |
| 50Mn18Cr4 | 210 | 40~80 | 20~60 | | | | |
| 35CrMo | 209~269 | 40~70 | 20~50 | 铜及铜合金 | | 70~120 | — |
| 50CrMnMo | ≤269 | 30~70 | 20~50 | 铝及铝合金 | | 90~130 | — |
| 50CrNiMo | ≤269 | 30~60 | 20~40 | 铸铝合金 | | 90~150 | — |
| 65Cr2NiMo | 56~65（HRC） | 40~60 | 20~40 | 高温合金 | GH135 | 50 | |
| 75CrNiMo | 60~75（HRC） | 40~60 | 20~40 | | GH49 | 30~35 | |
| 35SiMn | 217~255 | 40~70 | 20~50 | | K14 | 30~40 | |
| ZG35SiMn | 107~241 | 40~80 | 20~60 | 钛合金 | | $a_p = 1 \sim 3 \text{mm}$ $f = 0.1 \sim 0.3 \text{mm/r}$、$v_c = 26 \sim 65 \text{m/min}$ | |
| 20CrMnTi | 217 | 30~50 | 20~40 | | | | |

表 2-13　硬质合金外圆车刀切削速度参考值

| 工件材料 | 热处理状态 | 背吃刀量 $a_p / \text{mm}$ | | |
|---|---|---|---|---|
| | | 0.3~2 | >2~5 | >5~10 |
| | | 进给量 $f / (\text{mm/r})$ | | |
| | | 0.08~0.3 | 0.3~0.6 | 0.6~1 |
| | | 切削速度 $v_c / (\text{m/min})$ | | |
| 低碳钢、易切钢 | 热轧 | 140~180 | 100~120 | 70~90 |
| 中碳钢 | 热轧 | 130~160 | 90~110 | 60~80 |
| | 调质 | 100~130 | 70~90 | 50~70 |
| 合金结构钢 | 热轧 | 100~130 | 70~90 | 50~70 |
| | 调质 | 80~100 | 50~70 | 40~60 |
| 工具钢 | 退火 | 90~120 | 60~80 | 50~70 |
| 不锈钢 | | 70~80 | 60~70 | 50~60 |
| 灰铸铁 | <190HBW | 90~120 | 60~80 | 50~70 |
| | 190~225HBW | 80~110 | 50~70 | 40~60 |
| 高锰钢（$w_{Mn} = 13\%$） | | — | 10~20 | — |

（续）

| 工件材料 | 热处理状态 | 背吃刀量 $a_p$/mm | | |
| --- | --- | --- | --- | --- |
| | | 0.3~2 | >2~5 | >5~10 |
| | | 进给量 $f$/(mm/r) | | |
| | | 0.08~0.3 | 0.3~0.6 | 0.6~1 |
| | | 切削速度 $v_c$/(m/min) | | |
| 铜及铜合金 | | 200~250 | 120~180 | 90~120 |
| 铝及铝合金 | | 300~600 | 200~400 | 150~300 |
| 铸铝合金（$w_{Si}$=7%~13%） | | 100~180 | 80~150 | 60~100 |

**表 2-14　硬质合金和高速钢外圆车刀粗车外圆的进给量推荐值**

| 结构钢、铸铁及铜合金类 | | | | | | | |
| --- | --- | --- | --- | --- | --- | --- | --- |
| 工件材料 | 车刀刀杆尺寸 $\dfrac{B \times H}{mm\ mm}$ | 工件直径 /mm | 背吃刀量 $a_p$/mm | | | | |
| | | | ≤3 | >3~5 | >5~8 | >8~12 | >12 |
| | | | 进给量 $f$/(mm/r) | | | | |
| 碳素结构钢和合金结构钢 | 20×30 | 20 | 0.3~0.4 | — | — | — | — |
| | | 40 | 0.4~0.5 | 0.3~0.4 | — | — | — |
| | | 60 | 0.6~0.7 | 0.5~0.7 | 0.4~0.6 | — | — |
| | 25×35 | 100 | 0.8~1.0 | 0.7~0.9 | 0.5~0.7 | 0.4~0.7 | — |
| | | 600 | 1.2~1.4 | 1.0~1.2 | 0.8~1.0 | 0.6~0.9 | 0.4~0.6 |
| | 25×40 | 60 | 0.6~0.9 | 0.5~0.8 | 0.4~0.7 | — | — |
| | | 100 | 0.8~1.2 | 0.7~1.1 | 0.6~0.9 | 0.5~0.8 | — |
| | | 1000 | 1.2~1.5 | 1.1~1.5 | 0.9~1.2 | 0.8~1.0 | 0.7~0.8 |
| | 30×45 | 500 | 1.1~1.4 | 1.1~1.4 | 1.0~1.2 | 0.8~1.2 | 0.7~1.1 |
| | 40×60 | 2500 | 1.3~2.0 | 1.3~1.8 | 1.2~1.6 | 1.1~1.5 | 1.0~1.5 |
| 铸铁及铜合金 | 20×30 | 40 | 0.4~0.5 | — | — | — | — |
| | | 60 | 0.6~0.9 | 0.5~0.8 | 0.4~0.7 | — | — |
| | 25×35 | 100 | 0.9~1.3 | 0.8~1.2 | 0.7~1.0 | 0.5~0.8 | — |
| | | 600 | 1.2~1.8 | 1.2~1.6 | 1.0~1.3 | 0.9~1.1 | 0.7~0.9 |
| | 25×40 | 60 | 0.6~0.8 | 0.5~0.8 | 0.4~0.7 | — | — |
| | | 100 | 1.0~1.4 | 0.9~1.2 | 0.7~1.0 | 0.6~0.9 | — |
| | | 1000 | 1.5~2.0 | 1.2~1.8 | 1.0~1.4 | 1.0~1.2 | 0.8~1.0 |
| | 30×45 | 500 | 1.4~1.8 | 1.2~1.6 | 1.0~1.4 | 1.0~1.3 | 0.9~1.2 |
| | 40×60 | 2500 | 1.6~2.4 | 1.6~2.0 | 1.4~1.8 | 1.3~1.7 | 1.2~1.7 |

| 高温合金、钛合金类 | | | | | | |
| --- | --- | --- | --- | --- | --- | --- |
| 工件材料 | 车刀刀杆尺寸 $B \times H$/mm | 工件直径 /mm | 背吃刀量 $a_p$/mm | | | |
| | | | ≤2 | >2~5 | >5~10 | >10 |
| | | | 进给量 $f$/(mm/r) | | | |
| 铁镍基及镍基高温合金（变形合金及铸造合金），$R_m$=900~1300MPa 的奥氏体热强、耐酸镍铬钢、镍铬锰钢及复杂合金（Ⅳ类）以及上述Ⅱ类合金钢 | 25×32 | 100 | 0.3~0.4 | 0.2~0.3 | — | — |
| | | 200 | 0.4~0.5 | 0.3~0.4 | — | — |
| | | 500 | 0.5~0.6 | 0.4~0.5 | — | — |
| | 40×40 40×50 | 100 | 0.4~0.5 | 0.3~0.4 | — | — |
| | | 200 | 0.5~0.6 | 0.4~0.5 | 0.3~0.4 | — |
| | | 500 | 0.6~0.7 | 0.5~0.6 | 0.4~0.5 | — |
| | 40×60 | >7500 | 0.6~0.8 | 0.5~0.6 | 0.4~0.5 | — |
| 钛合金（Ⅵ类） | 25×32 | 100 | 0.5~0.6 | 0.4~0.5 | 0.4~0.5 | — |
| | | 200 | 0.6~0.7 | 0.5~0.6 | 0.5~0.6 | — |
| | | 500 | 0.7~0.8 | 0.6~0.7 | 0.5~0.6 | 0.5~0.6 |
| | 40×40 40×50 | 100 | 0.6~0.8 | 0.5~0.6 | 0.4~0.5 | — |
| | | 200 | 0.8~1.0 | 0.6~0.7 | 0.5~0.7 | 0.5~0.6 |
| | | 500 | 1.0~1.2 | 0.8~1.0 | 0.6~0.8 | 0.6~0.8 |
| | 40×60 | >500 | — | 1.2~1.2 | 0.8~1.0 | 0.6~0.8 |

注：1. 加工断续表面及有冲击时，表内进给量应乘以系数 $K$=0.75~0.85。

　　2. 加工耐热钢及其合金时，不采用 >1.0mm/r 的进给量。

　　3. 加工淬硬钢时，表内进给量应乘以系数 $K$。当材料硬度为 44~56HRC 时，$K$=0.8；当材料硬度为 57~62HRC 时，$K$=0.5。

表 2-15  硬质合金外圆车刀半精车的进给量推荐值

| 工件材料 | 表面粗糙度 $Ra/\mu m$ | 车削速度范围 /(m/min) | 刀尖圆弧半径 $r_\varepsilon$/mm | | |
| --- | --- | --- | --- | --- | --- |
| | | | 0.5 | 1.0 | 2.0 |
| | | | 进给量 $f$/(mm/r) | | |
| 铸铁、青铜、铝合金 | 6.3 | 不限 | 0.25~0.4 | 0.40~0.50 | 0.50~0.60 |
| | 3.2 | | 0.15~0.25 | 0.25~0.40 | 0.40~0.60 |
| | 1.6 | | 0.10~0.15 | 0.15~0.20 | 0.20~0.85 |
| 碳钢及合金钢 | 6.3 | <50 | 0.30~0.50 | 0.45~0.60 | 0.55~0.70 |
| | | >50 | 0.40~0.55 | 0.55~0.65 | 0.65~0.70 |
| | 3.2 | <50 | 0.18~0.25 | 0.25~0.30 | 0.30~0.40 |
| | | >50 | 0.25~0.30 | 0.30~0.35 | 0.35~0.50 |
| | 1.6 | <50 | 0.10 | 0.11~0.15 | 0.15~0.22 |
| | | 50~100 | 0.11~0.16 | 0.16~0.25 | 0.25~0.35 |
| | | >100 | 0.16~0.20 | 0.20~0.25 | 0.25~0.35 |

注：$r_\varepsilon$=0.5mm 用于 12mm×20mm 以下刀杆，$r_\varepsilon$=1.0mm 用于 30mm×30mm 以下刀杆，$r_\varepsilon$=20mm 用于 30mm×45mm 以上刀杆。

表 2-16  切断及切槽的进给量推荐值

| 工件直径 /mm | 切削刃宽度 /mm | 钢及铸钢 $R_m$/MPa | | 铸铁、铜合金及铝合金 |
| --- | --- | --- | --- | --- |
| | | <800 | >800 | |
| | | 进给量 $f$/(mm/r) | | |
| ≤20 | 3 | 0.08~0.10 | 0.06~0.08 | 0.11~0.14 |
| 20~30 | 3 | 0.10~0.12 | 0.08~0.10 | 0.13~0.16 |
| 30~40 | 3~4 | 0.12~0.14 | 0.10~0.12 | 0.16~0.19 |
| 40~60 | 4~5 | 0.15~0.18 | 0.13~0.16 | 0.20~0.22 |
| 60~80 | 5~6 | 0.18~0.20 | 0.16~0.18 | 0.22~0.25 |
| 80~100 | 6~7 | 0.20~0.25 | 0.18~0.20 | 0.25~0.30 |
| 100~125 | 7~8 | 0.25~0.30 | 0.20~0.22 | 0.30~0.35 |
| 125~150 | 8~10 | 0.30~0.35 | 0.22~0.25 | 0.35~0.40 |

注：1. 当工件装夹刚性差、要求加工表面粗糙度值为 3.2~6.3μm 及手动进给时，表中进给量应乘以系数 0.7~0.8。
2. 切断实心材料，当切刀接近工件回转中心时，表中进给量应减小 40%~50%。

表 2-17  精车车刀刀尖圆弧半径与表面粗糙度和进给量的关系

| 表面粗糙度 $Ra/\mu m$ | 刀尖圆弧半径 $r_\varepsilon$/mm | | | | |
| --- | --- | --- | --- | --- | --- |
| | 0.4 | 0.8 | 1.2 | 1.6 | 2.4 |
| | 进给量 $f$/(mm/r) | | | | |
| 0.63 | 0.07 | 0.10 | 0.12 | 0.14 | 0.17 |
| 1.6 | 0.11 | 0.15 | 0.19 | 0.22 | 0.26 |
| 3.2 | 0.17 | 0.24 | 0.29 | 0.34 | 0.42 |
| 6.3 | 0.22 | 0.30 | 0.37 | 0.43 | 0.53 |
| 8 | 0.27 | 0.38 | 0.47 | 0.54 | 0.66 |
| 32 | — | — | — | 1.08 | 1.32 |

# 任务四  认识切削液

 学习目标

1）掌握切削液的作用。
2）能合理地选择切削液。

 **知识准备**

## 一、切削液的作用和种类

切削液是在车削过程中为改善切削效果而使用的液体。在车削过程中，切屑、刀具与加工表面间存在着剧烈的摩擦，并产生很大的切削力和大量的切削热。合理地使用切削液，可以改善刀具与工件、刀具与切屑之间的摩擦状况，从而改善已加工表面质量，延长刀具寿命，降低动力消耗。此外，选用高性能的切削液，也是改善某些难加工材料的切削加工性的有效途径之一。

### 1. 切削液的作用

（1）冷却作用　切削液浇注在切削区后，通过切削液的热传导、对流和汽化等方式，把切屑、工件和刀具上的热量带走，降低了切削温度，减小了工件因受热而产生的尺寸误差，提高了加工质量，同时也减小了刀具磨损。

切削液冷却性能的好坏，取决于它的导热系数、比热容、汽化热、汽化速度、流量和流速等。一般来说，水基切削液冷却性能好，而油基切削液冷却性能差。

（2）润滑作用　切削液渗透到刀具、切屑与加工表面之间，其中带油脂的极性分子吸附在刀具的前、后面，形成物理性吸附膜。若与添加在切削液中的化学物质发生化学反应，则形成化学吸附膜。从而在高温时减小切屑、工件与刀具之间的摩擦，减小黏结，减小刀具磨损，提高已加工表面质量。对于精加工，润滑作用就显得更重要。

（3）清洗作用　车削过程中产生细小的切屑容易吸附在工件、刀具和机床上，影响工件已加工表面质量和机床的加工精度，因此要求切削液具有良好的清洗作用。清洗性能的好坏与切削液的渗透性、流动性和使用压力有关。为了改善切削液的渗透性和流动性，一般常加入剂量较大的表面活性剂和少量矿物油，配制成高水基合成液、半合成液或乳化液，可提高清洗能力。

（4）防锈作用　为了防止工件、机床受周围介质腐蚀，要求切削液具有一定的防锈作用。防锈作用的强弱取决于切削液本身的性能和加入防锈添加剂的性质。防锈添加剂的加入可在金属表面吸附或化合形成保护膜，防止与腐蚀介质接触而起到防锈作用。

切削液对于改善切削条件、减小刀具磨损、提高切削速度、提高已加工表面质量、改善材料的切削加工性等，具有一定积极的影响。

切削液还应具有抗泡性、抗霉菌变质能力，应达到排放时不污染环境、对人体无害的要求，并应考虑使用的经济性。

### 2. 切削液的种类

常用的切削液分三大类：水溶液、乳化液、切削油。

（1）水溶液　水溶液是以水为主要成分的切削液。天然水虽然有很好的冷却作用，但其润滑性能太差，又容易使金属材料生锈，因此不能直接作为切削液在车削加工中使用。为此，常在水中加入一定量的油性、防锈等添加剂，称为水溶液，以改善水的润滑、防锈性能，使水溶液在保持良好的冷却性能的同时，还具有一定的润滑和防锈性能。水溶液是一种透明液体，对操作者观察切削进行情况十分有利。

（2）乳化液　乳化液是将乳化油用水稀释而成。乳化油主要由矿物油、乳化剂、防锈剂、油性剂、极压剂和防腐剂等组成。稀释液不透明，呈乳白色。乳化液的冷却、润滑性能较好，成本较低，废液处理比较容易，但其稳定性差，夏天容易腐败变质，并且稀释液不透明，很难看到工作区。

（3）切削油　切削油的主要成分是矿物油，少数采用矿物油和动、植物油的复合油。切削油中也可以根据需要再加入一定量的油性、极压和防锈添加剂，以提高其润滑和防锈性能。纯矿物油不能在摩擦界面上形成坚固的润滑膜，在实际使用中常加入硫、氯等添加剂可制成极压切削油。在精加工和加工复杂形状（成形面、螺纹等）工件时，润滑和防锈效果较好。

## 二、切削液的合理使用

### 1. 切削液的合理选择

切削液应根据刀具材料、加工要求、工件材料和加工方法的具体情况选用，以便得到良好的效果。

粗加工时，选用的切削用量大，产生大量的切削热，为降低切削区的温度，应选以冷却为主的切削液。高速钢刀具的耐热性差，故高速钢刀具切削时必须使用切削液，如使用 3% ~ 5%的乳化液和水溶液。硬质合金、陶瓷刀具耐热性好，一般不用切削液。

精加工时，切削液的主要作用是减小工件表面粗糙度值和提高加工精度，所以应选用润滑性好的极压切削油或高浓度的水溶液及乳化液。

从工件材料考虑，切削钢料等塑性金属材料时，需使用切削液；切削铸铁、青铜等脆性材料时，一般不用切削液。对于高强度钢、高温合金等难加工材料的切削加工，应选用极压切削液。加工铜及其合金时不宜用含硫的切削液；加工铅合金时不能用含氯的切削液；加工镁、铝及其合金时不能用水溶液。表 2-18 所列为切削液的种类及其成分、性能和用途。

表 2-18　切削液的种类及其成分、性能和用途

| 种类 | | | 成分 | 性能 | 用途 |
|---|---|---|---|---|---|
| 水溶性切削液 | 水溶液 | | 以软水为主,加入防锈剂、防霉剂,有的还加入油性添加剂、表面活性剂,以增强润滑性 | 主要起冷却作用 | 常用于粗加工 |
| | 乳化液 | | 3% ~ 5% 的低浓度乳化液 | 主要起冷却作用,润滑、防锈性能较差 | 用于粗加工、难加工材料和细长工件加工 |
| | | | 高浓度乳化液 | | 主要用于精加工 |
| | | | 加入一定的极压添加剂和防锈添加剂,配制成极压乳化液 | 主要起冷却作用,同时提高了润滑性能和防锈性能 | 用高速钢刀具粗加工和对钢料精加工时用极压乳化液;钻孔、铰孔和加工深孔时用黏度较小的极压乳化液 |
| | 合成切削液 | | 由水、各种表面活性剂和化学添加剂组成 | 冷却、润滑、清洗和防锈性能都很好,不含油,可节省能源,有利于环保 | 是一种新型的高性能切削液,国外使用效率高,国内也在日益推广 |
| 油溶性切削液 | 切削油 | 矿物油 | L-AN15、L-AN22、L-AN32 机油 | 润滑作用较好 | 用于普通精车和螺纹加工中 |
| | | | 轻柴油、煤油等 | 煤油的渗透作用和清洗作用较突出 | 在精加工铝合金、铸铁和高速钢刀铰孔中使用 |
| | | 动、植物油 | 食用油 | 能形成较牢固的润滑膜,润滑效果比矿物油好,易变质 | 尽量少用或不用 |
| | | 复合油 | 矿物油和动、植物油的混合油 | 润滑作用、渗透作用和清洗作用都比较好 | 应用范围比较广 |
| | 极压切削油 | | 在矿物油中添加氯、硫、磷等极压添加剂和防锈添加剂配制而成。常用的有氯化切削油和硫化切削油 | 它在高温下不破坏润滑膜,具有良好的润滑效果,防锈性能也得到提高 | 用于使用高速钢刀具对钢料精加工的场合;钻孔、铰孔和加工深孔时用黏度较小的极压切削油 |

### 2. 切削液的使用方法

普通使用切削液的方法是浇注方法。该方法使用方便，但是流速慢、压力低，难于直接渗入切削区的高温处，影响切削液的效果。切削时，应尽量直接浇注到切削区，切削液流量一般为 10~20L/min。深孔加工时，应采用高压冷却法，将切削液直接喷射到切削区，并带出碎屑，压力一般为 1~10MPa，流量为 50~150L/min。

用硬质合金车刀车削时一般不用切削液，如果使用切削液，必须从开始连续充分地浇注，否则刀片会因骤冷产生裂纹。图 2-29 所示为切削液浇注的区域，图 2-30 所示为加注切削液的方法。

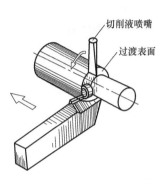

图 2-29　切削液浇注的区域

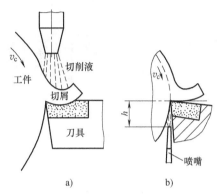

图 2-30　加注切削液的方法

a）浇注法　b）高压冷却法

# 任务五　工件的装夹和找正

## 学习目标

1）掌握车床常用的装夹方法。
2）能熟练对工件进行找正。

## 知识准备

### 一、车床常用的装夹方法

这里主要介绍最常用的卧式车床的装夹方法。工件装夹和定位的形式，应根据工件大小、形状、精度和生产批量不同而定，正确选用定位基准和装夹方法是保证工件精度和表面质量的关键。选择装夹方法时，应尽可能在一次装夹中加工出多个表面。表 2-19 所列为卧式车床常用的装夹方法。

表 2-19　卧式车床常用的装夹方法

| 方法 | 简图 | 优点和适用场合 |
| --- | --- | --- |
| 自定心卡盘安装 | | 装夹方便，自定心好，精度高，适合加工短小工件 |

（续）

| 方法 | 简图 | 优点和适用场合 |
|---|---|---|
| 单动卡盘安装 | 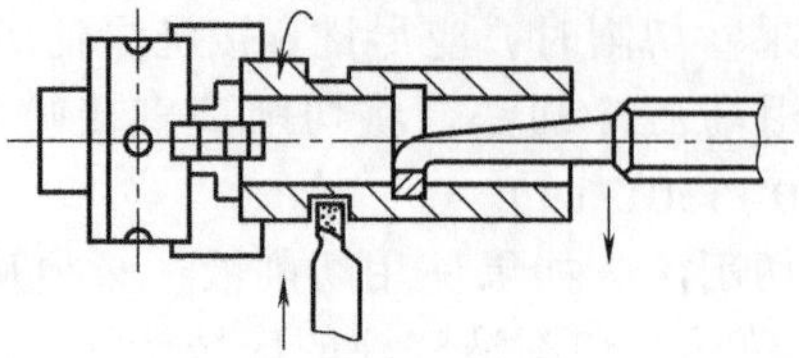 | 夹紧力大，需找正。适于车削不规则装夹表面形状的工件 |
| 花盘弯板安装 | 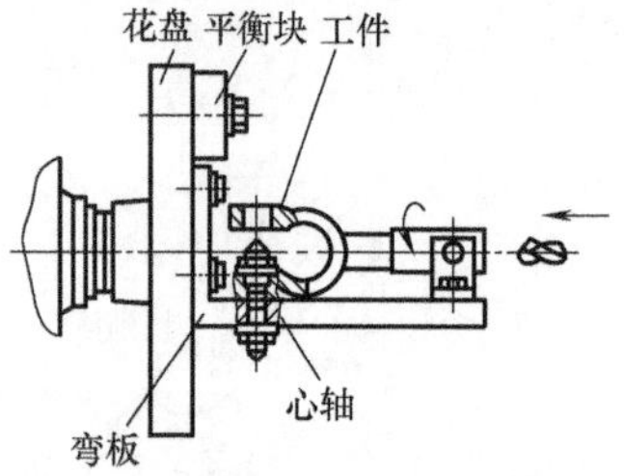 | 形状复杂和不规则的工件 |
| 夹或拨顶 | 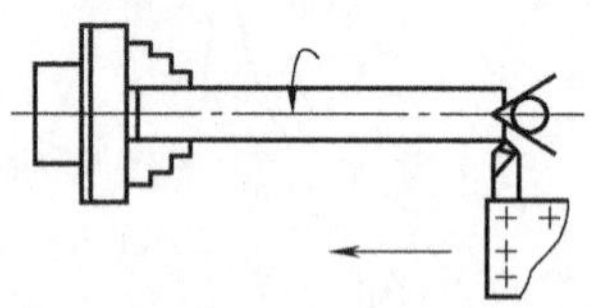 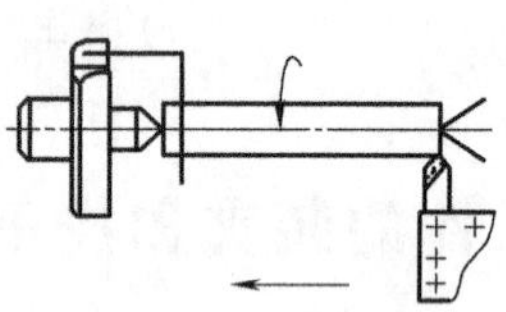 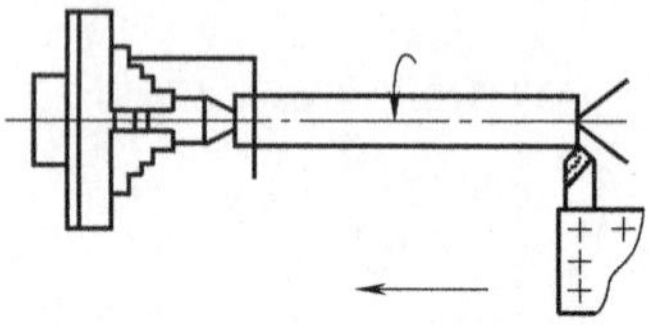 | 长径比>8 的轴类工件的粗、精车 |
| 外梅花顶尖拨顶 | 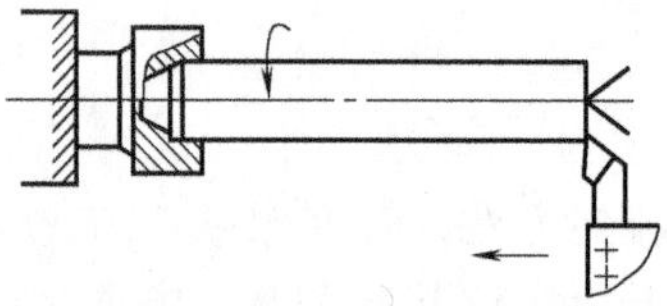 | 车削两端有孔的轴类工件 |
| 内梅花顶尖拨顶 | 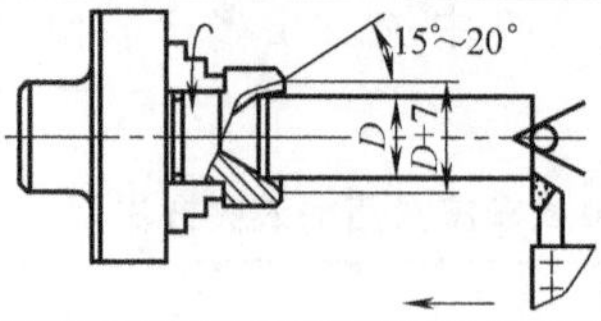 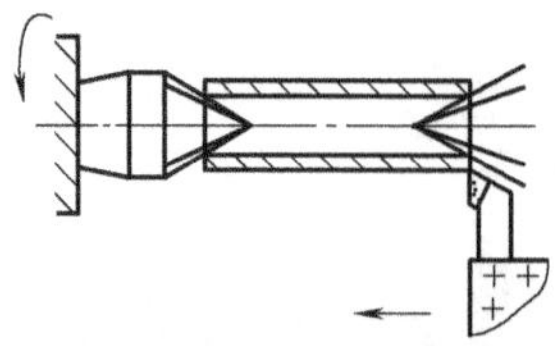 | 适合加工一端有中心孔，且余量较小的轴类工件 |

（续）

| 方法 | 简图 | 优点和适用场合 |
|---|---|---|
| 光面顶尖拨顶 | 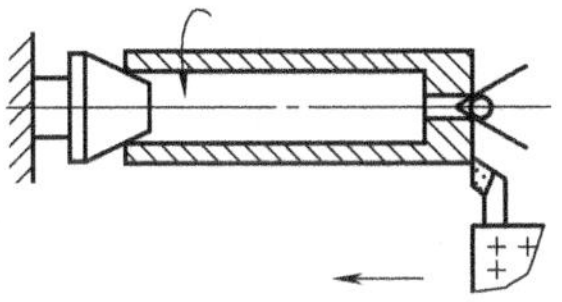 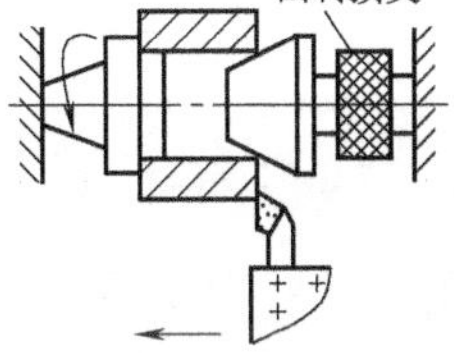 | 车削余量较小,两端有孔的轴类工件 |
| 中心架装夹 | 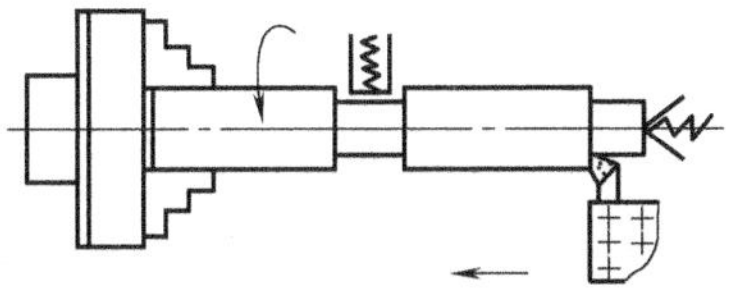 | 车削长径比较大的阶梯轴类工件 |
| 跟刀架装夹 | 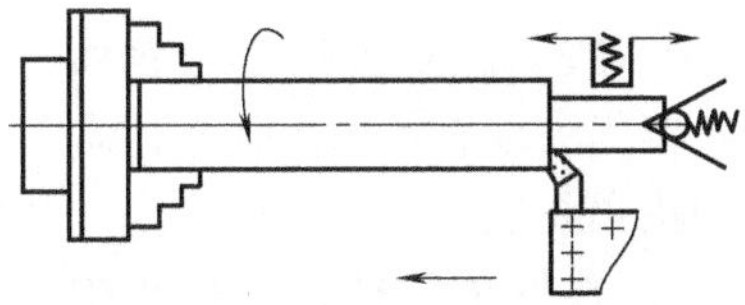 | 车削长径比较大的阶梯轴类工件 |
| 尾座卡盘安装 | 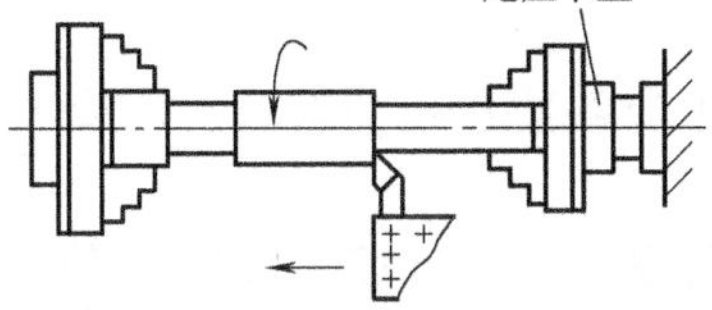 | 除装夹轴类工件外,还可夹持形状各异的顶尖,以适用各种工件的装夹 |

## 二、工件的找正方法

将工件安装在卡盘上,使工件的中心与车床主轴的回转中心一致,这一过程称为找正工件。

找正的方法如图 2-31 所示。

### 1. 目测找正法

将工件夹在卡盘上并使其旋转,观察工件跳动情况,找出最高点,用重物敲击高点,再旋转工件,观察工件跳动情况,再敲击高点,直至工件找正为止。最后把工件夹紧,其基本程序如下:工件旋转—观察工件跳动,找出最高点—找正—夹紧。一般要求最高点和最低点在 1~2mm 以内为宜。

### 2. 划线盘找正法

车削余量较小的工件时可以利用划线盘找正。

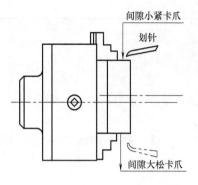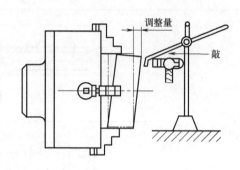

图 2-31　找正的方法

方法如下：工件装夹后（不可过紧），用划针对准工件外圆并留有一定的间隙，转动卡盘使工件旋转，观察划针在工件圆周上的间隙，调整最大间隙和最小间隙，使其达到间隙均匀一致，最后将工件夹紧。此种方法的找正精度一般在 0.15~0.5mm 以内。

**3. 开车找正法**

在刀台上装夹一个刀杆（或硬木块），将工件装夹在卡盘上（不可用力夹紧），开车使工件旋转，刀杆向工件靠近，直至把工件靠正，然后夹紧。此种方法较为简单、快捷，但必须注意工件夹紧程度，不可太紧，也不可太松。

**4. 百分表找正法**

1）用卡盘夹住工件，将磁力表座吸在车床固定不动的表面（如导轨面）上，调整表架位置，使百分表测头垂直指向工件悬伸端外圆柱表面，如图 2-32 所示，使百分表测头预先压下 0.5~1mm。

2）用相同的方法扳动卡盘缓慢转动，并找正工件，至每转中百分表的读数最大值在 0.10mm 以内（或工件的精度要求），找正结束，夹紧工件。

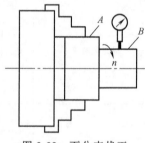

图 2-32　百分表找正

注意事项：

1）找正较大的工件时，车床导轨上应垫防护板，以防工件掉下砸坏车床。

2）找正工件时，主轴应放在空档位置，并用手扳动卡盘旋转。

3）找正时，敲击一次工件应轻轻夹紧一次，最后工件找正合格应将工件夹紧。

4）找正工件要有耐心，并且细心，不可急躁，并注意安全。

# 任务六　量具的使用

## 学习目标

1）掌握钢直尺、游标卡尺、千分尺和百分表的规格和使用方法。
2）能熟练使用量具对工件进行测量。

## 知识准备

### 一、钢直尺的使用方法

钢直尺是最简单的长度量具，它的长度有 150mm、300mm、500mm 和 1000mm 四种规格。

图 2-33 所示为常用的 150mm 钢直尺。

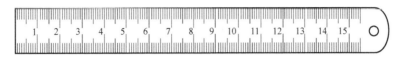

图 2-33　常用的 150mm 钢直尺

钢直尺用于测量零件的长度尺寸，其测量结果不太准确。这是由于钢直尺的标尺间距为 1mm，而刻线本身的宽度就有 0.1～0.2mm，所以测量时读数误差比较大，只能读出毫米数，即它的最小读数值为 1mm，比 1mm 小的数值，只能估计而得。

如果用钢直尺直接测量零件的直径尺寸（轴径或孔径），则测量精度更差。其原因是：除了钢直尺本身的读数误差比较大以外，还由于钢直尺无法正好放在零件直径的正确位置。所以，零件直径尺寸的测量，最好利用钢直尺和内外卡钳配合起来进行。

**1. 使用方法**

1）使用钢直尺时，应以左端的零刻度线为测量基准，这样不仅便于找正测量基准，而且便于读数。测量时，尺要放正，不得前后左右歪斜。否则，从钢直尺上读出的数据会比被测的实际尺寸大。

2）用钢直尺测圆截面直径时，被测面应平，使尺的左端与被测面的边缘相切，摆动尺子找出最大尺寸，即为所测直径。

钢直尺的使用方法如图 2-34 所示。

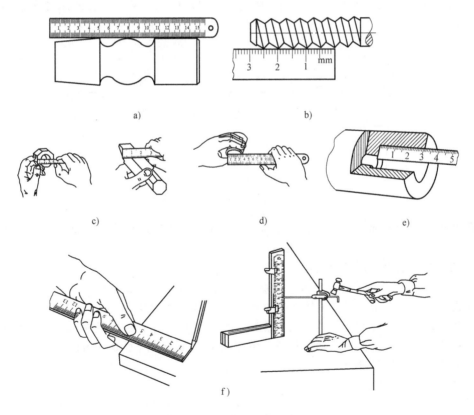

图 2-34　钢直尺的使用方法

a）量长度　b）量螺距　c）量宽度　d）量内孔　e）量深度　f）划线

**2. 清洁和保养方法**

（1）清洁方法

1）清洁周期在每次使用完毕后，不做记录。

2）以干净的拭布擦拭钢直尺的外表，并擦拭干净。

（2）保养方法

1）保养周期在每天清洁完毕后，不做记录。

2）必要时以防锈油擦拭钢直尺的外表，以防止生锈。

**3. 注意事项**

1）钢直尺表面刻度应保持清晰。

2）防止钢直尺弯曲影响测量。

## 二、游标卡尺的使用方法

**1. 游标卡尺的用途**

游标卡尺通常用来测量精度较高的工件，可测量工件的内外直线尺寸、宽度和高度，有的还可以用来测量槽的深度。除常用的游标卡尺外，还有游标深度卡尺、游标高度卡尺和游标齿厚卡尺。如果按分度值来分，则可分为 0.1mm、0.05mm、0.02mm 三种。

**2. 游标卡尺的读数原理**

以分度值为 0.02mm 的精密游标卡尺为例，如图 2-35 所示。这种游标卡尺由带有固定测量爪 2、7 的尺身 4 和带有活动测量爪 1、6 的游标尺 5 组成。在游标尺 5 上有游标固定螺钉 3。尺身上的刻度以 mm 为单位。每 10 格分别标以 1、2、3……以表示 10mm、20mm、30mm……

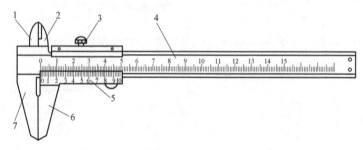

图 2-35 分度值 0.02mm 的游标卡尺

这种游标卡尺的游标尺刻度是把尺身刻度 49mm 的长度分为 50 等份，即每格为

$$49\text{mm}/50 = 0.98\text{mm}$$

尺身和游标尺的刻度每格相差：

$$1\text{mm} - 0.98\text{mm} = 0.02\text{mm}（即游标卡尺的分度值）$$

如果游标尺的第 2 格与尺身的第 2 格对齐，则测量长度为 0.04mm，这就是游标卡尺的读数原理。当测量一般尺寸的工件时，先看游标尺零线所对尺身前面是多少 mm，再看游标尺上的第几条线正好与尺身上的一条刻线对齐。游标尺上的每条线表示 0.02mm。最后把两个读数相加，就是被测工件的尺寸。

**3. 游标卡尺的测量方法**

用软布将测量爪擦干净，使其并拢，查看游标尺和尺身的零刻度线是否对齐。如果对齐就可以进行测量。测量时，右手拿住尺身，大拇指移动游标尺，左手拿待测外径（或内径）的物体，使待测物体位于外测量爪之间，卡尺两测量面的连线应垂直于被测量表面，不能歪斜。

测量时，可以轻轻摇动卡尺，放正垂直位置，先把卡尺的活动测量爪张开，使测量爪能自由地卡进工件，将工件贴靠在固定测量爪上，然后移动尺框，用轻微的压力使活动测量爪接触工件。如果卡尺带有微动装置，则可拧紧微动装置上的固定螺钉，再转动调节螺母，使测量爪接触工件并读取尺寸。决不可将卡尺的两个测量爪调节到接近甚至小于所测尺寸，将卡尺强制地卡到工件上去。这样做会使测量爪变形或使测量面过早磨损，使卡尺失去应有的精度。测量外径、测量长度和测量内径分别如图2-36、图2-37和图2-38所示。

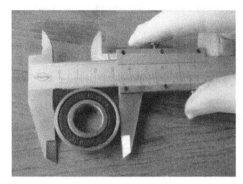

图 2-36　测量外径

图 2-37　测量长度

#### 4. 游标卡尺使用注意事项

1）使用前先对游标卡尺进行检验，看是否对零。

2）活动游标尺，看卡尺是否灵活。

3）擦净游标卡尺的测量爪。

4）去除工件上的毛刺及污物。

5）注意测量温度。

6）卡爪应校正。

7）测量力要适中。

8）应垂直读数。

9）测完应把游标卡尺放回原处。

图 2-38　测量内径

### 三、千分尺的使用方法

#### 1. 千分尺的组成

千分尺是比游标卡尺更精密的长度测量仪器，常见的机械千分尺结构如图2-39所示。它的量程为 $0 \sim 25mm$，分度值为 $0.01mm$。由固定的尺架、测砧、测微螺杆、固定套管、微分筒、测力装置和锁紧装置等组成。

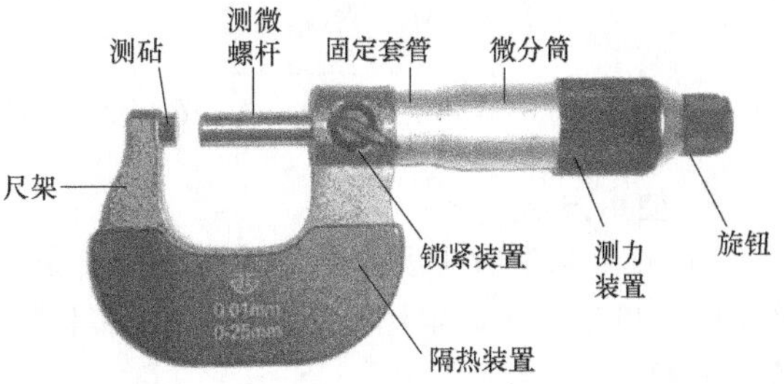

#### 2. 外径千分尺刻度及分度值说明

1）固定套管上的水平线上、下各有一列间距为1mm的刻度线，上侧刻度线在下侧两相邻刻度线中间，如图2-40所示。

2）微分筒上的刻度线是将圆周分为50等份的水平线，它是做旋转运动的。

图 2-39　常见的机械千分尺结构

3）根据螺旋运动原理，当微分筒旋转一周时，测微螺杆前进或后退一个螺距0.5mm，即当微分筒旋转一个分度值后，它转过了1/50周，这时测微螺杆沿轴线移动 $1/50 \times 0.5mm =$

0.01mm，因此，使用千分尺可以准确读出0.01mm的数值。

**3. 外径千分尺的测量方法**（图2-41）

1）将被测物体擦干净，使用千分尺时应轻拿轻放。

2）松开千分尺的锁紧装置，校准零位，转动旋钮，使测砧与测微螺杆之间的距离略大于被测物体。

3）一只手拿千分尺的尺架，将待测物体置于测砧与测微螺杆的端面之间，另一只手转动旋钮，当测微螺杆要接近物体时，改旋测力装置直至听到喀喀声后再轻轻转动0.5~1圈。

4）旋紧锁紧装置（防止移动千分尺时螺杆转动），即可读数。

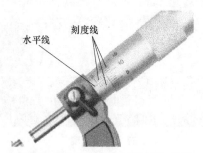

图2-40　外径千分尺刻度及分度值

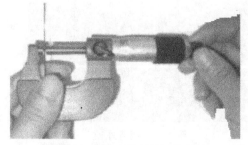

图2-41　外径千分尺的测量方法

**4. 外径千分尺的读数**（图2-42）

1）以微分筒的端面为准线，读出固定套管下刻度线的值。

2）以固定套管上的水平线作为读数准线，读出可动刻度上的值，读数时应估读到分度值的十分之一，即0.001mm。

3）如果微分筒的端面与固定套管的下刻度线之间无上刻度线，则测量结果为下刻度线的数值加可动刻度的值。

4）如果微分筒端面与下刻度线之间有一条上刻度线，则测量结果应为下刻度线的数值加上0.5mm，再加上可动刻度的值。

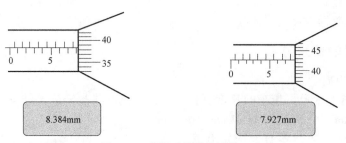

图2-42　外径千分尺的读数

**5. 使用方法**

1）双手测量时，以左手持千分尺的绝热板部分，右手将千分尺调得大于待测尺寸备用。测量时，以千分尺固定测杆靠住工件，右手旋转旋钮，至发出2~3声声响为止，即可读出数据，如图2-43所示。

2）测量长度时，千分尺测量轴线应与工件被测长度方向一致，不准歪斜，如图2-44所示。

3）测量直径时，工件应在静态下测量，不准在工件转动或加工时测量，否则易使测量面磨损，测杆弯曲，甚至折断，如图2-45所示。

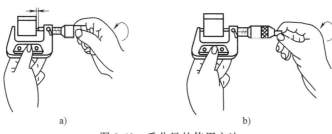

图 2-43 千分尺的使用方法

a) 转动微分筒 b) 转动旋钮测出尺寸

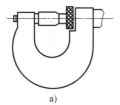 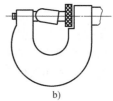

图 2-44 千分尺测量轴线与工件长度方向一致

a) 正确 b) 不正确

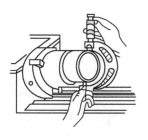 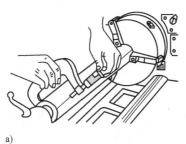 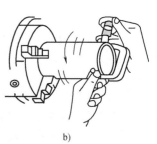

图 2-45 千分尺测量工件直径应处于静态下

a) 正确 b) 不正确

### 6. 测量实例

测量如图 2-46 所示阶梯轴上标有字母轴段的长度和外径。

测量方法：

1）使用前先对千分尺进行检验，看是否对零。

2）去除工件上的毛刺及污物。

3）测量外径尺寸 $g$ 时，以左手持千分尺的绝热板部分，右手将千分尺调得大于待测尺寸 $g$ 备用。测量时，以千分尺固定测杆靠住工件，右手旋转旋钮，至发出 2~3 声声响为止，即可读出数据，如图 2-47 所示。

4）测量长度尺寸时，千分尺测量轴线应与工件被测长度方向一致，不准歪斜，如图 2-48 所示。

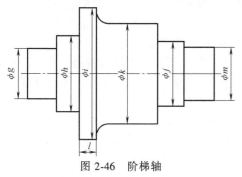

图 2-46 阶梯轴

图 2-47 测量外径尺寸

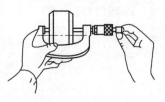

图 2-48　测量长度尺寸

5）测量外径尺寸时，为了保证测量的准确性，测量时旋转工件，以找出较大测量尺寸。

**7. 注意事项**

1）每次使用前，要检查千分尺是否正常，是否在零位，并要求量具与工件干净清洁。

2）使用千分尺，当接近被测尺寸时，不要拧微分筒，应当拧旋钮。

3）测量力不要过大，否则测量结果会偏小。

4）测量后，不要将千分尺从工件上抽下读数，以免量具测量面磨损及产生测量误差。

## 四、指示表的使用方法

### 1. 百分表

百分表是用来测量工件的形状误差和位置误差的量具，如平行度、圆跳动以及工件的精密找正。

百分表的结构如图 2-49a 所示，其主要由测杆 7、表体 1、表圈 3、表盘 4、小指针 5、大指针 2 和传动系统等组成。表圈 3 可带动表盘 4 一起转动，可将表盘 4 的外环转到需要的位置上，大指针 2 与表盘 4 的外环可读出毫米的小数部分，小指针 5 与小表盘可读出毫米的整数部分，所有的部件都安装在表体 1 上。传动系统如图 2-49b 所示，小指针 14 转动一格为 1mm，恰好等于大指针 13 转动一周，百分表的分度值为 0.01mm，常用百分表的测量范围为 0~3mm、0~5mm 和 0~10mm。

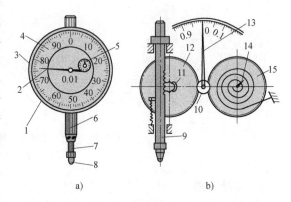

图 2-49　百分表的结构及传动系统
a）百分表的结构　b）传动系统
1—表体　2、13—大指针　3—表圈
4—表盘　5、14—小指针
6—装夹套筒　7、9—测杆　8—测头
10、11、12—齿轮　15—啮合齿轮

### 2. 内径指示表

内径指示表是用来测量孔径及其形状精度的一种精密比较量具。

内径指示表的结构如图 2-50 所示，其主要由百分表 5、推杆 7、表体 2、转向装置（等臂直角杠杆 8）、固定测头 1 和活动测头 10 等组成。百分表应符合零级精度要求，表体 2 与直管 3 连接成一体，百分表装在直管内并与传动推杆 7 接触，用紧固螺母 4 固定，表体左端带有可换固定测头 1，右端带有活动测头 10 和定位护桥 9，定位护桥的作用是使测量轴线通过被测孔的直径。等臂直角杠杆 8 的一端与活动测头接触，另一端与推杆接触，当活动测头沿其轴向移动时，通过等臂直角杠杆推动推杆移动，使百分表的指针转动，弹簧 6 能使活动测头产生测量力。

内径指示表的分度值为 0.01mm，其测量范围有 6~10mm、10~18mm、18~35mm、35~50mm、50~100mm、100~160mm、160~250mm 和 250~450mm 等，各种规格的内径指示表均附有成套的可换测头，可按测量尺寸自行选择。

### 3. 操作步骤

1）用手转动表盘，如图 2-51 所示。

2）观察大指针能否对准零位，如图 2-52 所示。

3）观察百分表指针的灵敏度。用手指轻抵测杆底部，观察指针是否动作灵敏。松开之后，能否回到最初的位置，如图 2-53 所示。

4）先读小指针转过的刻度线（即毫米整数），再读大指针转过的刻度线（即小数部分），并乘以 0.01mm，然后两者相加，即得到所测量的数值。

如图 2-54 所示的数值为：[读小指针转过的刻度线（即毫米整数）为 1mm]+[读大指针转过的刻度线（即小数部分），并乘以 0.01mm 为 0.5mm]＝1.5mm。

### 4. 注意事项

1）测量时，测杆与被测工件表面必须垂直，否则将产生较大的测量误差；测量圆柱形工件时，测杆轴线应与圆柱形工件直径方向一致，如图 2-55 所示。

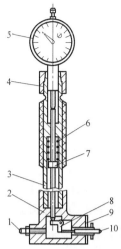

图 2-50 内径指示表的结构

1—固定测头 2—表体 3—直管 4—紧固螺母
5—百分表 6—弹簧 7—推杆 8—等臂直角
杠杆 9—定位护桥 10—活动测头

图 2-51 用手转动表盘

图 2-52 观察大指针能否对准零位

图 2-53 观察百分表指针的灵敏度

图 2-54 数值

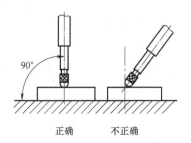

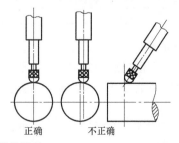

图 2-55 测量误差

2）测杆上不要加油，以免油污进入表内，影响表的传动系统和测杆移动的灵活性。

# 任务七　直轴加工

## 学习目标

1）能正确地装夹工件和刀具，并会刃磨刀具。
2）能按工件的加工需要调整机床，能合理地选择切削用量。
3）根据车削工件的需要，能熟练地使用钢直尺、外径千分尺和游标卡尺等。
4）能正确执行安全技术操作规程。
5）能按企业有关安全生产的规定，做到工作场地整洁，工件、刀具、工具和量具摆放整齐。

## 操作训练

### 1. 准备工作

1）正确穿戴劳动保护用品。穿戴工服、工鞋、工帽并检查合格。

2）图样准备：加工图样，如图2-1所示，1份。

① 主要尺寸有 $\phi(48\pm0.05)$ mm、$90_{-0.15}^{0}$ mm、$(30\pm1)$ mm。

② 主要表面粗糙度值为 1.6μm。

③ 外圆 $\phi(48\pm0.05)$ mm 调头车削接刀处在 $(30\pm1)$ mm，且接刀处的圆跳动为 $\phi0.2$mm。

④ 外圆要求倒角 C1。

3）材料准备：45钢，$\phi50$mm×92mm，1节。

4）设备准备：卧式车床 CA6140，1台。

5）刀具、量具、工具、用具准备：90°外圆车刀（YT）、45°弯头刀（YT）各2把，外径千分尺（25~50mm）、游标卡尺（0~150mm）各1套，自定心卡盘，刀架扳手18mm×18mm、卡盘扳手14mm×14mm×150，刀垫、磨石等若干。

6）车床调整，刀具安装，量具、工具摆放，图样识读和工件装夹。

7）工艺准备（表2-20）。

表2-20　车削直轴的工艺准备

| 工序号 | 工序名称 | 工序内容 | 工艺装备 |
|---|---|---|---|
| 1 | 车 | 车端面 | 自定心卡盘 |
| 2 | 车 | 粗车外圆,留精加工余量0.5mm,保证长度(60±1)mm | 自定心卡盘 |
| 3 | 车 | 精车外圆,倒角C1 | 自定心卡盘 |
| 4 | 车 | 调头找正,车端面,保证总长达图样尺寸要求 | 自定心卡盘 |
| 5 | 车 | 粗车外圆,留精加工余量0.5mm | 自定心卡盘 |
| 6 | 车 | 精车外圆,保证接刀处(30±1)mm,倒角C1 | 自定心卡盘 |
| 7 | 检 | 检查 | |

8）切削用量的确定。

① 粗车：背吃刀量视加工要求确定，进给量为 0.2~0.3mm/r，转速为 400~600r/min。

② 精车：背吃刀量为 0.2~0.3mm，进给量为 0.1~0.15mm/r，转速为 750~800r/min。

### 2. 操作程序

1）在自定心卡盘上夹住 $\phi50$mm 毛坯外圆，伸出65mm左右，找正夹紧。

2）用90°外圆车刀车端面。

3）对刀，试车 $\phi 48mm$ 外圆，长 2~3mm，退刀用游标卡尺测量（$\phi 48.5mm$）。

4）试车调整好尺寸后，粗车 $\phi 48mm$ 外圆，保证长度（60±1）mm。

5）精车 $\phi 48mm$ 外圆，用千分尺测量至±0.05mm 的要求。

6）用 45°弯头刀倒角 C1。

7）调头夹另一端，长 25mm 左右，找正夹紧。

8）车端面，控制总长达 $90^{0}_{-0.15}$ mm。

9）车外圆。粗、精车外圆操作同 3）、4）、5），保证长度（30±1）mm。

10）用 45°弯头刀倒角 C1。

**3. 注意事项或安全风险提示**

1）不准用手清理切屑，以防割破手指。

2）切削过程中必须戴护目镜。

3）粗车长度，只需留第一档的余量。

4）注意接刀处的长度保证。

**4. 操作要点**

（1）粗车　在车床动力条件允许的情况下，通常采用大背吃刀量、大进给量和低转速的做法，以合理的时间尽快地将工件的余量去掉，因为粗车对切削表面没有严格的要求，只需留出一定的精车余量即可。由于粗车切削力较大，工件必须装夹牢靠。粗车的另一作用是，可以及时地发现毛坯材料内部的缺陷，如夹渣、砂眼和裂纹等，也能消除毛坯工件内部残留的应力和防止热变形。

（2）精车　精车是车削的末道工序，为了使工件获得准确的尺寸和规定的表面粗糙度，操作者在精车时，通常将车刀修磨得更锋利，车床的转速更高，进给量选得更小。

（3）车平面的方法　开动车床使工件旋转，移动小滑板或床鞍控制进刀深度，然后锁紧床鞍，摇动中滑板丝杠进给，由工件外向中心或由工件中心向外进给车削，如图 2-56 所示。

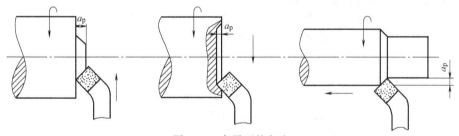

图 2-56　车平面的方法

（4）车外圆的方法

1）移动床鞍至工件的右端，用中滑板控制进刀深度，摇动小滑板丝杠或床鞍纵向移动车削外圆，一次进给完毕，横向退刀，再纵向移动刀架或床鞍至工件右端，进行第二、第三次进给车削，直至符合图样要求为止。

2）在车削外圆时，通常要进行试切削和试测量。其具体方法是，根据工件直径余量的二分之一做横向进刀，当车刀在纵向外圆上进给 2mm 左右时，纵向快速退刀（注意横向不要退刀），然后停车测量，如果已经符合尺寸要求，就可以直接纵向进给进行车削，否则可按上述方法继续进行试切削和试测量，直至达到要求为止。

3）为了确保外圆的车削长度，通常先采用刻线痕法，后采用测量法，即在车削前根据需要的长度，用钢直尺、样板或游标卡尺及车刀刀尖在工件的表面刻一条线痕，然后根据线痕进行车削，当车削完毕，再用钢直尺或其他工具复测。

（5）车倒角的方法　当平面、外圆车削完毕后，移动刀架，使车刀的切削刃与工件的外圆成45°夹角，移动床鞍至工件的外圆和平面的相交处进行倒角，所谓 C1 是指倒角在外圆上的轴向距离为 1mm。

（6）刻度盘的计算和应用　在车削工件时，为了正确和迅速地掌握进刀深度，通常利用中滑板或小滑板上的刻度盘进行操作。

中滑板的刻度盘装在横向进给的丝杠上，当摇动横向进给丝杠转一圈时，刻度盘也转了一周，这时固定在中滑板上的螺母就带动中滑板车刀移动一个导程，如果横向进给丝杠的导程为5mm，刻度盘分 100 格，当摇动进给丝杠转动一周时，中滑板就移动 5mm，当刻度盘转过一格时，中滑板的移动量为 5mm÷100＝0.05mm。使用刻度盘时，由于螺杆和螺母之间配合往往存在间隙，因此会产生空行程（即刻度盘转动而滑板未移动）。所以当使用刻度盘进给过深时，必须向相反方向退回全部空行程，然后再转到需要的格数，而不能直接退回到需要的格数，如图 2-57 所示。但必须注意，中滑板刻度的进给量应是工件余量的二分之一。

图 2-57　刻度盘的应用

# 思　考　题

1. 切削过程是怎样的？切屑的种类及断屑措施有哪些？

2. 切削力的定义及其来源是什么？影响切削力的主要因素有哪些？

3. 切削热是如何产生和传出的？影响切削温度的主要因素有哪些？

4. 什么是材料的切削加工性？如何衡量？影响材料切削加工性的主要因素有哪几方面？

5. 常用金属的切削加工性有哪些？改善材料切削加工性有哪些途径？

6. 车刀的分类、用途和切削部分的几何要素有哪些？

7. 车刀切削部分的几何角度有哪些？如何选择车刀角度和刀具材料？

8. 90°外圆车刀的安装和刃磨步骤是怎样的？

9. 切削用量的定义及三要素有哪些？如何选择切削用量？

10. 什么是切削液？切削液的作用有哪些？如何合理地选择切削液？

11. 车床常用的装夹方法有哪些？工件的找正方法有哪些？

12. 钢直尺、游标卡尺、千分尺和百分表的规格有哪些？它们的使用方法和操作步骤是怎样的？

13. 按图 2-58 所示加工零件，材料为 45 钢。

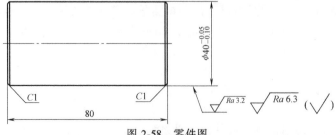

图 2-58　零件图

# 项目三

# 车削台阶轴

台阶轴是车削的典型工件之一，通过本项目中不同任务的完成，掌握车台阶时刀具的安装方法，熟悉台阶轴的车削方法，了解废品产生的原因，掌握避免产生废品的方法，掌握减小工件表面粗糙度值的基本方法，完成中心孔、台阶面的加工，掌握垂直度、轴向圆跳动的检测方法。

## 任务一　车削简单台阶轴

### 学习目标

1）掌握车台阶时刀具的安装方法。

2）掌握台阶轴的车削方法。

3）掌握避免产生废品的方法。

4）能正确执行安全技术操作规程。

5）能按企业有关安全生产的规定，做到工作场地整洁，工件、刀具、工具和量具摆放整齐。

### 工作任务

台阶轴零件图如图 3-1 所示。通过图样可以看出，该台阶轴除了有台阶外，还有两端倒角 $C1$。技术要求包括 2 处尺寸精度，表面粗糙度值均为 $3.2\mu m$。总长为 97mm，最大直径为 $\phi$（$82\pm0.6$）mm。

### 知识准备

#### 一、车台阶时刀具的安装方法

车台阶轴时，总是既要车外圆，又要车环形端面。因此，既要保证达到外圆尺寸精度，又要保证台阶长度尺寸。

车台阶时，通常选用 90° 外圆偏刀。车刀的安装应根据粗、精车和余量的多少来调整。粗车时，为了增加背吃刀量，减小刀尖的压力，主偏角可小于 90°，一般为 85°~90°；精车时，为了保证工件台阶端面与工件轴线的垂直度，应取主偏角大于 90°，一般为 93° 左右，如图 3-2 所示。

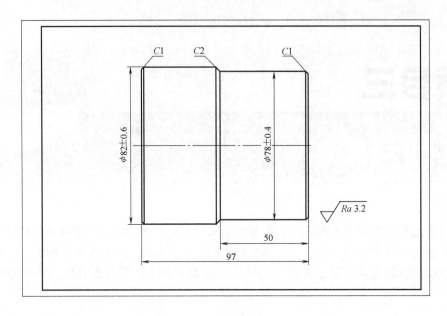

图 3-1　台阶轴零件图

## 二、台阶轴的车削方法

车削台阶一般分粗、精车进行。车削前应根据台阶长度先用刀尖在工件表面车出刻线，然后按刻线进行粗车。粗车时的每档台阶均略短些，留精车余量。精车台阶工件时，通常在机动进给精车外圆至近台阶处时，以手动进给代替机动进给。当车至平面时，应变纵向进给为横向进给，移动中滑板由中心向外慢慢精车台阶平面，以确保台阶平面垂直于轴线。

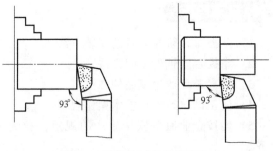

图 3-2　车台阶时车刀的安装

车削高度为 5mm 以下的台阶时，可在一次进给中车出；车削高度为 5mm 以上的台阶时，应分层进行车削，如图 3-3 所示。

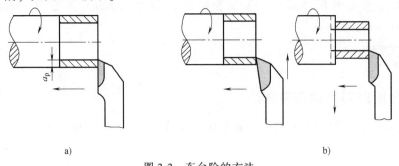

a)                                          b)

图 3-3　车台阶的方法
a) 车低台阶　b) 分层车高台阶

### 1. 控制台阶长度的方法

控制台阶长度的方法有多种。准确地控制台阶的长度是台阶车削的关键。

（1）用刻线控制　一般选最小直径圆柱的端面作为统一的测量基准，用钢直尺、样板或内卡钳量出各个台阶的长度（每个台阶的长度应从同一个基准计算）。然后使工件慢转，用车刀刀尖在量出的各个台阶位置处，轻轻车出一条细线。当车削各个台阶时，就按这些刻线控制各个台阶的长度，如图3-4所示。

（2）用挡铁定位　在车削台阶数量较多的台阶轴时，为了迅速、准确地掌握台阶的长度，可以采用挡铁定位来控制台阶的长度。如图3-5所示，挡铁1固定在床身导轨的某一个适当位置上，如与图3-5中台阶 $a_3$ 的台阶面轴向位置一致，挡铁2和3的长度分别等于台阶 $a_3$ 和 $a_2$ 的长度。开始车削时，首先车长度为 $a_1$ 的台阶，当床鞍向左进给碰到挡铁3时，说明 $a_1$ 已车出；拿去挡铁3，调好车下一个台阶的背吃刀量，继续纵向进给车削长度为 $a_2$ 的台阶，当床鞍碰到挡铁2时，$a_2$ 台阶就被车出。按这样的步骤和方法继续进行下去，直到床鞍碰到挡铁1时，工件上的台阶就已全部车好。

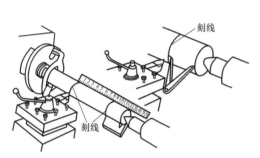

图3-4　用刻线法定台阶的长度

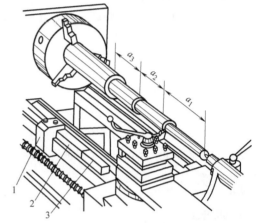

图3-5　用挡铁定位车削台阶的方法
1、2、3—挡铁

（3）用床鞍纵向进给刻度盘控制　CA6140型卧式车床床鞍纵向进给刻度盘的一格等于1mm，可根据台阶长度计算床鞍纵向进给刻度盘手柄应转过的格数。

（4）台阶长度的测量　当粗车完毕时，台阶长度已基本符合要求。在精车外圆时，可以同时将台阶长度车准。其测量方法通常是用钢直尺检查。如果精度要求较高，则可用卡钳、游标深度卡尺和样板等测量，如图3-6所示。

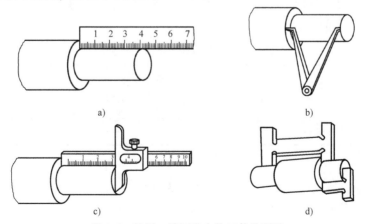

图3-6　外圆、端面和台阶工件的测量
a）用钢直尺测量　b）用卡钳测量　c）用游标深度卡尺测量　d）用样板测量

## 2. 控制直径尺寸的方法

车削台阶工件时,直径尺寸的控制采用对刀—测量—进刀—切削的方法加以保证。

(1) 对刀 对刀就是使刀尖沿横向接触工件,纵向退出,横向略进刀 0.6~0.8mm 后,沿纵向切削,再纵向退出(中滑板不动或记下刻度)。

(2) 测量 测量就是用游标卡尺或千分尺测量已经切削的部分。

(3) 进刀 用切削部分的测量值和图样要求进行比较后,用中滑板进刀(粗车时按 2~3mm/刀,精车时按 0.6~0.8mm/刀)。

(4) 切削 用机动/手动的方法进行纵向切削。

## 三、产生废品的原因及预防方法

### 1. 端面产生凹或凸

1)用右偏刀从外向中心进给时,床鞍没固定,车刀扎入工件产生凹面。因此,在车大端面时,必须把床鞍的固定螺钉旋紧。

2)车刀不锋利、小滑板太松或刀架没压紧,使车刀受切削力作用而"让刀",因而产生凸面。因此,必须保持车刀锋利,中、小滑板的镶条不应太松,车刀刀架应压紧。

### 2. 台阶端面不垂直于工件轴线

1)对于较低的台阶,是由于车刀装得歪斜,使主切削刃与工件轴线不垂直而造成的。装刀时必须使车刀的主切削刃垂直于工件的轴线,车台阶时最后一刀应从台阶中心向外车出。

2)对于较高的台阶,产生不垂直的原因与端面凹凸的产生原因一样。

### 操作训练

### 1. 准备工作

1)正确穿戴劳动保护用品。穿戴工服、工鞋、工帽并检查合格。

2)图样准备:加工图样,如图 3-1 所示,1 份。

3)材料准备:45 钢,$\phi85mm×100mm$,1 节。

4)设备准备:卧式车床 CA6140,1 台。

5)刀具、量具、工具、用具准备:93°外圆车刀(YT)、45°弯头刀(YT)各 2 把,游标卡尺(0~150mm)、百分表(0~3mm)各 1 套,自定心卡盘,刀架扳手 18mm×18mm、卡盘扳手 14mm×14mm×150mm,刀垫、磨石等若干。

6)车床调整,刀具安装,量具、工具摆放,图样识读和工件装夹。

7)工艺准备(表 3-1)。

表 3-1 车削简单台阶轴的工艺准备

| 工序号 | 工序名称 | 工序内容 | 工艺装备 |
| --- | --- | --- | --- |
| 1 | 车 | 粗车端面及外圆 $\phi82mm$ 长 60mm,留精车余量 | 自定心卡盘 |
| 2 | 车 | 精车端面及外圆 $\phi82mm$ 长 60mm 至图样尺寸,倒角 C1 | 自定心卡盘 |
| 3 | 车 | 调头夹住外圆 $\phi82mm$ 一端,粗车端面及外圆 $\phi78mm$,留精车余量 | 自定心卡盘 |
| 4 | 车 | 精车端面及外圆 $\phi78mm$ 长 50mm 至图样尺寸,倒角(两处) | 自定心卡盘 |
| 5 | 检 | 检查 | |

8)切削用量的确定。

① 粗车:背吃刀量视加工要求确定,进给量为 0.2~0.3mm/r,转速为 400~600r/min。

② 精车:背吃刀量为 0.2~0.3mm,进给量为 0.1~0.15mm/r,转速为 750~800r/min。

### 2. 操作程序

1)在自定心卡盘上夹住毛坯外圆长 20mm 左右,找正夹紧。

2）用93°外圆车刀车端面。

3）对刀，试车 $\phi$82mm 外圆，长 2～3mm，退刀用游标卡尺测量（$\phi$82.5mm）。

4）试车调整好尺寸后，粗车外圆 $\phi$82mm（留精车余量），长度 60mm。

5）精车平面及外圆 $\phi$82mm，长 60mm，至图样尺寸。

6）用 45°弯头刀倒角 C1。

7）调头夹住外圆 $\phi$82mm 一端（垫铜皮），长 20mm 左右，找正夹紧。

8）粗车平面及外圆 $\phi$78mm，留精车余量。

9）精车平面及外圆 $\phi$78mm，长 50mm，至图样尺寸。

10）用 45°弯头刀倒角 C1、C2。

11）检查卸车。

12）打扫整理工作场地，将工件摆放整齐。

**3. 注意事项或安全风险提示**

1）不准用手清理切屑，以防割破手指。

2）切削过程中必须戴护目镜。

3）夹持工件必须牢固可靠。

4）调头装夹工件时，最好垫铜皮，以防夹坏工件。

5）车削前应检查滑板位置是否正确，工件装夹是否牢靠，卡盘扳手是否取下。

6）车削时不允许在机床旋转的情况下测量工件。

7）在车削过程中，若发现刀具磨损，则应及时停车刃磨或更换车刀。

**4. 操作要点**

1）车端面时，由于车刀运动方向的变化而引起工件端面加工质量的变化，以及车刀接近中心时，车刀进给速度发生变化。

2）车刀的正确安装。

3）选择合理的切削三要素，独立完成台阶、外圆的车削。

4）正确使用游标卡尺测量工件。

# 任务二  车削双向台阶轴

## 学习目标

1）进一步掌握达到垂直度要求的加工方法。

2）进一步掌握车削台阶工件时车刀的装夹方法。

3）掌握双向台阶工件的车削加工顺序。

4）巩固台阶长度的控制方法。

5）能正确执行安全技术操作规程。

6）能按企业有关安全生产的规定，做到工作场地整洁，工件、刀具、工具和量具摆放整齐。

## 工作任务

双向台阶轴零件图如图 3-7 所示。通过图样可以看出，该双向台阶轴除了有多个台阶外，还有两端倒角 C1。技术要求主要包括 4 处尺寸精度，同时 $\phi40^{~0}_{-0.039}$mm 外圆的右端面有相对 $\phi20^{~0}_{-0.033}$mm 外圆轴线的垂直度要求，轴上表面粗糙度值均为 3.2μm。总长为 60mm，最大直径为 $\phi$50mm。

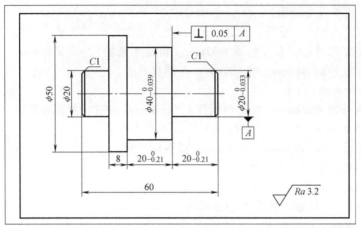

图 3-7 双向台阶轴零件图

## 一、减小工件表面粗糙度值的基本方法

车削加工时，工件的表面粗糙度往往达不到技术要求，这时就应观察表面粗糙的现象，找出影响表面粗糙度的主要原因，并提出解决办法。一般影响表面粗糙度的主要因素有残留面积、积屑瘤和机床部件振动，另外，因刀具、工件的原因也会使表面粗糙度值变大。常见减小工件表面粗糙度值的解决措施见表 3-2。

表 3-2　常见减小工件表面粗糙度值的解决措施

| 现象 | 图示 | 解决措施 |
|---|---|---|
| 毛刺 |  | 工件表面产生毛刺一般是由积屑瘤引起的，这时可用改变切削速度的方法来控制积屑瘤的产生。当用高速钢车刀时，应降低切削速度（$v_c < 3\text{m/min}$），并加注切削液；当用硬质合金车刀时，应提高切削速度，避开最易产生积屑瘤的中速（$v_c = 20\text{m/min}$）区域。另外，应尽量减小车刀前面和后面的表面粗糙度值，保持切削刃锋利 |
| 残留面积大 |  | 减小主偏角和副偏角，增大刀尖圆弧半径，减小进给量 |
| 磨损亮斑 |  | 车削工件时，已加工表面出现亮斑或亮点，切削时有噪声，这说明车刀已严重磨损。磨钝的切削刃将工件表面挤压出亮痕，使表面粗糙度值变大，这时应及时更换或重新刃磨车刀 |

（续）

| 现象 | 图示 | 解决措施 |
|---|---|---|
| 切屑拉毛 | | 被切屑拉毛的工件表面一般是不规则的很浅的痕迹。这时应选用正值刃倾角的车刀,使切屑流向工件待加工表面,并采取卷屑或断屑措施 |
| 振纹 | | 调整车床主轴间隙,提高主轴轴承精度;调整滑板镶条,使间隙小于 0.04mm,并使移动平稳轻便;合理选用刀具几何参数,保持切削刃的光洁和锋利;增加工件装夹刚度;选用较小的背吃刀量和进给量,改变切削速度 |

## 二、车削轴类工件时消除锥度的方法

一夹一顶或两顶尖装夹工件时,如果尾座中心与车床主轴回转中心不重合,车出的工件外圆是圆锥形,即出现圆柱度误差。为消除圆柱度误差,车削轴类工件时,必须首先调整尾座位置。具体调整方法是,用一夹一顶或两顶尖装夹工件,试切削外圆（注意工件余量）,用外径千分尺分别测量尾座端和卡爪端的工件外圆,并记下各自读数进行比较。如果靠近卡爪端直径比尾座端直径大,则尾座应向离开操作者方向移动;如果靠近尾座端直径比卡爪端直径大,则尾座应向操作者方向移动。尾座的移动量为两端直径之差的 1/2,并用百分表控制尾座的移动量（图 3-8）,调整尾座后,再进行试切削（图 3-9）,这样反复找正,直到消除锥度后再进行车削。

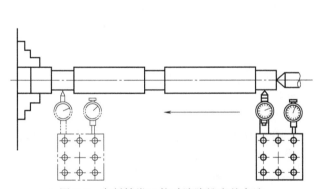

图 3-8　车削轴类工件时消除锥度的方法

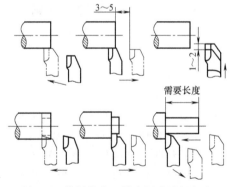

图 3-9　控制径向、轴向尺寸试切方法

### 操作训练

**1. 准备工作**

1) 正确穿戴劳动保护用品。穿戴工服、工鞋、工帽并检查合格。

2) 图样准备:加工图样,如图 3-7 所示,1 份。

3) 材料准备:45 钢,$\phi$52mm×62mm,1 节。

4) 设备准备:卧式车床 CA6140,1 台。

5) 刀具、量具、工具、用具准备:90°外圆车刀（YT）、45°弯头刀（YT）各 2 把,外径千分尺（25~50mm）、游标卡尺（0~150mm）、百分表（0~3mm）各 1 套,自定心卡盘,刀架扳手 18mm×18mm、卡盘扳手 14mm×14mm×150mm，刀垫、磨石等若干。

6）车床调整，刀具安装，量具、工具摆放，图样识读和工件装夹。

7）工艺准备（表 3-3）。

表 3-3　车削双向台阶轴的工艺准备

| 工序号 | 工序名称 | 工序内容 | 工艺装备 |
|---|---|---|---|
| 1 | 车 | 粗、精车端面，粗车外圆 $\phi40_{-0.039}^{0}$ mm×$20_{-0.21}^{0}$ mm、$\phi20_{-0.033}^{0}$ mm×$20_{-0.21}^{0}$ mm（外圆、长度各留精车余量）和台阶 | 自定心卡盘 |
| 2 | 车 | 精车外圆 $\phi40_{-0.039}^{0}$ mm、$\phi20_{-0.033}^{0}$ mm 和台阶至图样尺寸，倒角 $C1$ | 自定心卡盘 |
| 3 | 车 | 调头装夹 $\phi20_{-0.033}^{0}$ mm×$20_{-0.21}^{0}$ mm，粗、精车端面，保证总长 60mm | 自定心卡盘 |
| 4 | 车 | 粗车外圆 $\phi50$mm、$\phi20$mm（外圆、长度各留精车余量） | 自定心卡盘 |
| 5 | 车 | 精车外圆 $\phi50$mm、$\phi20$mm，台阶，倒角 $C1$ | 自定心卡盘 |
| 6 | 检 | 检查 | |

8）切削用量的确定。

① 粗车：背吃刀量视加工要求确定，进给量为 0.2~0.3mm/r，转速为 400~600r/min。

② 精车：背吃刀量为 0.2~0.3mm，进给量为 0.1~0.15mm/r，转速为 750~800r/min。

**2. 操作程序**

1）在自定心卡盘上夹住毛坯外圆长 20mm 左右，找正夹紧。

2）用 90°外圆粗车刀粗车端面（留精车余量）。

3）用 90°外圆精车刀精车端面。

4）用 90°外圆粗车刀粗车外圆 $\phi40_{-0.039}^{0}$ mm×$20_{-0.21}^{0}$ mm，即车制台阶；粗车外圆 $\phi20_{-0.033}^{0}$ mm× $20_{-0.21}^{0}$ mm，即车制台阶（外圆、长度各留精车余量 0.5mm）。

5）用 90°外圆精车刀精车外圆 $\phi40_{-0.039}^{0}$ mm×$20_{-0.21}^{0}$ mm、$\phi20_{-0.033}^{0}$ mm×$20_{-0.21}^{0}$ mm 至图样尺寸。

6）用 45°弯头刀倒角 $C1$。

7）检查。

8）调头夹住外圆 $\phi20_{-0.033}^{0}$ mm×$20_{-0.21}^{0}$ mm 一端（垫铜皮），找正夹紧。

9）用 90°外圆粗车刀粗车端面（留精车余量）。

10）用 90°外圆精车刀精车端面，保证总长 60mm。

11）用 90°外圆粗车刀粗车外圆 $\phi50$mm，即车制台阶；粗车外圆 $\phi20$mm，即车制台阶（外圆、长度各留精车余量 0.5mm）。

12）用 90°外圆精车刀精车外圆 $\phi50$mm、$\phi20$mm 至图样尺寸。

13）用 45°弯头刀倒角 $C1$。

14）检查卸车。

15）打扫整理工作场地，将工件摆放整齐。

**3. 注意事项或安全风险提示**

1）不准用手清理切屑，以防割破手指。

2）切削过程中必须戴护目镜。

3）夹持工件必须牢固可靠。

4）调头装夹工件时，最好垫铜皮，以防夹坏工件。

5）车削前应检查滑板位置是否正确，工件装夹是否牢靠，卡盘扳手是否取下。

6）车削时不允许在机床旋转的情况下测量工件。

7）在车削过程中，若发现刀具磨损，则应及时停车刃磨或更换车刀。

**4. 操作要点**

1）外圆精度的测量要用外径千分尺，外径千分尺的零位要校正，测量外圆时要测量多个点。

2）轴的垂直度检验方法如图 3-10 所示。图 3-10a 是将工件放入夹体中，用直角尺检验夹体的端面与工件圆柱表面之间的垂直度；图 3-10b 是当工件端面直径较大时，直接用直角尺测量垂直度；图 3-10c 是将小端直径插入夹体内，测量大端面的平面度。

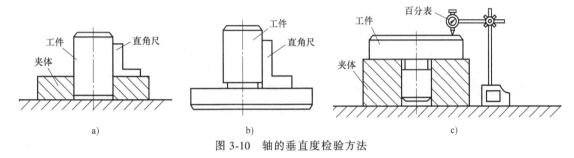

图 3-10　轴的垂直度检验方法

3）用刀口形直尺测量工件的垂直度。对于精度要求较低的工件可用刀口形直尺做透光检查，如图 3-11 所示。

4）轴向圆跳动与端面垂直度的区别。轴向圆跳动是当工件绕基准轴线做无轴向移动的回转时，所要求的端面上任一测量直径处的圆跳动 $\Delta$，而端面垂直度是整个端面的垂直度误差。测量端面垂直度时，首先要测量轴向圆跳动是否合格，如果不合格，再测量端面垂直度。如图 3-12a 所示的工件，由于端面是一个平面，其轴向圆跳动量为 $\Delta$，端面垂直度也为 $\Delta$，两者相等。如果端面不是一个平面，而是凹面或凸面，如图 3-12b、c 所示，虽然其轴向圆跳动量为零，

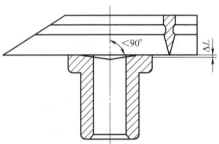

图 3-11　用刀口形直尺测量垂直度

但其端面垂直度误差为 $\Delta L$。因此，仅用轴向圆跳动来评定端面垂直度是不正确的。

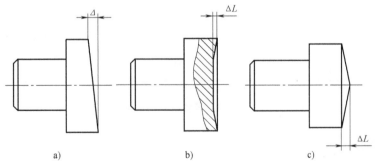

图 3-12　轴向圆跳动和端面垂直度的区别
a）倾斜　b）凹面　c）凸面

# 任务三　车削多台阶轴

**学习目标**

1）能按工件的技术要求，正确选择车削方法，并能选择和提出保证技术要求的一般夹具。

2）能按工件几何形状、材料，合理选择切削用量，并会刃磨刀具。

3）根据车削工件的需要，能熟练地调整工、夹、量具和机床设备，并能找出和排除一般的简单故障。

4）在车削加工中，能分析产生废品的原因和预防方法。

5）能正确执行安全技术操作规程。

6）能按企业有关安全生产的规定，做到工作场地整洁，工件、刀具、工具和量具摆放整齐。

## 工作任务

多台阶轴零件图如图 3-13 所示。通过图样可以看出，该多台阶轴除了有多个台阶外，还有 1 处倒角 C1 和 5 处倒角 C1。技术要求主要包括 5 处尺寸精度，同时每个轴颈的外圆面都有相对两端中心孔轴线的径向圆跳动要求，轴上外圆面表面粗糙度值为 1.6μm，其余面表面粗糙度值为 3.2μm。总长为 143mm，最大直径为 $\phi 43_{-0.05}^{0}$ mm。

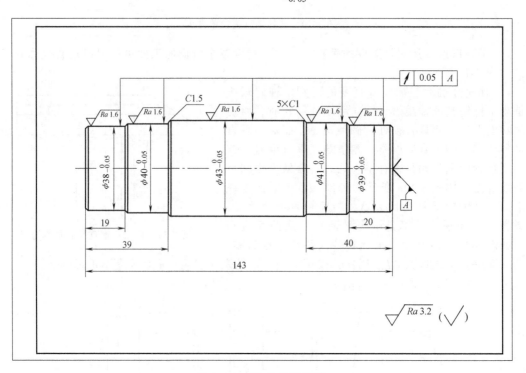

图 3-13　多台阶轴零件图

## 知识准备

### 一、中心孔与中心钻

#### 1. 中心孔的类型

国家标准（GB/T 4459.5—1999）规定，中心孔有 A 型（不带护锥）、B 型（带护锥）、C 型（带螺纹）和 R 型（弧形）四种，如图 3-14 所示。A 型用于不需要重复使用中心孔，而且精度要求一般的小型工件；B 型用于精度要求高，需多次使用中心孔的工件；C 型用于需在轴向固定其他零件的工件；R 型与 A 型相似，但定位圆弧面与顶尖接触，配合变成线接触，可自动纠正少量的位置偏差（此种中心孔极少使用）。

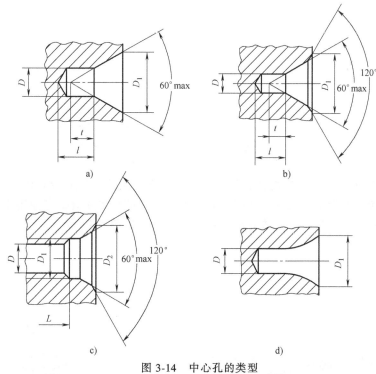

图 3-14　中心孔的类型

a）A 型　b）B 型　c）C 型　d）R 型

### 2. 中心钻的种类

中心钻有不带护锥（A 型）的和带护锥（B 型）的两种，如图 3-15 所示。

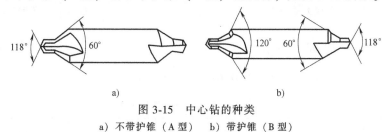

图 3-15　中心钻的种类

a）不带护锥（A 型）　b）带护锥（B 型）

## 二、钻中心孔的要求

### 1. 尺寸要求

中心孔尺寸以圆柱孔直径 $d$ 为基本尺寸，$d$ 的大小应根据工件的直径或工件的重量，按国家标准来选用。

### 2. 形状和表面粗糙度要求

轴类工件各回转表面的形状精度和位置精度全靠中心孔的定位精度来保证，中心孔上的形状误差将直接反映到工件的回转表面。锥形孔不正确就会与顶尖的接触不良。如果 60° 锥面的表面粗糙度值太大，就会加剧顶尖的磨损以及引起车削工件的综合误差，因此 60° 锥面的表面粗糙度值最低标准为 1.6μm。

## 三、中心孔的加工方法

在车床上钻中心孔，常用以下两种方法：

**1. 在工件直径小于车床主轴内孔直径的棒料上钻中心孔**

1) 应尽可能使棒料伸进主轴内孔中去，以增加工件的刚性。

2) 经找正、夹紧后把端面车平。

3) 将中心钻安装在钻夹头中并夹紧，当钻夹头的锥柄能直接和尾座套筒上的锥孔结合时，直接装入即可使用。

4) 如果锥柄小于锥孔，就必须在它们中间增加一个过渡锥套才能结合上。

5) 中心钻安装完毕后，开车使工件旋转，均匀摇动尾座手轮来移动中心钻实现进给，待钻到所需的尺寸后，稍停留，使中心孔得到修光和圆整，然后退刀。在卡盘上钻中心孔如图3-16所示。

**2. 在工件直径大于车床主轴内孔直径，并且长度又较大的工件上钻中心孔**

这时只在一端用卡盘夹紧工件，不能可靠地保证工件的位置正确。应使用中心架来车平端面和钻中心孔，钻中心孔的操作方法和前一种方法相同，如图3-17所示。

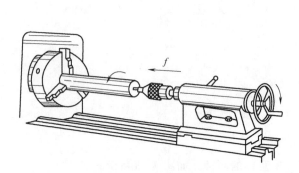

图3-16　在卡盘上钻中心孔

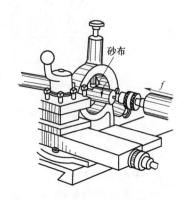

图3-17　在中心架上钻中心孔

## 四、轴类工件的车削质量分析

车削轴类工件时，产生废品的原因及预防方法见表3-4。

表3-4　轴类工件产生废品的原因及预防方法

| 废品种类 | 产生原因 | 预防方法 |
|---|---|---|
| 尺寸精度达不到要求 | 1) 看错图样或刻度盘使用不当<br>2) 没有进行试切削<br>3) 量具有误差或测量不正确<br>4) 由于切削热的影响，使工件尺寸发生变化<br>5) 机动进给没及时关闭，使车刀进给长度超过台阶长度<br>6) 车槽时，车槽刀主切削刃太宽或太窄使槽宽不正确<br>7) 尺寸计算错误，使槽深度不正确 | 1) 必须看清图样尺寸要求，正确使用刻度盘，并看清刻度值<br>2) 根据加工余量计算出背吃刀量，进行试切削，然后修正背吃刀量<br>3) 量具使用前，必须检查和调整零位，正确掌握测量方法<br>4) 不能在工件温度较高时测量，如果测量，则应掌握工件的收缩情况，或浇注切削液，降低工件温度<br>5) 注意及时关闭机动进给或提前关闭机动进给，用手动进给到长度尺寸<br>6) 根据槽宽刃磨车槽刀主切削刃宽度<br>7) 对留有磨削余量的工件，车槽时应考虑磨削余量 |

（续）

| 废品种类 | 产生原因 | 预防方法 |
|---|---|---|
| 产生锥度 | 1）用一夹一顶或两顶尖装夹工件时,由于后顶尖轴线不在主轴轴线上<br>2）用小滑板车外圆时产生锥度是由于小滑板的位置不正,即小滑板的刻线与中滑板的刻线没有对准"0"线<br>3）用卡盘装夹工件纵向进给车削时产生锥度是由于车床床身导轨与主轴轴线不平行<br>4）工件装夹时悬伸较长,车削时因切削力影响使前端让开,产生锥度<br>5）车刀中途逐渐磨损 | 1）车削前必须找正锥度<br>2）必须事先检查小滑板的刻线是否与中滑板刻线的"0"线对准<br>3）调整车床主轴轴线与床身导轨的平行度<br>4）尽量减少工件的伸出长度,或采用一夹一顶的装夹方式,增加工件的装夹刚性<br>5）选用合适的刀具材料,或适当降低切削速度 |
| 圆度超差 | 1）车床主轴间隙太大<br>2）毛坯余量不均匀,切削过程中背吃刀量发生变化<br>3）工件用两顶尖装夹时,中心孔接触不良,或后顶尖顶得不紧,或前后顶尖产生径向圆跳动 | 1）车削前检查主轴间隙,并调整合适。若因主轴轴承磨损太多,则需要更换轴承<br>2）工件分开粗、精车<br>3）工件用两顶尖装夹必须松紧适当,若回转顶尖产生径向圆跳动,则应及时修理或更换 |
| 表面粗糙度达不到要求 | 1）车床刚性不足,如滑板镶条太松、传动零件(如带轮)不平衡或主轴太松引起振动<br>2）车刀刚性不足或伸出太长引起振动<br>3）工件刚性不足引起振动<br>4）车刀几何参数不合理,如选用过小的前角、后角和主偏角<br>5）切削用量选用不当 | 1）消除或防止由于车床刚性不足而引起的振动(如调整车床各部分的间隙)<br>2）增加车刀刚性和正确装夹车刀<br>3）增加工件的装夹刚性<br>4）选择合理的车刀角度(如适当增大前角,选择合理的后角和主偏角)<br>5）进给量不宜太大,精车余量和切削速度应选择恰当 |

### 操作训练

**1. 准备工作**

1）正确穿戴劳动保护用品。穿戴工服、工鞋、工帽并检查合格。

2）图样准备：加工图样，如图3-13所示，1份。

3）材料准备：45钢，$\phi45$mm×145mm，1节。

4）设备准备：卧式车床CA6140，1台。

5）刀具、量具、工具、用具准备：90°外圆车刀（YT）、45°弯头刀（YT）各2把，中心钻A2.5，外径千分尺（25～50mm）、游标卡尺（0～150mm）、百分表各1套，尾座顶尖，自定心卡盘，刀架扳手18mm×18mm、卡盘扳手14mm×14mm×150mm，刀垫、磨石等若干。

6）车床调整，刀具安装，量具、工具摆放，图样识读和工件装夹。

7）工艺准备（表3-5）。

表3-5 车削多台阶轴的工艺准备

| 工序号 | 工序名称 | 工序内容 | 工艺装备 |
|---|---|---|---|
| 1 | 车 | 车端面,钻中心孔 | 自定心卡盘 |
| 2 | 车 | 一夹一顶装夹工件,粗、精车 $\phi43_{-0.05}^{0}$mm、$\phi41_{-0.05}^{0}$mm、$\phi39_{-0.05}^{0}$mm外圆,保证 $Ra1.6\mu$m、长度至图样要求,倒角至图样要求 | 自定心卡盘、顶尖 |

（续）

| 工序号 | 工序名称 | 工序内容 | 工艺装备 |
|---|---|---|---|
| 3 | 车 | 调头找正，车端面，保证总长 143mm；粗、精车外圆 $\phi40_{-0.05}^{0}$mm、$\phi38_{-0.05}^{0}$mm，保证 $Ra1.6\mu m$、长度至图样要求，倒角至图样要求 | 自定心卡盘 |
| 4 | 检 | 检查 | |

8）切削用量的确定。

① 粗车：背吃刀量视加工要求确定，进给量为 0.2~0.3mm/r，转速为 400~600r/min。

② 精车：背吃刀量为 0.2~0.3mm，进给量为 0.10~0.15mm/r，转速为 750~800r/min。

**2. 操作程序**

（1）钻中心孔前准备

1）将工件装夹在自定心卡盘上，伸出 30mm 左右，找正夹紧。

2）用 45° 弯头刀车一端端面（车刀中心必须与主轴轴线一致），截取工件总长尺寸 143mm。

3）选用中心钻，使用前要检查型号和规格是否与图样要求相符。

4）将钻夹头柄部擦干净后放入尾座套筒内并用力插入，使圆锥面结合。

5）将中心钻装入钻夹头内，伸出长度要短些，用力拧紧钻夹头将中心钻夹紧，如图 3-18 所示。

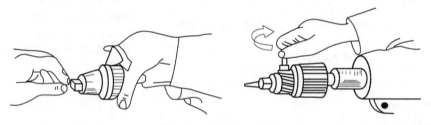

图 3-18  安装中心钻

6）移动尾座并调整套筒的伸出长度，要求中心钻靠近工件端面，套筒的伸出长度为 50~70mm，然后将尾座锁紧。

7）选择主轴转速。钻中心孔时，主轴转速要高，一般取 $n>1000r/min$。

8）开动车床。

（2）钻中心孔

1）试钻。向前摇动尾座套筒，当中心钻钻入工件端面约 0.5mm 时退出，目测试钻情况（图 3-19a），判断中心钻是否对准工件的回转中心。当中心钻对准工件回转中心时，钻出的坑呈锥形，如图 3-19b 所示；当中心钻偏移工件回转中心时，钻出的坑呈环形，如图 3-19c 所示。若偏移较少，则可能是钻夹头柄弯曲所致，可将尾座套筒后退，松开钻夹头，用手转动钻夹头进行找正。若转动钻夹头无效，则应松开尾座，调整尾座两侧的螺钉，使尾座横向移动（图 3-20）。当中心找正后，必须将两侧螺钉同时锁紧。

2）钻削中心孔。向前移动尾座套筒，当中心钻钻入工件端面时，进给速度要减慢，并保持均匀。加注切削液，中途退中心钻 1~2 次，以去除切屑。注意控制圆锥 $D_1$ 尺寸。当中心孔钻到尺寸时，先停止进给再停车，利用主轴惯性将中心孔表面修光圆整。当钻成批轴类工件的中心孔时，要求两端钻出的中心孔 $D_1$ 尺寸保持一致，否则影响磨削工序的加工质量。

3）夹持 $\phi38_{-0.05}^{0}$mm×19mm 处找正，一夹一顶装夹工件，粗车 $\phi43_{-0.05}^{0}$mm、$\phi41_{-0.05}^{0}$mm、

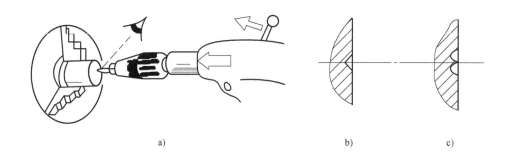

图 3-19　试钻中心孔
a）目测试钻情况　b）锥形坑　c）环形坑

$\phi39_{-0.05}^{0}$mm 外圆，留 1mm 精车余量，车削长度分别为 64mm、40mm、20mm。

4）精车 $\phi43_{-0.05}^{0}$mm、$\phi41_{-0.05}^{0}$mm、$\phi39_{-0.05}^{0}$mm 外圆至图样要求，保证车削长度分别为 64mm、40mm、20mm。

5）倒角至图样要求。

6）工件调头用铜皮包裹 $\phi43_{-0.05}^{0}$mm × 64mm 处，伸出 50mm 左右，用自定心卡盘找正装夹。

7）车端面，保证总长 143mm；粗、精车外圆 $\phi40_{-0.05}^{0}$mm、$\phi38_{-0.05}^{0}$mm，保证长度 39mm、19mm，粗、精车过程与 3）、4）相同。

8）倒角至图样要求。

9）检查卸车。

10）打扫整理工作场地，将工件摆放整齐。

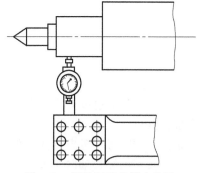

图 3-20　调整尾座的横向位置

**3．注意事项或安全风险提示**

1）找正夹紧应准确，一夹一顶装夹工件时，顶尖不能过松或过紧。

2）不准用手拉切屑，切削过程中必须戴护目镜。

3）钻中心孔时注意勤润滑，及时清理切屑。

4）台阶面应与外圆保持垂直。

5）操作过程中注意安全生产操作规程。

**4．操作要点**

（1）在车床上钻中心孔，中心钻折断的原因及预防措施

1）工件端面没有车平或中心处留有凸头，使中心钻不能准确定心而折断。

2）中心钻没有对准工件回转中心，受到一个附加力而折断。这往往是由于车床尾座偏位或钻夹头锥柄弯曲等原因造成的。所以，钻中心孔前必须严格找正车床尾座，或将钻夹头转动一个角度来对准工件回转中心。

3）切削用量选择不当，如工件转速太低而中心钻进给量过快使中心钻折断。中心钻直径很小，即使采用较高转速，其切削速度仍然不大。如果用低速钻中心孔，手摇尾座手柄进给的速度不易控制，这时可能因进给量过大而使中心钻折断。

4）中心钻在使用过程中磨损后仍强行钻入工件时也容易折断。所以，当发现中心钻磨损

后，应及时修磨或调换新的中心钻后继续使用。

5）没有浇注充分的切削液或没有及时清除切屑，致使切屑堵塞在中心孔内而挤断中心钻。所以，钻中心孔时应经常浇注切削液并及时清除切屑。

6）钻中心孔虽然操作简单，但如果不注意，就会使中心钻折断，给工件的车削带来困难，因此必须熟练掌握钻中心孔的方法。如果中心钻折断了，必须将断头从工件中心孔内取出，并修正中心孔后才能进行车削。

（2）一夹一顶装夹时的限位方法　一夹一顶装夹工件时，为了防止由于进给力的作用而使工件产生轴向移动，可以在主轴前端锥孔内安装一限位支承，如图 3-21a 所示；也可以利用工件的台阶进行限位，如图 3-21b 所示。用这种方法装夹安全可靠，能承受较大的进给力，因此应用广泛。

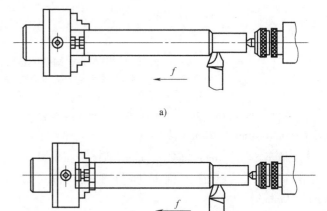

图 3-21　用一夹一顶装夹工件
a）用限位支承限位　b）用工件台阶限位

（3）一夹一顶装夹工件时减少热变形伸长的方法　车削时，由于切削热的影响，工件随温度升高而逐渐伸长变形，这称为"热变形"。在车削一般轴类工件时可不考虑热变形伸长问题，但在车削细长轴时，因为工件长，总伸长量大，所以一定要考虑热变形的影响。为了减少热变形的影响，主要采取以下措施：

1）采用钢丝圈垫在卡爪凹槽中的装夹方式。卡爪夹持部分不宜过长，一般在 15mm 左右，最好用钢丝圈垫在卡爪的凹槽中，如图 3-22 所示，这样以点接触，使工件在卡盘内能自由调节其位置，避免夹紧时形成弯矩。这样，即使在切削过程中发生热变形伸长，也不会因卡盘夹死而产生内应力。

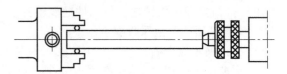

图 3-22　用钢丝圈垫在卡爪的凹槽中装夹

2）采用弹性回转顶尖来补偿工件热变形伸长。弹性回转顶尖的结构如图 3-23 所示。顶尖由前端的圆柱滚子轴承和后端的滚针轴承承受径向力，由推力球轴承承受轴向推力；在圆柱滚子轴承和推力球轴承之间，放置两片碟形弹簧。当工件变形伸长时，工件推动顶尖，使碟形弹簧压缩变形（即顶尖能自动后退）。长期生产实践证明，车削细长轴时使用弹性回转顶尖，可以有效地补偿工件的热变形伸长，工件不易产生弯曲，使车削可以顺利进行。

（4）采取反向进给方法　车削时，通常纵向进给运动的方向是床鞍带动车刀由床尾向床头方向运动，即所谓正向进给。反向进给则是床鞍带动车刀由床头向床尾方向运动。正向进给时，工件所受轴向切削分力，使工件受压（与工件变形方向相反），容易产生弯曲变形。而反向进给时，如图 3-24 所示，作用在工件上的轴向切削分力使工件受拉（与工件变形方向相同）；同时，由于细长轴左端通过钢丝圈固定在卡盘内，右端支承在弹性回转顶尖上，可以自由伸缩，不易产生弯曲变形，而且能使工件达到较高的加工精度和较小的表面粗糙度值。

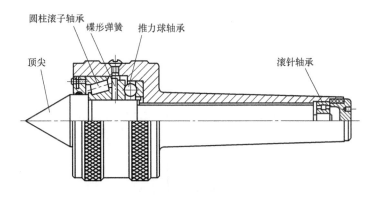

图 3-23　弹性回转顶尖的结构

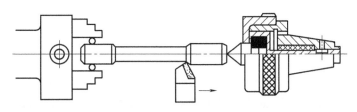

图 3-24　反向进给

（5）圆跳动的检测

1）径向圆跳动的检测方法

① 被测工件由两顶尖支承，使百分表测头接触工件表面，并调整零位，旋转被测工件，观察百分表读数的变化情况，最大读数与最小读数之差即为径向圆跳动量，如图 3-25 所示。由于是用工件的两中心孔定位检验的，所以定位基准与测量基准重合，减少了误差。

② 采用 V 形块支承测量径向圆跳动量。方法是将被测工件放在 V 形块上，轴向限位，使百分表测头接触工件表面，并调整零位，旋转被测工件一周，百分表最大读数与最小读数之差即为径向圆跳动量，测量时可以多选择几点，如图 3-26 所示。这时定位基准与测量基准不重合，存在一定的定位误差。

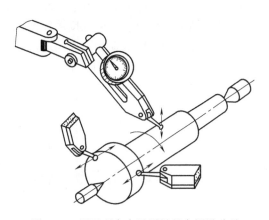

图 3-25　用两顶尖支承测量径向圆跳动量

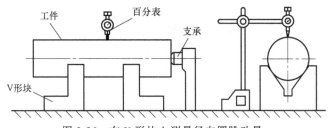

图 3-26　在 V 形块上测量径向圆跳动量

2）轴向圆跳动的检测方法。将工件装夹在两顶尖之间，使百分表测头与端面某一直径位置 $d$ 处接触，旋转被测工件一周，百分表最大读数与最小读数之差即为轴向圆跳动量，如图 3-27 所示。

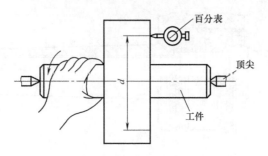

图 3-27　用两顶尖支承检测轴向圆跳动量

# 思　考　题

1. 车台阶时如何安装车刀？

2. 台阶轴的车削方法有哪些？车削台阶轴产生废品的原因及预防方法有哪些？

3. 一般影响表面粗糙度的主要因素有哪些？常见减小工件表面粗糙度值的解决措施有哪些？

4. 在车床上钻中心孔的常用方法有哪些？钻中心孔前要做哪些准备工作？

5. 在车床上钻中心孔，中心钻折断的原因及预防措施有哪些？

6. 一夹一顶装夹时的限位方法有哪些？为了减少热变形的影响，主要采取哪些措施？

7. 车削轴类工件时，产生锥度的原因是什么？如何消除？

8. 如何检测径向圆跳动和轴向圆跳动？

9. 按图 3-28 所示加工零件，材料为 45 钢。

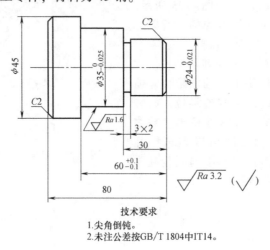

技术要求
1. 尖角倒钝。
2. 未注公差按 GB/T 1804 中 IT14。

图 3-28　零件图

# 项目四

## 车削槽轴与细长轴

槽轴和细长轴都是车削的典型工件，通过本项目中不同任务的完成，掌握针对不同的沟槽，选择不同的刀具及其安装方法，掌握槽轴的加工方法；掌握切断的方法；了解细长轴的特点，掌握车削细长轴的方法；掌握槽轴和细长轴的操作顺序，掌握同轴度的检测以及前后顶尖同轴度的调整方法。

## 任务一　车削简单浅槽轴

### 学习目标

1）针对粗车、精车、切槽，能合理地选择不同的切削用量。

2）掌握一般切（断）槽的加工方法。

3）掌握切槽（断）刀的安装要求。

4）掌握检测轴类工件同轴度的方法。

5）养成对工件去毛刺、倒角的习惯。

6）能正确执行安全技术操作规程。

7）能按企业有关安全生产的规定，做到工作场地整洁，工件、刀具、工具和量具摆放整齐。

### 工作任务

简单浅槽轴零件图如图 4-1 所示。通过图样可以看出，该轴为槽轴，轴上有 2mm×1mm、4mm×1mm 和 $\phi16mm×4mm$ 的槽，还有倒角 $C1$。技术要求主要包括 3 处尺寸精度，同时 $\phi20_{-0.013}^{0}$ mm 外圆的轴线相对于 $\phi16_{-0.011}^{0}$ mm 外圆的轴线有同轴度要求，轴上各表面粗糙度值均为 $1.6\mu m$。总长为 77mm，最大直径为 $\phi20_{-0.013}^{0}$ mm。

### 知识准备

#### 一、沟槽的种类和作用

沟槽的形状和种类较多，常见的外沟槽有梯形沟槽、圆弧形沟槽和矩形沟槽等，如图 4-2 所示。矩形沟槽的作用通常是使所装配的零件有正确的轴向位置，在磨削、车螺纹和插齿等加工过程中便于退刀。

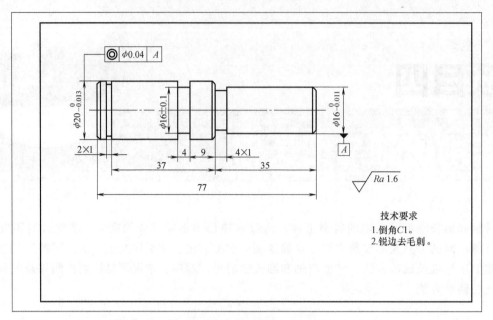

图 4-1　简单浅槽轴零件图

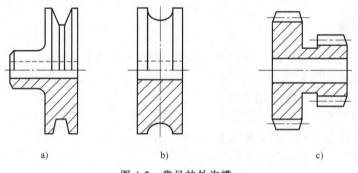

图 4-2　常见的外沟槽

a) 梯形沟槽　b) 圆弧形沟槽　c) 矩形沟槽

## 二、切槽刀与切断刀

### 1. 切槽（断）刀的几何形状

（1）高速钢切槽（断）刀（图4-3）

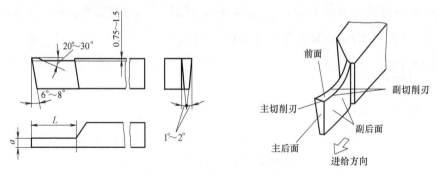

图 4-3　高速钢切槽（断）刀

前角：切断中碳钢时，$\gamma_o = 20° \sim 30°$；切断铸铁时，$\gamma_o = 0° \sim 10°$。

后角：$\alpha_o = 6° \sim 8°$。

副后角：切槽（断）刀有两个对称的副后角 $\alpha_o' = 1° \sim 2°$，其作用是减少刀具副后面与工件两侧面的摩擦。

主偏角：切槽（断）刀以横向进给为主，因此 $\kappa_r = 90°$。

副偏角：$\kappa_r' = 1° \sim 1°30'$，两副偏角也必须对称，其作用是减少副切削刃与工件两侧面的摩擦。副偏角过大会削弱切槽（断）刀刀头的强度。

切断时，为了防止切下的工件端面有一小凸头，以及带孔工件不留边缘，可以把主切削刃略磨斜些。

（2）硬质合金切槽（断）刀 由于高速切削的普遍采用，硬质合金切槽（断）刀的应用越来越广泛。一般切槽时，由于切屑和槽宽相等容易堵塞在槽内，为了使切削顺利进行，可以把主切削刃两边倒角，或把主切削刃磨成人字形，如图 4-4 所示。

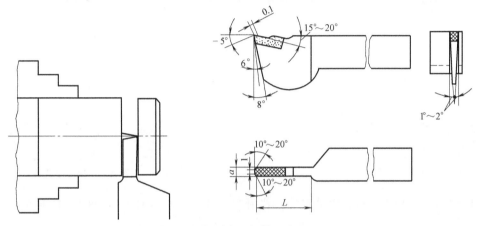

图 4-4　硬质合金切槽（断）刀

（3）弹性切槽（断）刀 为了节省高速钢，切槽（断）刀可以做成片状，这样既节约了刀具材料，又使刀杆富有弹性。当进给量太大时，由于弹性刀杆受力变形时其弯曲中心在上面，刀头会自动退让出一些。因此，切削时不容易扎刀，切槽（断）刀不易折断。

（4）反切刀 切断直径较大的工件时，因刀头很长、刚性差，容易引起振动，可采用反切断法，即用反切刀，使工件反转。这样切断时的切削力与工件重力方向一致，不容易引起振动。而且，反切刀切断时的切屑向下排出，不容易堵塞在工件槽中。在使用反切断法时，卡盘与主轴连接的部分必须装有保险装置，否则卡盘会因倒车而从主轴上脱开造成事故。

**2. 切槽（断）刀的刃磨**

切槽（断）刀刃磨得好坏将直接影响切槽（断）加工的顺利程度。下面以高速钢切槽刀的刃磨为例：

（1）切槽刀的粗磨 粗磨切槽刀时，选用粒度号为 F46 ~ F60、硬度为 H ~ K 的白色氧化铝砂轮。

1）粗磨两侧副后面。两手握刀，切槽刀前面向上，如图 4-5a 所示，同时磨出左侧副后角 $\alpha_o' = 1°30'$ 和副偏角 $\kappa_r' = 1°30'$。

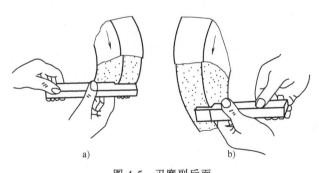

图 4-5　刃磨副后面

a）刃磨左侧副后面　b）刃磨右侧副后面

两手握刀，切槽刀前面向上，如图 4-5b 所示，同时磨出右侧副后角 $\alpha_o' = 1°30'$ 和副偏角 $\kappa_r' = 1°30'$。对于主切削刃宽度，尤其要注意留出 0.5mm 的精磨余量。

2）粗磨主后面。两手握刀，切槽刀前面向上，如图 4-6 所示，磨出主后面，后角 $\alpha_o = 6°$。

3）粗磨前面。两手握刀，切槽刀前面对着砂轮磨削表面，如图 4-7 所示，刃磨前面和前角、卷屑槽，保证前角 $\gamma_o = 25°$。

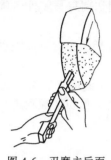

图 4-6　刃磨主后面

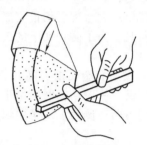

图 4-7　刃磨前面

切槽刀的卷屑槽不宜刃磨太深，一般为 0.75~1.5mm，如图 4-8 所示。卷屑槽太深（图 4-9），刀头强度低，易折断。

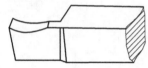

图 4-8　切槽刀的卷屑槽

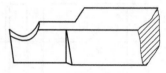

图 4-9　卷屑槽太深

（2）切槽刀的精磨　精磨切槽刀时，选用粒度号为 F80~F120、硬度为 H~K 的白色氧化铝砂轮。

1）修磨主后面，保证主切削刃平直。

2）修磨两侧副后面，保证两副后角和两副偏角对称，主切削刃宽度 $a = 3mm$（工件槽宽）。

3）修磨前面和卷屑槽，保持主切削刃平直、锋利。

4）修磨刀尖时可在两刀尖上各磨出一个小圆弧过渡刃。

**3. 切断刀、切槽刀刃磨时容易出现的问题**

刃磨切断刀、切槽刀时容易出现的问题及正确要求见表 4-1。

表 4-1　刃磨切断刀、切槽刀时容易出现的问题及正确要求

| 名称 | 缺陷类型 | 后果 | 正确要求 |
|---|---|---|---|
| 前面 | 卷屑槽太深 | 刀头强度低，容易造成刀头折断 | 0.75~1.5<br>卷屑槽刃磨正确 |
| | 前面被磨低 | 切削不顺畅，排屑困难，切削负荷大，刀头易折断 | |

（续）

| 名称 | 缺陷类型 | 后果 | 正确要求 |
|---|---|---|---|
| 副后角 | 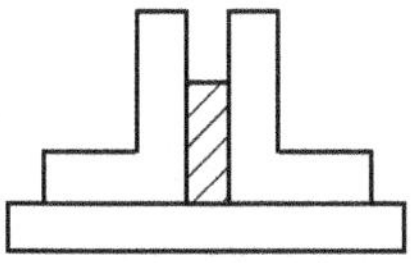 副后角为负值 | 会与工件侧面发生摩擦,切削负荷大 | 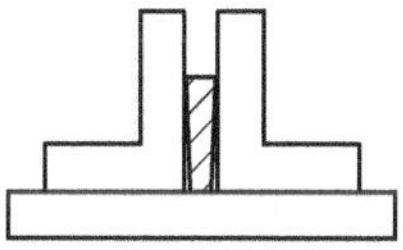 副后角的检查<br>以车刀底面为基准,用钢直尺或直角尺检查切槽刀的副后角 |
| | 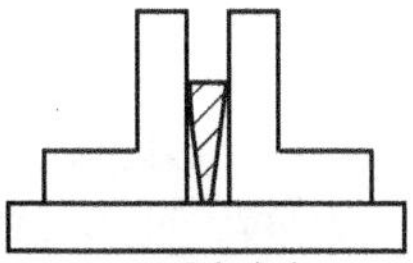 副后角太大 | 刀头强度差,车削时刀头易折断 | |
| 副偏角 |  副偏角太大 | 刀头强度大,容易折断 | 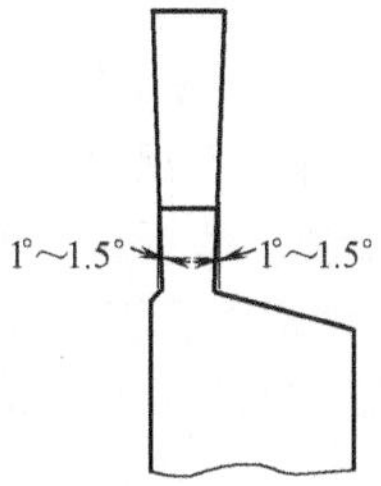 副偏角刃磨正确<br>1°~1.5°  1°~1.5° |
| | 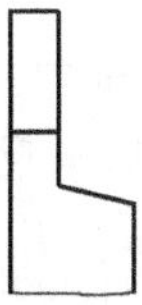 副偏角为负值 | 能用直进法进行车削,切削负荷大 | |
| | 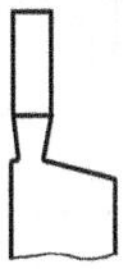 副切削刃不平直 | | |
| | 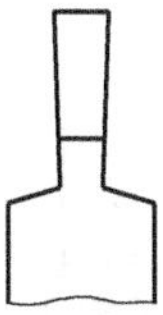 左侧刃磨太多 | 不能车削有高台阶的工件 | |

## 三、切断方法

### 1. 直进法

沿垂直于工件轴线的方向进行切断的方法称为直进法。切断效率高，但对车床的安装以及切断刀的刃磨和安装都有较高的要求，否则就容易造成刀头折断。

### 2. 左右借刀法

左右借刀法是指切断刀在轴线方向反复地往返移动，随之两侧径向进给，直到工件切断。在刀具、工件和车床刚性不足的情况下，可采用左右借刀法进行切断，如图 4-10 所示。

### 3. 反切法

反切法是指工件反转、车刀反向安装，宜用于较大工件的切断，如图 4-11 所示。

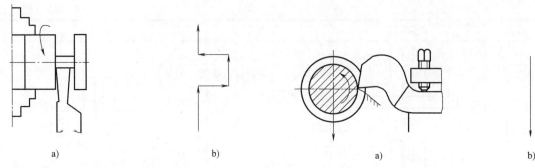

图 4-10　左右借刀法及进刀路线　　　　　图 4-11　反切法及进刀路线
a）左右借刀法　b）进刀路线　　　　　　a）反切法　b）进刀路线

### 1. 准备工作

1）正确穿戴劳动保护用品。穿戴工服、工鞋、工帽并检查合格。

2）图样准备：加工图样，如图 4-1 所示，1 份。

3）材料准备：45 钢，$\phi$22×165mm，1 节。

4）设备准备：卧式车床 CA6140，1 台。

5）刀具、量具、工具、用具准备：90°外圆车刀（YT）、45°弯头刀（YT）各 2 把，切槽刀宽 4mm、2mm 各 1 把，中心钻 A2，外径千分尺（0～25mm）、游标卡尺（0～150mm）、百分表各 1 套，前、后顶尖各 1 套，自定心卡盘，刀架扳手 18mm×18mm、卡盘扳手 14mm×14mm×150mm，刀垫、磨石、机油等若干。

6）车床调整，刀具安装，量具、工具摆放，图样识读和工件装夹。

7）工艺准备（表 4-2）。

表 4-2　车削简单浅槽轴的工艺准备

| 工序号 | 工序名称 | 工序内容 | 工艺装备 |
|---|---|---|---|
| 1 | 车 | 夹工件一端（找正夹紧），车端面 | 自定心卡盘 |
| 2 | 车 | 粗车大外圆至 $\phi$21mm，长度大于 42mm；钻 A2 中心孔 | 自定心卡盘 |
| 3 | 车 | 调头找正，车端面，保证总长 77mm；钻 A2 中心孔 | 自定心卡盘 |
| 4 | 车 | 粗车台阶外圆至 $\phi$17mm，长 34mm | 自定心卡盘 |
| 5 | 车 | 两顶尖装夹，精车台阶外圆 $\phi16_{-0.011}^{0}$ mm 至图样要求，长 35mm；切槽 4mm×1mm；倒角 C1 | 自定心卡盘、顶尖 |
| 6 | 车 | 调头，两顶尖装夹，精车台阶外圆 $\phi20_{-0.013}^{0}$ mm 至图样要求；切中间槽至图样要求；切槽 2mm×1mm；倒角 C1 | 自定心卡盘、顶尖 |
| 7 | 检 | 检查 | |

8）切削用量的确定。

①粗车：背吃刀量视加工要求确定，进给量为 0.2～0.3mm/r，转速为 350～500r/min。

②精车：背吃刀量为 0.2～0.3mm，进给量为 0.1～0.15mm/r，转速为 750～800r/min。

③切槽：背吃刀量为 2mm、4mm，手动进给量，转速为 350r/min。

### 2. 操作程序

1）夹工件一端，伸出长度 45mm，找正夹紧，车端面（车平即可）。

2）粗车大外圆至 $\phi21$mm，长至卡爪（即长度大于 42mm）。

3）用中心钻钻 A2 中心孔。

4）重新装夹，伸出长度 85mm，保证长度 78mm 切断。

5）工件调头夹 $\phi21$mm 外圆，找正夹紧，车端面，控制总长 77mm。

6）用中心钻钻 A2 中心孔。

7）粗车台阶外圆至 $\phi17$mm，长 34mm。

8）两顶尖装夹，精车台阶外圆至 $\phi16_{-0.011}^{0}$mm，长 35mm。

9）切槽 4mm×1mm 至图样要求。

10）倒角 $C1$。

11）调头，两顶尖装夹，精车台阶外圆 $\phi20_{-0.013}^{0}$mm 至图样要求。

12）切出 4mm 宽中间槽，保证槽底尺寸 $\phi(16\pm0.1)$ mm；切头部 2mm×1mm 槽。

13）倒角 $C1$。

14）检查卸车。

15）打扫整理工作场地，将工件摆放整齐。

**3. 注意事项或安全风险提示**

1）钻中心孔时转速要高，手的进给量要合适。

2）安装切槽刀时必须对准工件中心。

3）调整小滑板间隙，切槽过程中转速要合适，进给要合理。

4）用高速钢刀切槽时应浇注切削液，这样可以延长切断刀的使用寿命；用硬质合金刀切槽时，中途不准停车否则切削刃易碎裂。

5）一夹一顶或两顶尖安装工件时不能把工件直接切断，以防切断时工件飞出伤人。

6）操作过程中注意安全生产操作规程。

**4. 操作要点**

1）切断刀刀头长度的选择，如图 4-12 所示。

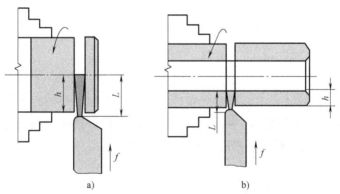

图 4-12　切断刀刀头长度的选择
a）切实心工件　b）切空心工件

2）工件因有同轴度要求，应先进行粗车，再采用两顶尖装夹进行精车。

3）检测轴类工件同轴度的方法

① 将准备好的刃口状 V 形块放置在平板上，并调整水平。

② 将被测工件基准轮廓要素的中截面（两端圆柱的中间位置）放置在两个等高的刃口状 V 形块上，基准轴线由 V 形块模拟，如图 4-13 所示。

③ 安装好百分表、表座、表架，调节百分表，使测头与工件被测外表面接触，并有 1~2

圈的压缩量。

④ 缓慢而均匀地转动工件一周，并观察百分表指针的波动，取最大读数与最小读数的差值之半，作为该截面的同轴度误差。

⑤ 转动被测工件，按上述方法测量几个不同截面，取各截面测得的最大读数与最小读数差值之半中的最大值（绝对值）作为该工件的同轴度误差。

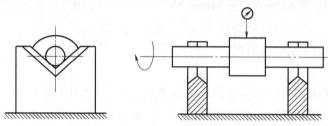

图 4-13　同轴度测量方法示意图

4）切槽时，进给要连续、均匀，以免由于车削过程中的停顿造成刀具与工件摩擦，使工件产生冷硬现象和加速刀具的磨损。若中途要停止切削，则应先退出车刀后再停车。另外，为保证切槽的顺利进行，切槽的位置与卡盘的距离应尽可能近一些。

# 任务二　车削直槽轴

## 学习目标

1）掌握不同类型槽的加工方法。

2）掌握沟槽的测量方法。

3）养成对工件去毛刺、倒角的习惯。

4）能正确执行安全技术操作规程。

5）能按企业有关安全生产的规定，做到工作场地整洁，工件、刀具、工具和量具摆放整齐。

## 工作任务

直槽轴零件图如图 4-14 所示。通过图样可以看出，该变速手柄为槽轴，且为多槽轴，轴上有 3 处 $\phi 30_{-0.1}^{0}$ mm×5mm 的直槽，3 处 $R2.5$mm 的圆弧槽，其次是倒角 $C1$ 和 $C1.5$。技术要求主要包括 7 处尺寸精度，轴上各表面粗糙度值均为 $6.3\mu$m。总长为（85±0.2）mm，最大直径为 $\phi 40_{-0.1}^{0}$ mm。

## 知识准备

### 一、车槽方法

1）车削精度不高和宽度较窄的矩形沟槽时，可以用刀宽等于槽宽的切槽刀，采用直进法一次进给车出。

2）车削精度要求较高的沟槽时，一般采用二次进给车削，即第一次进给车沟槽时，槽壁两侧留精车余量，第二次进给时用等宽刀修整。

3）车削较宽的沟槽时，可以采用多次直进法切削（图 4-15），并在槽壁两侧留一定的精

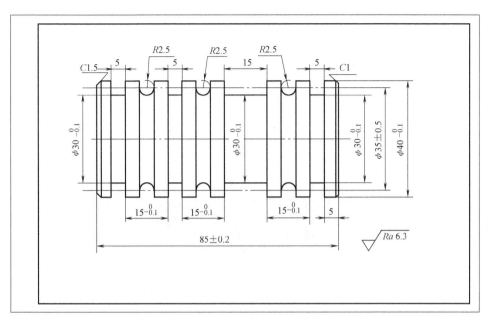

图 4-14　直槽轴零件图

车余量，然后根据槽深、槽宽精车至尺寸要求。

4）车削较小的圆弧形沟槽时，一般用成形刀车削；车削较大的圆弧形沟槽时，可用双手联动车削，用样板检查修整。

5）车削较小的梯形沟槽时，一般用成形刀一次车削完成；车削较大的梯形沟槽时，通常先车直槽，然后用梯形刀直进法或左右借刀法车削完成，如图 4-16 所示。

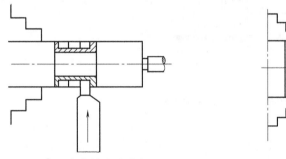

图 4-15　车宽外沟槽的方法

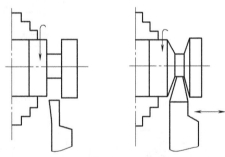

图 4-16　车较大梯形沟槽的方法

6）车 45°沟槽及其车刀，如图 4-17 所示。

## 二、沟槽的检测

1）精度要求低的沟槽，一般采用钢直尺和卡钳测量，如图 4-18 所示。

2）精度要求较高的沟槽，可用千分尺、样板和游标卡尺等检查测量，如图 4-19 所示。

🔧 操作训练

**1. 准备工作**

1）正确穿戴劳动保护用品。穿戴工服、工鞋、工帽并检查合格。

2）图样准备：加工图样，如图 4-14 所示，1 份。

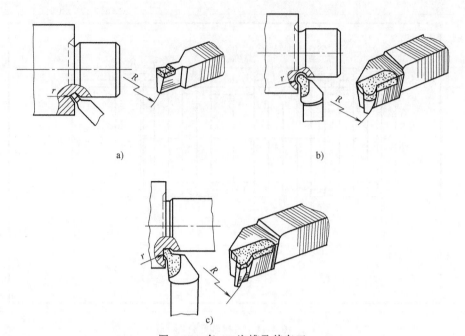

图 4-17　车 45°沟槽及其车刀

a）直沟槽及其车刀　　b）圆弧沟槽及其车刀　　c）端面沟槽及其车刀

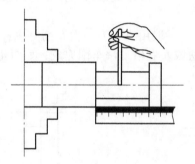

图 4-18　用钢直尺和卡钳测量沟槽

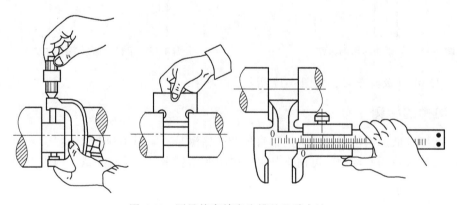

图 4-19　测量较高精度沟槽的几种方法

3）材料准备：45 钢，$\phi$42mm×90mm，1 节。

4）设备准备：卧式车床 CA6140，1 台。

5）刀具、量具、工具、用具准备：90°外圆车刀（YT）、45°弯头刀（YT）各2把，切槽刀宽3mm、圆弧槽刀R2.5mm各1把，游标卡尺（0～150mm）、百分表各1套，自定心卡盘，刀架扳手18mm×18mm、卡盘扳手14mm×14mm×150mm，刀垫、磨石、机油等若干。

6）车床调整，刀具安装，量具、工具摆放，图样识读和工件装夹。

7）工艺准备（表4-3）。

表4-3 车削直槽轴的工艺准备

| 工序号 | 工序名称 | 工 序 内 容 | 工艺装备 |
|---|---|---|---|
| 1 | 车 | 夹工件一端(找正夹紧)，车端面 | 自定心卡盘 |
| 2 | 车 | 粗、精车左端大外圆至图样要求;倒角C1.5 | 自定心卡盘 |
| 3 | 车 | 粗、精车方槽5mm、圆弧槽R2.5mm至图样要求 | 自定心卡盘 |
| 4 | 车 | 调头,垫铜皮保护,找正装夹,车端面,保证总长(85±0.2)mm | 自定心卡盘 |
| 5 | 车 | 粗、精车右端大外圆至图样要求;倒角C1 | 自定心卡盘 |
| 6 | 车 | 粗、精车方槽5mm、圆弧槽R2.5mm至图样要求 | 自定心卡盘 |
| 7 | 检 | 检验 | |

8）切削用量的确定。

① 粗车：背吃刀量视加工要求确定，进给量为0.2～0.3mm/r，转速为350～500r/min。

② 精车：背吃刀量为0.2～0.3mm，进给量为0.1～0.15mm/r，转速为750～800r/min。

③ 切槽：背吃刀量为2.5mm、3mm，手动进给量，转速为350r/min。

**2. 操作程序**

1）用自定心卡盘夹工件一端，伸出长度45mm，找正夹紧，粗、精车端面（车平即可）。

2）粗、精车左端大外圆至图样要求，长度40mm。

3）倒角C1.5。

4）在$\phi40_{-0.10}^{0}$mm外圆上涂色，划出左端各槽中心线痕，并控制槽距，然后用刀宽3mm的切槽刀先车出直槽，再精车槽至图样要求，用圆弧槽刀R2.5mm车圆弧槽至图样要求。

5）调头，用铜皮保护已加工表面，找正装夹，粗、精车端面，保证总长（85±0.2）mm。

6）粗、精车右端大外圆至图样要求，注意接刀不要在外圆$\phi40_{-0.10}^{0}$mm表面。

7）倒角C1。

8）在$\phi40_{-0.10}^{0}$mm外圆上涂色，划出右端各槽中心线痕，并控制槽距，然后用刀宽3mm的切槽刀先车出两个方槽，再精车槽至图样要求，用圆弧槽刀R2.5mm车圆弧槽至图样要求。

9）检查卸车。

10）打扫整理工作场地，将工件摆放整齐。

**3. 注意事项或安全风险提示**

1）若切槽刀的主切削刃和工件轴线不平行，则车出的沟槽槽底一侧直径大，另一侧直径小，形成竹节。

2）要防止槽底与槽壁相交处出现圆角和槽底中间尺寸小，靠近槽壁两侧直径大。

3）槽壁与轴线不垂直，出现内槽狭窄外口大的喇叭形，造成这种情况的主要原因是切削刃磨钝让刀、车刀刃磨角度不正和车刀装夹不垂直等。

4）槽壁与槽底产生小台阶，主要原因是接刀不当。

5）用左右借刀法车沟槽时，要注意各槽间的槽距。

**4. 操作要点**

切槽刀装夹得是否正确，对车槽的质量有直接影响。例如，矩形切槽刀的装夹应垂直于工件轴线，如图 4-20 所示，否则车出的槽壁不会平直。

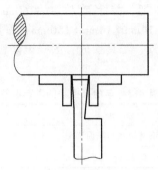

图 4-20 用直角尺检查切槽刀的副偏角

# 任务三 车削细长轴

## 学习目标

1）能按工件的技术要求，正确选择车削方法。

2）能选择和提出保证技术要求的一般夹具。

3）能按工件几何形状、材料，合理选择切削用量，并会刃磨刀具。

4）了解上、下工序间的具体关系。

5）能正确执行安全技术操作规程。

6）能按企业有关安全生产的规定，做到工作场地整洁，工件、刀具、工具和量具摆放整齐。

## 工作任务

细长轴零件图如图 4-21 所示。通过图样可以看出，该零件为细长轴，轴上除了两端倒角 C1 外没有其他结构，由于该轴细长，所以有直线度要求。轴上各表面粗糙度值为 3.2μm。总

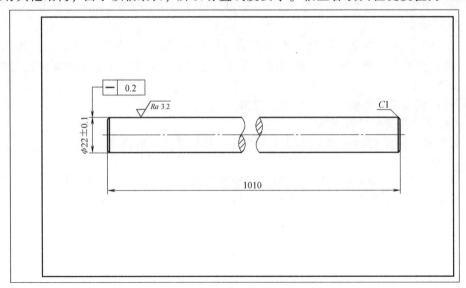

图 4-21 细长轴零件图

长为 1010mm，最大直径为 $\phi$（22±0.1）mm。

**知识准备**

## 一、细长轴的加工特点

1）工件的刚性差，装夹不当易产生弯曲变形，将达不到图样规定的加工精度和表面质量要求。

2）工件会产生相当大的线膨胀系数。长轴通常采用两顶尖装夹车削，工件受挤压易产生弯曲。如果在高速下车削，由于离心力的存在将加剧轴的弯曲变形，使车削无法进行。

3）工件高速旋转时，在离心力的作用下，弯曲和振动均加剧。

## 二、车削细长轴的加工方法

车削细长轴的关键是合理使用中心架和跟刀架，解决工件的热变形伸长及合理选择车刀的几何形状。

### 1. 中心架的使用

（1）使用中心架前的准备　在工件装上中心架之前，必须在毛坯中部车出一段支承中心架支承爪的沟槽，其表面粗糙度值及圆柱误差值要小，其直径必须大于工件的成品直径，两端钻好中心孔，这种方法适用于允许调头接刀的车削；或者车制与工件匹配的过渡套筒，这个方法适用于毛坯件没有预制中心孔，或者工件在中心架上装夹的部位是已经精加工好的表面，不允许擦伤的情况下。

（2）中心架的装夹方法

1）中心架直接支承在工件中间，如图 4-22 所示。

① 将主轴顶尖、尾座顶尖用百分表找正安装。

② 将中心架安装在床身导轨上；打开中心架的三爪，使工件穿过中心架；将拨盘叉套在工件的一端，工件的另一端利用尾座顶尖顶紧，使工件利用两端中心孔固定在机床上。

③ 夹紧拨盘叉，并使中心架的三爪与工件轻轻接触，加注润滑油。

④ 调整中心架卡爪，在工件低速旋转状态下，先使下部两支承爪均匀触及工件支承面后锁紧，再紧扣上盖，调节

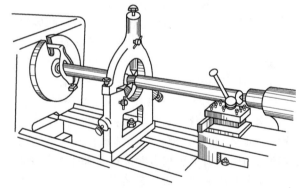

图 4-22　用中心架支承细长轴

上支承爪位置，合适后锁紧。支承爪应施力均匀，松紧适度，自然顺畅。

各支承爪应施力均衡，使支承面保持在原来的空间状态，即支承面与主轴回转中心同轴，以防止各支承爪压力不均而偏离中心，产生过定位的现象。过定位会使工件产生锥度，严重时，工件在旋转时产生频繁扭动，从而导致工件脱出而发生事故。

⑤ 在采用夹住一端用中心架支承另一端的装夹形式时，应采用对称十字中心线或检测上母线和侧母线的方法找正工件。因为中心架的三个支承爪本身就有定位作用，调节各爪即可决定支承面的空间位置，这时用划线盘或百分表测量，其摆动值永远是零。那么，这时工件的装夹位置是否正确呢？在这种状态下，用中心钻靠近工件端面，这时中心钻必然偏离工件回转中心，只有当中心钻对准工件回转中心时，才可做钻中心孔操作，即必须采用对称十字中心线或

检测工件的上母线和侧母线，使它们与车床导轨平行，从而找正工件，使工件轴线与主轴回转中心重合。

⑥ 在支承精度较高的工件表面时，为防止支承爪磨损工件表面，应在中心架各支承爪与支承面之间垫上一层纯铜片或细砂布，砂布背面应贴在工件表面上。当工件表面有键槽或缺口时，则可采用黄铜套环装在工件外表面上，做中心架的支承面。

⑦ 经常在支承爪处加注润滑油，以减轻支承爪的磨损。

⑧ 随时检查支承爪的磨损状况，支承松动时应及时调整。

2）用过渡套筒支承工件，如图 4-23 所示。

① 将工件装夹在卡盘和尾座顶尖之间，并找正夹固，然后退出尾座顶尖。

② 将过渡套筒固定在工件的适当位置上。

③ 用安装在小刀架上的百分表分别在水平方向和垂直方向校正过渡套筒与工件轴线的同轴度。

④ 架上中心架，过渡套筒如果夹固在已经精加工的表面上，则必须在夹固螺钉和工作表面之间垫上纯铜皮，以防止压伤工件。

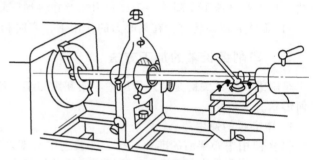

图 4-23　用过渡套筒支承细长轴

⑤ 过渡套筒的两端各装有四个螺钉，用这些螺钉夹住毛坯。

**2. 跟刀架的使用**

（1）使用跟刀架前的准备　工件使用跟刀架时，需先在工件右端车削一段外圆。

（2）跟刀架的装夹方法

1）将跟刀架固定在床鞍上，与车刀一起做纵向运动。

2）调节支承爪，一定要注意支承爪对工件的支承要松紧适当。若太松，则起不到提高刚性的作用；若太紧，则影响工件的形状精度，车出的工件呈"竹节形"。

3）车床车削过程中，要经常检查支承爪的松紧程度，进行必要的调整。

**3. 用创新尾座拉力卡头拉着加工细长轴**（图 4-24）

在床头单动卡盘的卡爪与细长轴左端之间垫上一个直径为 5mm 的开口钢丝圈，其装夹长度约为 20mm，这样就使卡爪与细长轴外圆表面为线接触，从而避免了因过定位而使细长轴产生倾斜。当用创新尾座拉力卡头拉着加工细长轴时，以创新尾座拉力卡头的自定心卡盘按照单动卡盘装夹方法在细长轴的右端夹牢，并将尾座套筒向后移动便可拉紧细长轴，再将其紧固，即可开动车床车削加工细长轴。如果走刀方向是从尾座向床头方向进行，则只有拉紧力大于走刀拉力 $F_x$ 时，细长轴上受的才是拉力而不是压力。

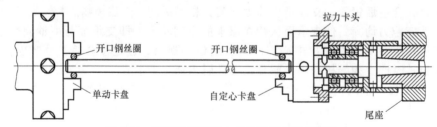

图 4-24　用创新尾座拉力卡头拉着加工细长轴

为了让细长轴始终受的是拉力而不是压力，应将走刀方向改为从床头向尾座方向进行，这

样进给力 $F_f$ 与拉紧力的方向相同，故细长轴受的拉力为拉紧力与走刀抗力 $F_f$ 之和。因此，细长轴在切削热的作用下热膨胀伸长时，才不会受到任何阻碍而自由地进行伸展，故采用创新尾座拉力卡头拉着加工细长轴便不易产生自激振动和弯曲变形。特别要强调的是，长径比较大的细长轴在拉力作用下转速虽然较高也不会被离心力甩弯；而细长轴在压力作用下，细长轴的转速稍高一点就会被离心力甩弯。

### 三、装夹细长轴工件的方法

#### 1. 两顶尖装夹

该装夹定位准确，容易保证工件的同轴度要求，但车削刚度差。要求顶紧力适当，否则弯曲变形大，而且极易产生振动。只适宜于长径比不很大，加工余量小，需要多次以两端顶尖孔定位来保证同轴度要求的工件加工。

#### 2. 一端夹紧，另一端用顶尖顶紧

一端夹紧，另一端用顶尖顶紧，并在夹紧面上垫一开口钢丝圈，以减少卡爪与工件的轴向接触长度，使细长轴工件在自由状态下定位夹紧，定心精度较高。另外，后顶尖采用弹性回转顶尖，以减少弯曲变形。这种方法可用于反向进给车削长径比较大的细长轴。

#### 3. 一夹一拉装夹

采用这种装夹方法，其车削过程中工件始终受到轴向拉力，切削过程中因切削热而产生的轴向伸长量，可用后尾座手轮进行调整。这是加工细长轴较理想的装夹方法之一。

### 四、车削细长轴刀具的选择与安装

车削长轴时，由于工件刚性差，车刀的几何形状对减少作用在工件上的切削力，减少工件弯曲变形和振动，减少切削热的产生等均有明显的影响。车削细长轴用车刀如图 4-25 所示。选择时主要考虑以下几点：

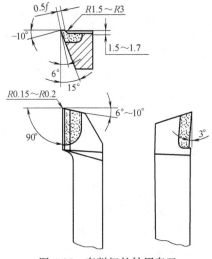

1）车刀的主偏角是影响径向切削力的主要因素，在不影响刀具强度的情况下，应尽量增大车刀主偏角，一般车削细长轴用车刀的主偏角选 $\kappa_r = 80° \sim 90°$。

2）为了减少切削力和切削热，应选择较大的前角，一般取 $\gamma_o = 15° \sim 30°$。

3）前面应磨有 $R1.5 \sim R3mm$ 的圆弧形断屑槽。

4）选择正值刃倾角，通常取 $\lambda_s = +3° \sim +10°$，以使切屑流向待加工表面。此外，车刀也容易切入工件，并可减小切削力。

5）为了减少径向切削力，刀尖圆弧半径应磨得小些（$r_e < 0.3mm$），倒棱的宽度应选小些，以减少切削时的振动。

图 4-25　车削细长轴用车刀

此外，选用热硬性和耐磨性好的刀片材料（如 YT15、YT30、YW1 等），并提高刀尖的刃磨质量，也是一些行之有效的措施。

### 操作训练

#### 1. 准备工作

1）正确穿戴劳动保护用品。穿戴工服、工鞋、工帽并检查合格。

2）图样准备：加工图样，如图 4-21 所示，1 份。

3）材料准备：45 钢，$\phi$28mm×1020mm，1 节。

4）设备准备：卧式车床 CA6140，1 台。

5）刀具、量具、工具、用具准备：90°外圆车刀（YT）1 把，宽刃精车刀和弹簧刀杆各 1 把，45°弯头刀（YT）、中心钻 B3 各 1 把，外径千分尺（0～25mm）、游标卡尺（0～150mm）和钢卷尺各 1 套，固定顶尖、弹性回转顶尖、刀架扳手 18mm×18mm、卡盘扳手 14mm×14mm×150mm、钻夹头各 1 把，刀垫、磨石等若干。

6）车床调整，刀具安装，量具、工具摆放，图样识读和工件装夹。

7）工艺准备（表 4-4）。

表 4-4　车削细长轴的工艺准备

| 工序号 | 工序名称 | 工序内容 | 工艺装备 |
|---|---|---|---|
| 1 | 校直 | 毛坯校直 | 校直机 |
| 2 | 车 | 车端面、钻中心孔 B3 | 自定心卡盘 |
| 3 | 车 | 一夹一顶与跟刀架（或中心架）组合装夹工件,粗、精车外圆至图样要求;倒角 C1 | 自定心卡盘、顶尖、跟刀架（或中心架） |
| 4 | 检 | 检验 | 自定心卡盘 |

8）切削用量的确定。

① 粗车：背吃刀量视加工要求确定，进给量为 0.2～0.3mm/r，转速为 350～500r/min。

② 精车：背吃刀量为 0.2～0.3mm，进给量为 0.1～0.15mm/r，转速为 750～800r/min。

**2. 操作程序**

1）毛坯的要求与校直（包括加工前、加工中和成品三种情况的校直）

① 对工件坯料的要求。细长轴坯料的加工余量应比一般工件的加工余量大，如长径比为 30 的细长轴，其加工余量通常为 4mm 左右；长径比为 50 的细长轴，其加工余量通常为 5～6mm。据此，本例中工件毛坯选 $\phi$28mm、长 1020mm 的棒料。

② 弯曲坯料应校直。校直坯料不仅可以使车削余量均匀，避免或减小加工振动，而且可以减小切削后的表面残余应力，避免产生较大变形。校直后的毛坯，其直线度误差应小于1mm，毛坯校直后，还要进行时效处理，以消除内应力。

加工前，若棒料不直，不能通过切削消除弯曲，则应用热校直法校直，不宜用冷校直法校直，切忌锤击；在加工中，常用拉钩校直法进行校直，如图 4-26 所示。

2）调整车床。调整内容包括：主轴中心与尾座中心连线应与导轨全长平行；主轴中心和尾座顶尖中心应同轴；床鞍、中滑板、小滑板间隙应合适，防止过松或过紧，因为过松会扎刀，过紧将导致进给不均匀。

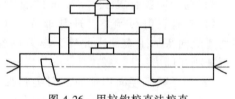

图 4-26　用拉钩校直法校直

3）车刀的装夹。采用 90°细长轴车刀粗车，装夹车刀时刀尖应略高于工件轴线，使车刀后面与工件直径有轻微接触，以增强切削的平稳性。由于 90°偏刀在纵向进给量过大时易"扎刀"，可将刀尖向右移 2°左右，以克服"扎刀"现象。

4）跟刀架的修磨。跟刀架的支承爪与支柱应配合紧密，不得松动，支承爪材料为普通铸铁或尼龙。支承爪与工件表面接触应良好，加工过程中工件直径变化或更换不同工件时，支承爪应加以修磨。以两支柱呈 90°能做相对垂直移动的跟刀架为例，其修磨方法如下：

① 使用跟刀架前，在近卡盘或近顶尖处将工件表面粗车一段（长 45～60mm），不能车削

得太光。

② 让工件以 400r/min 左右的转速转动，将支承爪与工件已加工表面研磨，其顺序是先外侧爪，后上侧爪，不加切削液，使支承爪与工件已加工表面这一段反复进行研磨，直至弧面全面接触为止，然后再用切削液冲掉研磨下来的粉末，再研磨 2～3min 即可使用。

5）车端面、钻中心孔。将毛坯轴穿入车床主轴孔中，右端外伸约 100mm，用自定心卡盘夹紧，为防止车削时毛坯轴左端在主轴孔中摆动而引起弯曲，可用木楔或棉纱等物（批量大可特制一个套）将其固定。然后，车端面、钻中心孔，同时粗车一段 $\phi24mm\times30mm$ 的外圆，以便于卡盘夹紧时有定位基准。用同样的方法，调头车端面，保证总长 1010mm，并钻中心孔。

若工件很长，则应利用中心架和过渡套筒，采取一端夹持，一端托中心架的方式来车端面、钻中心孔。

6）车跟刀架支承基准　在 $\phi24mm\times30mm$ 的外圆柱面上套入 45mm 钢丝圈，并用自定心卡盘夹紧，右端用弹性回转顶尖支承。在靠近卡盘一端的毛坯外圆上车削跟刀架支承基准，其宽度比支承爪宽度大 15～20mm，并在其右边车一圆锥角约为 40° 的圆锥面，以使接刀车削时切削力逐渐增加，不会因切削力突然变化而造成让刀和工件变形，如图 4-27 所示。

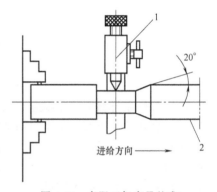

图 4-27　车跟刀架支承基准
1—跟刀架　2—工件

7）安装跟刀架，以已车削的支承基准面为基准研磨支承基准面，并研磨跟刀架支承爪工作表面。研磨时选车床主轴转速 $n = 300～600r/min$，床鞍做纵向往复运动，同时逐步调整支承爪，待其圆弧基本成形时，再注入机油精研。研磨好支承基准面后，还要调整支承爪，使之与支承基准面轻轻接触。

8）采用反向进给方法接刀车全长，外圆跟刀架支承爪应在刀尖后面 1～3mm 处，同时浇注充分的切削液，以防止支承爪磨损。

上述 6）～8）步骤需要重复多次，直至一夹一顶接刀精车外圆达到尺寸要求为止。半精车、精车 $\phi24mm\times30mm$ 段至尺寸要求，此时可采取一端夹紧，另一端用中心架支承，车右端头的方法。

精车时，为减小表面粗糙度值，并消除振动，可选用宽刃精车刀（图 4-28）和弹簧刀杆，在低速下车削可获得满意结果。

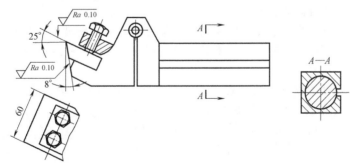

图 4-28　宽刃精车刀

9）检查卸车。

10）打扫整理工作场地，将工件摆放整齐。

**3. 注意事项或安全风险提示**

1）车削前，为了防止车细长轴产生锥度，必须调整尾座中心，使之与车床主轴中心同轴。

2）车削过程中应始终充分浇注切削液。

3）使用顶尖时，顶紧力量要适当。车削时，应随时注意顶尖的松紧程度。

4）粗车时应选择好第一次的背吃刀量，将工件毛坯一次进刀车圆，否则会影响跟刀架的正常工作。

5）车削过程中，应随时注意支承爪与工件表面的接触状态和支承爪的磨损情况，并视具体情况随时做出相应的调整。

6）车削过程中，应随时注意工件已加工表面的变化情况，当发现开始有竹节形、腰鼓形等缺陷时，要及时分析原因，采取应对措施。若发现缺陷越来越明显时，应立即停车。

7）尾座套筒伸出部分应尽可能短些，以便减少振动。

8）应保证工件两端中心孔的质量，对加工精度要求高的轴类工件，要通过研磨来提高中心孔的精度。

9）跟刀架和中心架的支承爪的圆弧面，与工件外圆应当吻合。在必要时，应对支承爪圆弧面进行修整和研磨。

10）使用时，跟刀架和中心架的支承爪的调整要适当，应与工件轻触顶实。

11）精车长轴或细长轴时，应消除工件材料的内应力。

12）如果原材料弯曲，则应当预先校直。

13）合理选择车刀的角度和切削用量。

14）粗车时，跟刀架装在车刀的后面；精车时，跟刀架装在车刀的前面，车刀与跟刀架的距离为 20～30mm。

15）如果工件一端用卡盘装夹，另一端用中心架，在安装时，最好先用顶尖把工件顶住，并在工件的两端用百分表测量，然后再调整中心架的支承爪，防止中心架架偏，造成加工误差。

16）加工中采用中心架时，工件表面接触中心架的那一段外圆是中心架支承基准，必须先精车一刀，表面粗糙度值可以大一点，但外圆不能有形状偏差。

17）车削时，卡爪与工件接触处应经常加润滑油。

18）在确定中心架位置时，要考虑到工件加工时要有足够的刚度。如果用后顶尖支顶，最好选取工件和中部作为中心架支承的位置。又如，加工端面或内孔时，则在接近工件端部作为中心架支承位置。中心架位置的确定，除考虑工件装夹应有足够的刚度以外，还应保证不会由于中心架的位置不合理而影响加工。

19）车削细长工件时，为保证安全应采用中心架或跟刀架，长出车床部分应有标志。

20）中心架的三个卡爪在长期使用磨损后，可用青铜、球墨铸铁或尼龙 1010 等材料更换。

**4. 操作要点**

（1）前后顶尖同轴度的调整方法　在采用两顶尖装夹车削工件时，在前、后顶尖间安装轴件时，前、后顶尖的连线应与车床主轴轴线同轴，如图 4-29 所示。如果前、后顶尖不同轴，就会产生如图 4-30 所示的车削缺陷（一端大，一端小）。因此，在车削时必须要保证前、后顶尖同轴。

1）利用尾座刻度调整。对于有刻度的尾座，看其"0"线是否对齐，如不对齐，可调整尾座上部的调整螺钉 1 与调整螺钉 2，如图 4-31 所示，使前、后顶尖或尾座

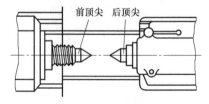

图 4-29　前顶尖与后顶尖对中

"0"线对齐。

2）利用百分表检测调整。把磁性百分表吸贴在车床主轴的拨盘上，使百分表测头抵住后顶尖，如图4-32所示。转动主轴，带动百分表转动，并观察表针是否稳定，若表针稳定，则说明前、后顶尖已对准，是同轴位置。

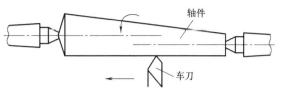

图4-30 前、后顶尖不同轴时的车削缺陷

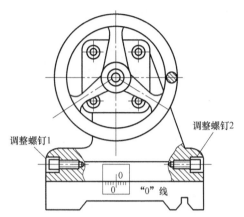

图4-31 对齐尾座"0"线调整同轴位置

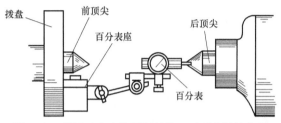

图4-32 利用百分表检测调整前、后顶尖同轴位置

3）利用试车测量调整。在两顶尖间装上工件，将工件试车一刀后再测量工件端直径，根据直径的差别来调整尾座横向位置。如工件左端直径大、右端小，则尾座朝操作者方向偏移；反之则相反。偏移时最好采用百分表来测量，如图4-33所示。

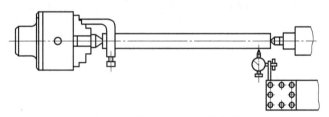

图4-33 用百分表调整偏移量

（2）防止中心孔磨损的方法

1）鸡心夹头要夹紧，防止车削时工件停止转动而磨损中心孔。

2）使用固定顶尖时，要加注润滑油。

3）主轴转速不宜过高。

（3）车削时顶尖的松紧程度检查方法 开动车床使工件旋转，用右手拇指和食指捏住弹性回转顶尖的转动部分，顶尖能停止转动，当松开手指后，顶尖能恢复转动，说明顶尖的松紧程度适当，如图4-34所示。

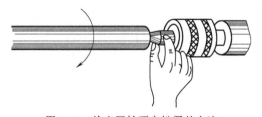

图4-34 检查回转顶尖松紧的方法

# 思 考 题

1. 常见的沟槽种类有哪些？切槽刀的种类有哪些？

2. 如何刃磨高速钢切槽刀？刃磨切槽刀容易出现的问题及正确要求有哪些？

3. 切断方法有哪些？如何进行切断？

4. 如何检测轴类工件的同轴度？

5. 车槽方法有哪些？如何进行车槽？如何正确装夹切槽（断）刀？测量沟槽有哪些方法？

6. 细长轴有什么加工特点？如何装夹、车削细长轴？

7. 车削细长轴时，刀具的选择与安装应考虑哪些？弯曲坯料如何校直？

8. 车削细长轴时，如何调整前后顶尖同轴度？

9. 车削细长轴时，如何防止中心孔磨损？如何检查顶尖的松紧程度？

10. 按图 4-35 所示加工零件，材料为 45 钢。

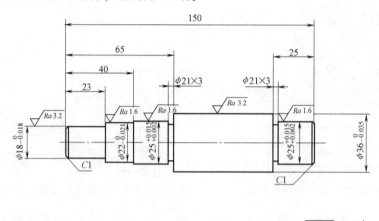

技术要求
1. 调质硬度为 220～250HBW。
2. 未注公差按 GB/T 1804 中 IT14 执行。
3. 尖角倒钝。

图 4-35　零件图

# 项目五

# 车削圆锥轴

圆锥轴是车削的典型工件之一，通过本项目中不同任务的完成，了解常用车削锥面的方法，掌握宽刃刀车削圆锥、转动小滑板车圆锥、偏移尾座车圆锥的方法并能对机床进行相应的调整，掌握圆锥轴的操作顺序，掌握锥度的检测方法，掌握锥度零件废品的产生原因和预防措施。

## 任务一　车削台阶锥轴

### 学习目标

1) 掌握车削圆锥的方法。

2) 掌握圆锥的检测方法。

3) 能正确执行安全技术操作规程。

4) 能按企业有关安全生产的规定，做到工作场地整洁，工件、刀具、工具和量具摆放整齐。

### 工作任务

台阶锥轴零件图如图 5-1 所示。通过图样可以看出，该零件为台阶锥轴，轴上结构主要是 $1:5$ 锥度的锥面以及台阶轴。技术要求主要包括 2 处尺寸精度，锥面、$\phi 42_{-0.035}^{0}$ mm 外圆面和 $\phi 38_{-0.035}^{0}$ mm 外圆面的表面粗糙度值为 $1.6\mu m$，其余为 $3.2\mu m$。总长为 78mm，最大直径为 $\phi 42_{-0.035}^{0}$ mm。

### 知识准备

常用车削锥面的方法有宽刀法、转动小滑板法、靠模法和尾座偏移法等几种。这里主要介绍宽刀法和转动小滑板法。

### 一、宽刃刀车削圆锥

车削较短的圆锥时，可以用宽刃刀直接车出。其工作原理实质上是属于成形法，所以要求切削刃必须平直，切削刃与主轴轴线的夹角应等于工件圆锥半角 $\alpha/2$，如图 5-2 所示。同时要求车床有较好的刚性，否则易引起振动。当工件的圆锥斜面长度大于切削刃长度时，可以用多次接刀方法加工，但接刀处必须平整。倒角车削属于此类。

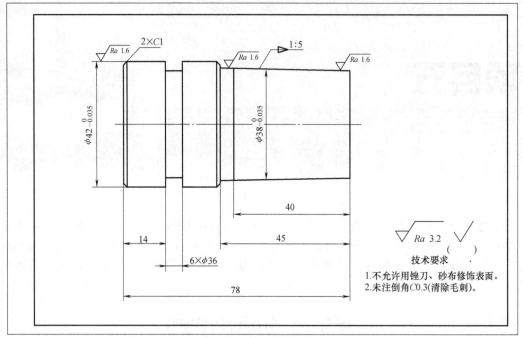

图 5-1　台阶锥轴零件图

## 二、转动小滑板车锥面

### 1. 转动小滑板车外圆锥的方法

车较短的圆锥时，可以用转动小滑板法。车削时只要把小滑板按工件的要求转动一定的角度，使车刀的运动轨迹与所要车削的圆锥素线平行即可。图 5-3 所示为转动小滑板车外圆锥的方法，这种方法操作简单，调速范围大，能保证一定的精度。

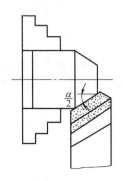

图 5-2　用宽刃刀车削圆锥

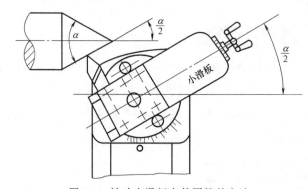

图 5-3　转动小滑板车外圆锥的方法

由于圆锥的角度标注方法不同，一般不能直接按图样上所标注的角度去转动小滑板，必须经过换算，换算原则是把图样上所标注的角度换算出圆锥素线与车床主轴轴线的夹角 $\alpha/2$，$\alpha/2$ 就是车床小滑板应该转过的角度。如果图样上没有注明圆锥半角 $\alpha/2$，则要计算出圆锥半角 $\alpha/2$。车削 60° 正锥体，小滑板应沿逆时针方向转过的角度为 30°；如图 5-4 所示，车削 100° 倒锥体，小滑板应沿顺时针方向转过的角度为 50°。

### 2. 转动小滑板车圆锥体的特点

1）能车圆锥角较大的工件。

2）能车出整锥体和圆锥孔，并且操作简便。

3）只能手动进给，若用此法成批生产，则劳动强度大，效率低，工件表面质量较难控制。

4）因受小滑板行程的限制，只能加工锥面不长的工件。

**3. 外圆锥体尺寸的控制**

当锥度已找正，而大端或小端尺寸还未达到要求时，须再车削，可用下面的方法来计算其背吃刀量，从而控制锥体尺寸。

1）计算法控制锥体尺寸。先用锥度套规测量出工件端面至套规过端界面的距离 $a$，如图5-5所示。用公式 $a_p = a\tan(\alpha/2)$ 计算出背吃刀量 $a_p$。

2）用卡钳和千分尺测量法控制锥体尺寸。测量时必须使卡钳脚（或千分尺测量杆）与工件的轴线垂直，测量位置必须在锥体的最大端或最小端直径处。

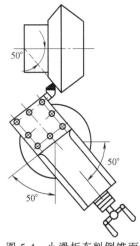

图 5-4　小滑板车削倒锥面

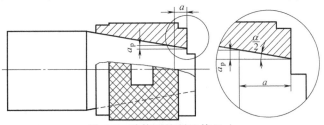

图 5-5　计算法控制锥体尺寸

## 三、锥度检测方法

### 1. 用游标万能角度尺测量

用游标万能角度尺测量工件的方法如图5-6所示。

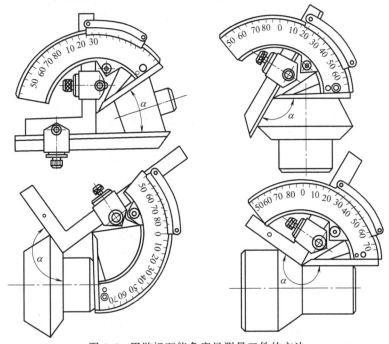

图 5-6　用游标万能角度尺测量工件的方法

### 2. 用角度样板测量

在成批和大量生产时，可用专用的角度样板来测量工件。用样板测量锥齿轮坯角度的方法如图 5-7 所示。

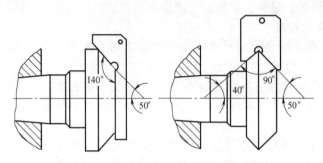

图 5-7　用样板测量锥齿轮坯角度的方法

### 3. 用圆锥量规检测

用圆锥量规检测锥度时，须配以涂色，通过观察擦痕来判断其角度大小。用涂色法检测工件的步骤如下：

（1）涂色　先在工件的圆周上顺着圆锥素线薄而均匀地涂上显示剂（印油、红丹粉和机械油等的调和物），共涂三条，如图 5-8a 所示。

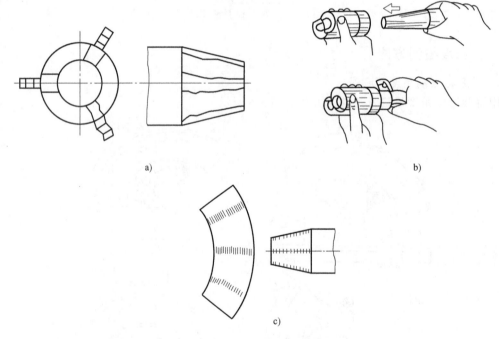

图 5-8　涂色法检测工件的方法
a）涂色　b）配合检测　c）判断

（2）配合检测　将圆锥套规轻轻套在工件上，稍加轴向推力，并将套规转动 1/3 圈，如图 5-8b 所示。

（3）判断　取下套规，观察工件表面显示剂被擦去的情况，如图 5-8c 所示。圆锥量规检验圆锥的判断见表 5-1。

表 5-1　圆锥量规检验圆锥的判断

| 检验方法 | 用圆锥套规检验外圆锥 | | 用圆锥塞规检验内圆锥 | |
|---|---|---|---|---|
| 显示剂的涂抹位置 | 外圆锥工件 | | 圆锥塞规 | |
| 显示剂擦去的情况 | 小端擦去,大端未擦去 | 大端擦去,小端未擦去 | 小端擦去,大端未擦去 | 大端擦去,小端未擦去 |
| 工件圆锥角 | 小 | 大 | 大 | 小 |
| 检测圆锥线性尺寸 | 外圆锥的最小圆锥直径 | | 内圆锥的最大圆锥直径 | |

## 操作训练

### 1. 准备工作

1）正确穿戴劳动保护用品。穿戴工服、工鞋、工帽并检查合格。

2）图样准备：加工图样，如图 5-1 所示，1 份。

3）材料准备：45 钢，$\phi45\text{mm} \times 80\text{mm}$，1 节。

4）设备准备：卧式车床 CA6140，1 台。

5）刀具、量具、工具、用具准备：90°外圆车刀（YT）、45°弯头刀（YT）、切槽刀宽 6mm 各 1 把，外径千分尺（0~25mm）、游标卡尺（0~150mm）、$\phi38_{-0.035}^{0}\text{mm}$ 环规（1∶5）和百分表各 1 套，刀架扳手 18mm×18mm、卡盘扳手 14mm×14mm×150mm 各 1 把，刀垫、磨石、机油等若干。

6）车床调整，刀具安装，量具、工具摆放，图样识读和工件装夹。

7）工艺准备（表 5-2）。

表 5-2　车削台阶锥轴工艺准备

| 工序号 | 工序名称 | 工序内容 | 工艺装备 |
|---|---|---|---|
| 1 | 车 | 夹一端,车端面 | 自定心卡盘 |
| 2 | 车 | 粗、精车外圆 $\phi42_{-0.035}^{0}\text{mm}$ 至图样要求,倒角 $C1$;切槽 6mm× $\phi36\text{mm}$ 至图样要求 | 自定心卡盘 |
| 3 | 车 | 调头,找正装夹工件,垫铜皮保护,车端面,保证总长 78mm | 自定心卡盘 |
| 4 | 车 | 粗、精车外圆 $\phi38_{-0.035}^{0}\text{mm}$ 和锥面 1∶5 至图样要求;倒角 $C1$ | 自定心卡盘 |
| 5 | 检 | 检验 | 自定心卡盘 |

8）切削用量的确定。

① 粗车：背吃刀量视加工要求确定，进给量为 0.2~0.3mm/r，转速为 350~500r/min。

② 精车：背吃刀量为 0.2~0.3mm，进给量为 0.1~0.15mm/r，转速为 750~800r/min。

③ 切槽：背吃刀量为 6mm，手动进给量，转速为 350r/min。

### 2. 操作程序

1）自定心卡盘夹一端，车端面。

2）粗车外圆 $\phi42_{-0.035}^{0}\text{mm}$，留 0.5mm 左右的精加工余量。

3）精车外圆 $\phi42_{-0.035}^{0}\text{mm}$ 至图样要求，保证长度 33mm。

4）倒角 $C1$。

5）切槽 6mm×$\phi36\text{mm}$ 至图样要求，保证长度 14mm。

6）调头，找正装夹工件，垫铜皮保护，车端面，保证总长 78mm。

7）粗车外圆 $\phi38_{-0.035}^{0}\text{mm}$，留 0.5mm 左右的精加工余量。

8）粗车锥面 1:5，均匀留 0.5mm 左右的精加工余量。

9）精车外圆 $\phi 38_{-0.035}^{0}$ mm、锥面 1:5 至图样要求（用 $\phi 38_{-0.035}^{0}$ mm 环规 1:5 检查）。

10）倒角 $C1$。

11）检查卸车。

12）打扫整理工作场地，将工件摆放整齐。

**3. 注意事项或安全风险提示**

1）车刀必须对准工件回转中心，避免产生双曲线（母线不直）误差。

2）车圆锥体前对圆柱直径的要求是，一般应按圆锥体大端直径放余量 1mm 左右。

3）切削刃要始终保持锋利，工件表面应一刀车出。

4）应两手握小滑板手柄，均匀移动小滑板。

5）粗车时，进给量不宜过大，应先车锥度，以防工件车小而报废。一般留精车余量 0.5mm。

6）用量角器检查锥度时，测量边应通过工件中心。用套规检查工件时，其表面粗糙度值要小，涂色要薄而均匀，转动量一般在半圈之内，转动量过大则易造成误判。

7）在转动小滑板时，应稍大于圆锥半角 $\alpha/2$，然后逐步找正。当小滑板角度调整到相差不多时，只需将紧固螺母稍松一些，用左手拇指紧贴在小滑板转盘与中滑板底盘上，用铜棒轻轻敲小滑板所需找正的方向，凭手指的感觉决定微调量，这样可较快地找正锥度。注意要消除中滑板间隙。

8）小滑板不宜过松，以防工件表面车削痕迹粗细不均匀。

9）当车刀在中途刃磨以后装夹时，必须重新调整，使刀尖严格对准工件中心。

10）防止扳手在扳动小滑板紧固螺母时打滑而撞伤手。

**4. 操作要点**

（1）车刀中途刃磨后再装刀的要求　车圆锥面时，当车刀在中途刃磨后再装刀时，必须重新调整垫片的厚度，使车刀刀尖严格对准工件中心，否则会产生双曲线误差。

（2）车刀的安装要求　车圆锥面时，一定要把车刀刀尖严格对准工件中心，否则会产生双曲线误差，如图 5-9 所示。

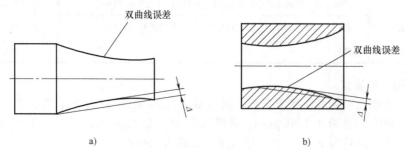

图 5-9　圆锥表面的双曲线误差

a）外圆锥　b）内圆锥

# 任务二　车削中间轴

**学习目标**

1）掌握偏移尾座车锥面的方法及偏移量的计算。

2）掌握避免产生锥度（角度）不正确、双曲线误差和表面粗糙度值偏大等废品的方法。

3）能正确执行安全技术操作规程。

4）能按企业有关安全生产的规定，做到工作场地整洁，工件、刀具、工具和量具摆放整齐。

**工作任务**

中间轴零件图如图5-10所示。通过图样可以看出，该零件为阶梯轴，右端为1∶10的锥度轴，在轴两端钻有两个中心孔，技术要求包括6处尺寸精度，锥面、$\phi 36_{-0.03}^{0}$mm外圆面、$\phi 42_{-0.03}^{0}$mm外圆面和$\phi 37_{-0.03}^{0}$mm外圆面有相对于两端中心孔中心线的同轴度要求，且表面粗糙度值为1.6μm，其余为3.2μm。总长为145mm，最大直径为$\phi 42_{-0.03}^{0}$mm。

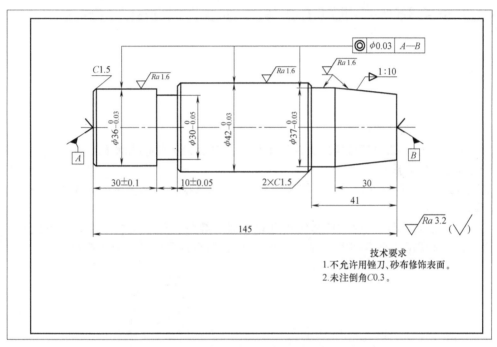

图5-10　中间轴零件图

**知识准备**

## 一、偏移尾座车锥面

### 1. 偏移尾座车外圆锥的方法

在两顶尖之间车削圆锥时，床鞍平行于主轴轴线移动，尾座横向偏移一段距离s，如图5-11所示，工件回转中心与纵向进给方向相交且成一个角度α/2，因此就将工件车成了圆锥。

用偏移尾座的方法车削圆锥时，必须注意尾座的偏移量不仅与圆锥长度L有关，而且与两顶尖之间的距离有关，这段距离一般可以近似看作工件全长$L_0$。

尾座偏移量可根据下列公式计算：

$$s \approx L_0 \tan \frac{\alpha}{2} = \frac{D-d}{2L} L_0 \text{ 或 } s = \frac{C}{2} L_0 \tag{5-1}$$

式中，s为尾座偏移量（mm）；D为大端直径（mm）；d为小端直径（mm）；L为圆锥长度

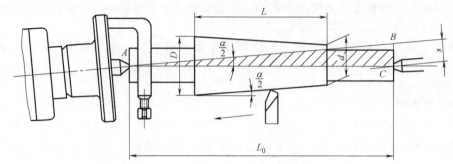

图 5-11　偏移尾座车外圆锥的方法

（mm）；$L_0$ 为工件全长（mm）；$C$ 为锥度。

偏移尾座法车圆锥可以利用车床机动进给，车出的工件表面粗糙度值较小，并且能车较长的圆锥。但是，由于尾座偏移量的限制，不能车锥度较大的工件。另外，由于中心孔接触不良，每批工件两中心孔之间的距离很难做得完全一致，这些因素都会影响加工质量。

**2. 偏移尾座车圆锥体的特点**

1）适宜于加工锥度较小、锥体较长的工件（尾座偏移量不能过大）。

2）可以用纵向机动进给车削，因此工件表面质量较好。

3）不能车圆锥孔及整锥体。

4）因顶尖在中心孔中是歪斜的，接触不良，所以顶尖和中心孔磨损不均匀。

**3. 偏移尾座的方法**

先把前后两顶尖对齐（尾座上下层零线对齐），然后根据偏移量 $s$ 的大小采用下面几种方法来偏移尾座。

（1）应用尾座下层的刻度　偏移时松开尾座紧固螺母，用六角扳手转动尾座上层两侧的螺钉，如图 5-12 所示。根据刻度值移动一个距离 $s$，然后拧紧尾座，紧固螺母。

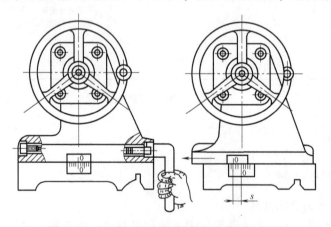

图 5-12　应用尾座下层的刻度偏移尾座的方法

（2）应用中滑板刻度　在刀架上夹持一根铜棒，摇动中滑板手柄使铜棒端面和尾座套筒接触，记下中滑板刻度对齐格数。这时根据偏移量 $s$ 计算出中滑板刻度应转过几格，接着按刻度格数使铜棒退出，然后偏移尾座的上层，直至套筒接触铜棒为止，如图 5-13 所示。

（3）应用百分表　将百分表固定在刀架上，使百分表的测头与尾座套筒接触，找正百分表零位，然后偏移尾座，当百分表指针转动读数至 $s$ 值时，将尾座固定即可，如图 5-14 所示。

（4）应用锥度量棒（或样件）　先把锥度量棒装夹在两顶尖上，在刀架上装一百分表，使

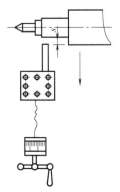

图 5-13　应用中滑板刻度偏移尾座的方法

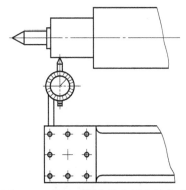

图 5-14　应用百分表偏移尾座的方法

测头与量棒母线接触，再偏移尾座，然后纵向移动床鞍，观察百分表在两端的读数是否一致。

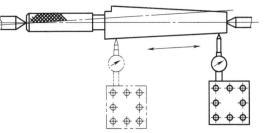

如读数不一致，再偏移尾座直至两端读数一致为止，如图 5-15 所示。

以上除第四种方法外，前三种方法均须经试切削后逐步找正。

图 5-15　应用锥度量棒偏移尾座的方法

**4．工件装夹**

1）把两顶尖的距离调整到工件总长 $L_0$，尾座套筒在尾座内伸出量一般小于套筒总长的 1/2。

2）两中心孔内必须加黄油。

3）工件在两顶尖间的松紧程度，以手不用力能拨动工件（只要没有轴向窜动）为宜。

## 二、车圆锥时的质量分析

车圆锥时，往往会产生锥度（角度）不正确、双曲线误差和表面粗糙度值偏大等废品。锥度工件废品的产生原因和预防措施见表 5-3。

表 5-3　锥度工件废品的产生原因和预防措施

| 废品种类 | 产生原因 | 预防措施 |
|---|---|---|
| 锥度（角度）不正确 | 1. 用转动小滑板法车削时<br>1）小滑板转动角度计算错<br>2）小滑板移动时松紧不匀 | 1）仔细计算小滑板应转的角度和方向，并反复试车找正<br>2）调整镶条使小滑板移动均匀 |
| | 2. 用偏移尾座法车削时<br>1）尾座偏移位置不正确<br>2）工件长度不一致 | 1）重新计算和调整尾座偏移量<br>2）如工件数量较多，各件的长度必须一致 |
| | 3. 用仿形法车削时<br>1）靠模角度调整不正确<br>2）滑块与靠板配合不良 | 1）重新调整靠板角度<br>2）调整滑块和靠板之间的间隙 |
| | 4. 用宽刀法车削时<br>1）装刀不正确<br>2）切削刃不直 | 1）调整切削刃的角度和对准中心<br>2）修磨切削刃的直线度 |
| | 5. 用铰刀铰内圆锥面时<br>1）铰刀锥度不正确<br>2）铰刀的轴线与工件旋转轴线不同轴 | 1）修磨铰刀<br>2）用百分表和试棒调整尾座套筒的轴线 |
| 双曲线误差 | 车刀刀尖没有对准工件轴线 | 车刀刀尖必须严格对准工件轴线 |

**操作训练**

**1. 准备工作**

1) 正确穿戴劳动保护用品。穿戴工服、工鞋、工帽并检查合格。

2) 图样准备：加工图样，如图 5-10 所示，1 份。

3) 材料准备：45 钢，$\phi45\text{mm}\times148\text{mm}$，1 节。

4) 设备准备：卧式车床 CA6140，1 台。

5) 刀具、量具、工具、用具准备：90°外圆车刀（YT）、45°弯头刀（YT）、切槽刀宽 8mm 各、中心钻 A3 各 1 把，外径千分尺（0~25mm）、游标卡尺（0~150mm）、$\phi37^{\,0}_{-0.03}$mm 环规（1:10）和百分表各 1 套，固定顶尖、弹性回转顶尖、刀架扳手 18mm×18mm、卡盘扳手 14mm×14mm×150mm 各 1 把，刀垫、磨石等若干。

6) 车床调整，刀具安装，量具、工具摆放，图样识读和工件装夹。

7) 工艺准备（表 5-4）。

表 5-4 车削中间轴的工艺准备

| 工序号 | 工序名称 | 工 序 内 容 | 工艺装备 |
|---|---|---|---|
| 1 | 车 | 夹一端，车端面，钻中心孔 A3 | 自定心卡盘 |
| 2 | 车 | 粗车外圆 $\phi42^{\,0}_{-0.03}$mm、$\phi36^{\,0}_{-0.03}$mm，留 0.5mm 精加工余量 | 自定心卡盘 |
| 3 | 车 | 调头装夹，车端面，保证总长 145mm，钻中心孔 A3 | 自定心卡盘 |
| 4 | 车 | 粗车外圆 $\phi37^{\,0}_{-0.03}$mm、1:10 锥面，均匀留 0.5mm 精加工余量 | 自定心卡盘 |
| 5 | 车 | 双顶尖装夹，精车外圆 $\phi42^{\,0}_{-0.03}$mm、$\phi36^{\,0}_{-0.03}$mm 至图样要求，车槽 10mm×$\phi30^{\,0}_{-0.05}$mm 至图样要求，倒角 C1.5、C0.3 | 自定心卡盘、顶尖 |
| 6 | 车 | 精车 $\phi37^{\,0}_{-0.03}$mm、1:10 锥面至图样要求；倒角 C0.3 | 自定心卡盘、顶尖 |
| 7 | 检 | 检验 | 自定心卡盘 |

8) 切削用量的确定。

① 粗车：背吃刀量视加工要求确定，进给量为 0.2~0.3mm/r，转速为 350~500r/min。

② 精车：背吃刀量为 0.2~0.3mm，进给量为 0.1~0.15mm/r，转速为 750~800r/min。

③ 切槽：背吃刀量为 8mm，手动进给量，转速为 350r/min。

**2. 操作程序**

1) 自定心卡盘夹一端，伸出 110mm，粗、精车端面，钻中心孔 A3。

2) 粗车外圆 $\phi42^{\,0}_{-0.03}$mm、$\phi36^{\,0}_{-0.03}$mm，留 0.5mm 精加工余量。

3) 调头装夹，伸出 45mm，粗、精车端面，保证总长 145mm，钻中心孔 A3。

4) 粗车外圆 $\phi37^{\,0}_{-0.03}$mm、1:10 锥面，均匀留 0.5mm 精加工余量。

5) 将鸡心夹头夹外圆 $\phi37^{\,0}_{-0.03}$mm 处，双顶尖装夹，精车外圆 $\phi42^{\,0}_{-0.03}$mm、$\phi36^{\,0}_{-0.03}$mm×（30±0.1）mm 至图样要求，车槽 $\phi30^{\,0}_{-0.05}$mm×（10±0.05）mm 至图样要求，倒角 C1.5、C0.3。

6) 将鸡心夹头夹外圆 $\phi36^{\,0}_{-0.03}$mm 处（垫铜皮），双顶尖装夹，精车外圆 $\phi37^{\,0}_{-0.03}$mm。

7) 精车 1:10 锥面，控制锥体长度 30mm 和 41mm（用涂色法检测，保证锥面接触面≥70%）。

8) 倒角 C0.3。

9) 检查卸车。

10）打扫整理工作场地，将工件摆放整齐。

### 3. 注意事项或安全风险提示

1）装夹工件要准确定位，夹持要牢固。

2）严格按本项目任务一中的安全步骤操作。

3）按要求加工各部位，由于工艺、方法、转速等都不同，提醒学生注意观察。

### 4. 操作要点

车削完外圆锥面后，从两顶尖上卸下工件，这时需要把尾座上部回到原来的零位。尾座回零法如图 5-16 所示。在自定心卡盘上固定一个杠杆百分表，使其测量杆测头抵住尾座套筒内圆锥面，然后转动自定心卡盘，当百分表指针稳定时，即尾座已对正零位。

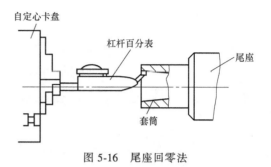

图 5-16　尾座回零法

# 思　考　题

1. 常用车削锥面的方法有哪些？它们各有什么特点？各是如何进行的？

2. 车削锥面时，对车刀的安装有哪些要求？如何预防锥面产生双曲线误差？

3. 如何检测锥度？

4. 在偏移尾座车外圆锥时如何进行工件装夹？

5. 锥度工件废品的产生原因和预防措施有哪些？

6. 尾座回零法是如何进行的？

7. 尾轴偏移量如何计算？

8. 按图 5-17 所示加工零件，材料为 45 钢。

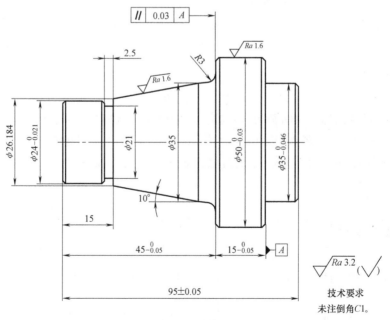

图 5-17　零件图

# 项目六

# 车削螺纹轴

螺纹轴是车削的典型工件之一，通过本项目中不同螺纹轴的学习，了解螺纹的基本概念，掌握螺纹的尺寸计算和公差计算方法，掌握螺纹车刀的几何角度、刃磨与装夹方法，掌握车床在加工螺纹时的调整方法，掌握螺纹的检测方法，掌握各种螺纹轴的操作顺序。

## 任务一　车削普通螺纹轴

### 学习目标

1）了解普通螺纹的加工过程及各要素名称。

2）掌握普通螺纹的尺寸计算和公差计算。

3）掌握螺纹车刀的几何角度及装夹方式。

4）能熟练选用车削普通外螺纹的方法；在加工螺纹前，能熟练对车床进行调整。

5）能熟练进行普通螺纹的检测。

6）能正确执行安全技术操作规程。

7）能按企业有关安全生产的规定，做到工作场地整洁，工件、刀具、工具和量具摆放整齐。

### 工作任务

螺纹轴零件图如图 6-1 所示。通过图样可以看出，该零件为螺纹轴，轴上两端分别为 M30×1.5 的普通螺纹结构，中间则为台阶轴，且轴两端有 A3/7.5 的中心孔。技术要求包括 8 处尺寸精度，$\phi 36_{-0.03}^{0}$ mm 外圆面和 $\phi 36_{0}^{+0.03}$ mm 外圆面的表面粗糙度值为 1.6μm，其余为 3.2μm。总长为（120±0.12）mm，最大直径为 φ（39±0.05）mm。

### 知识准备

#### 一、普通螺纹概述

**1. 螺旋线与螺纹**

（1）螺旋线　螺旋线是沿着圆柱或圆锥表面运动点的轨迹，该点的轴向位移与相应的角位移成正比。

（2）螺纹　在圆柱或圆锥表面上，具有相同牙型、沿螺旋线连续凸起的牙体称为螺纹。

**2. 普通螺纹要素及各部分名称**（图 6-2）

（1）牙型角（α）　在螺纹牙型上，两相邻牙侧间的夹角。

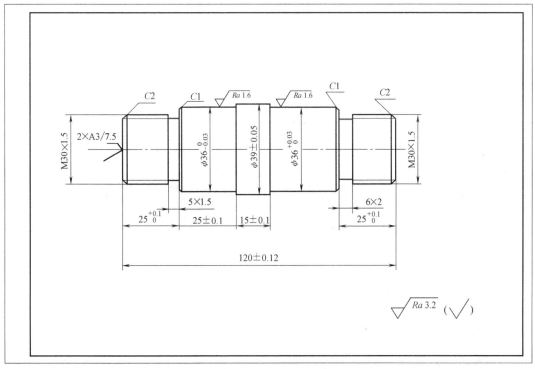

图 6-1  螺纹轴零件图

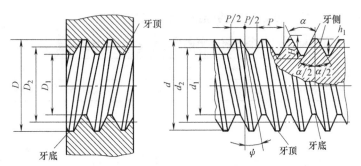

图 6-2  普通螺纹的要素名称

（2）螺距（$P$）　相邻两牙体上的对应牙侧与中径线相交两点间的轴向距离。

（3）导程（$P_h$）　最邻近的两同名牙侧与中径线相交两点间的轴向距离。

当螺纹为单线螺纹时，导程与螺距相等（$P_h = P$）；当螺纹为多线螺纹时，导程等于螺旋线数（$n$）与螺距（$P$）的乘积，即 $P_h = nP$。

（4）螺纹大径（$d$、$D$）　与外螺纹牙顶或内螺纹牙底相切的假想圆柱或圆锥的直径。外螺纹大径用 $d$ 表示，内螺纹大径用 $D$ 表示。

（5）中径（$d_2$、$D_2$）　一个假想圆柱或圆锥的直径，该圆柱或圆锥的母线通过圆柱或圆锥螺纹上牙厚与牙槽宽相等的地方，该假想圆柱或圆锥称为中径圆柱或中径圆锥。

（6）螺纹小径（$d_1$、$D_1$）　与外螺纹牙底或内螺纹牙顶相切的假想圆柱或圆锥的直径。

（7）顶径　与外螺纹或内螺纹牙顶相切的假想圆柱或圆锥的直径，即外螺纹的大径或内螺纹的小径。

（8）底径　与外螺纹或内螺纹牙底相切的假想圆柱或圆锥的直径，即外螺纹的小径或内螺纹的大径。

## 二、普通螺纹的尺寸计算和公差计算

### 1. 普通螺纹的尺寸计算

普通螺纹的尺寸计算见表 6-1。

表 6-1　普通螺纹的尺寸计算

| 基本参数 | 外螺纹 | 内螺纹 | 计算公式 |
|---|---|---|---|
| 牙型角 | $\alpha$ | | $\alpha = 60°$ |
| 螺纹大径（公称直径）/mm | $d$ | $D$ | $d = D$ |
| 螺纹中径/mm | $d_2$ | $D_2$ | $d_2 = D_2 = d - 0.6495P$ |
| 牙型高度/mm | $h_1$ | | $h_1 = 0.5413P$ |
| 螺纹小径/mm | $d_1$ | $D_1$ | $d_1 = D_1 = d - 1.0825P$ |

### 2. 普通螺纹的公差计算

对于外螺纹：上极限偏差 es＝基本偏差；下极限偏差 ei＝es－T

对于内螺纹：下极限偏差 EI＝基本偏差；上极限偏差 EI＝ES＋T

式中，$T$ 为螺纹公差。

## 三、螺纹车刀及其装夹

### 1. 普通螺纹车刀

普通螺纹车刀的刀尖角及可以车削的螺纹见表 6-2。

表 6-2　普通螺纹车刀的刀尖角及可以车削的螺纹

| 普通螺纹车刀的刀尖角 $\varepsilon_r$ | 60° | 55° |
|---|---|---|
| 可以车削的螺纹 | 普通螺纹、60°密封管螺纹和米制锥螺纹 | 寸制螺纹、55°非密封管螺纹和55°密封管螺纹 |

普通螺纹车刀如图 6-3 所示。

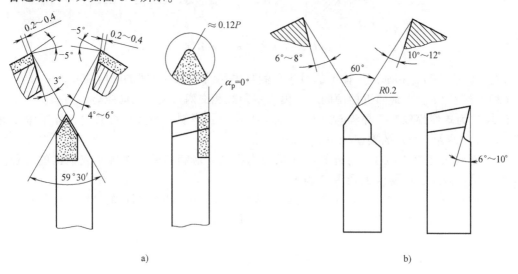

a)　　　　　　　　　　　　　　　　　　b)

图 6-3　普通螺纹车刀

a) 高速钢普通螺纹车刀　b) 硬质合金普通螺纹车刀

**2. 螺纹车刀的装夹**

1）装夹螺纹车刀时，刀尖位置一般应对准工件中心（可根据尾座顶尖高度检查）。

2）螺纹车刀刀尖角的对称中心线必须与工件轴线垂直，装刀时可用样板来对刀，如果把车刀装歪，就会产生牙型歪斜。普通螺纹车刀的正确安装如图6-4所示。

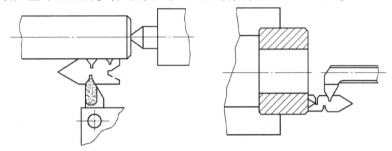

图6-4 普通螺纹车刀的正确安装

3）刀头伸出不要过长，一般为 20~25mm（约为刀杆厚度的 1.5 倍）。

## 四、车削普通外螺纹的方法

**1. 进刀方法**

（1）低速车削普通外螺纹 低速车削普通外螺纹时，为了保证螺纹车刀的锋利状态，车刀最好用高速钢制成，并且把车刀分成粗、精车刀。进刀方法有直进法、左右切削法和斜进法三种，如图6-5所示。

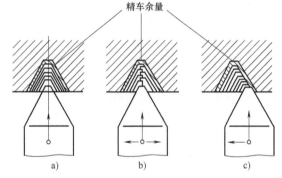

图6-5 低速车削普通外螺纹的进刀方法
a）直进法 b）左右切削法 c）斜进法

1）直进法：车削时只用中滑板横向进给，在几次行程中把螺纹车成形，如图6-5a所示。直进法车削螺纹容易保证牙型的正确性，但用这种方法车削时，车刀刀尖和两侧切削刃同时进行切削，切削力较大，容易产生扎刀现象，因此只适用于车削较小螺距的螺纹。

2）左右切削法：车削螺纹时，除直进外，同时用小滑板把车刀向左、右微量进给（俗称赶刀），几次行程后把螺纹车削成形，如图6-5b所示。采用左右切削法车削螺纹，车刀只有一个侧面进行切削，不仅排屑顺利，而且不易扎刀。但在精车时，车刀左右进给量一定要小，否则易造成牙底过宽或牙底不平。

3）斜进法：粗车时为操作方便，除直进外，小滑板只向一个方向做微量进给，几次行程后把螺纹车成形，如图6-5c所示。采用斜进法车削螺纹，操作方便，排屑顺利，不易扎刀，但只适用于粗车，精车时还必须用左右切削法来保证螺纹精度。

（2）高速车削普通外螺纹 高速车削普通外螺纹时，只能采用直进法，而不能采用左右切削法，否则会拉毛牙型侧面，影响螺纹精度。高速车削时，车刀两侧切削刃同时参加切削，切削力较大，为防止振动及扎刀现象，可使用弹性刀杆。高速车削普通外螺纹的进给次数可参阅表6-3提供的数据。

高速车削普通外螺纹时，由于车刀对工件的挤压力很大，容易使工件胀大，所以车削螺纹前工件的外径应比螺纹的大径尺寸小，当车削螺距为 1.5~3.5mm 的螺纹时，工件外径尺寸可车小 0.15~0.25mm。

表 6-3　高速车削普通外螺纹的进给次数

| 螺距 $P$/mm | | 1.5~2 | 3 | 4 | 5 | 6 |
|---|---|---|---|---|---|---|
| 进给次数 | 粗车 | 2~3 | 3~4 | 4~5 | 5~6 | 6~7 |
| | 精车 | 1 | 2 | 2 | 2 | 2 |

### 2. 车削方法

普通螺纹常采用开倒顺车或提开合螺母的操作方法进行车削。

（1）开倒顺车的操作方法

1）对刀：开车对刀，并将中滑板刻度调整至零位。先中滑板横向进给，然后再纵向退出车刀。

2）进刀试车：中滑板进刀 0.05mm 左右，合上开合螺母。在工件表面车出一条螺旋槽，然后横向退出车刀，停车。

3）检测螺距：开反车使车床反转，纵向退回车刀。停车后用钢直尺（螺纹规等）检测螺距是否正确。

4）车削：利用中滑板刻度盘调整背吃刀量，开始进行切削；车削至行程终了时，先停车，然后沿逆时针方向快速转回中滑板手柄，再停车。开反车退回车刀；再次调整背吃刀量，按图 6-6 所示刀具路线继续车削。

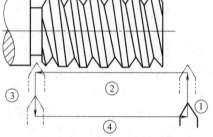

图 6-6　车削螺纹时的刀具路线

（2）提开合螺母的操作方法

1）对刀。

2）将中滑板刻度调整至零位。

3）中滑板进刀 0.05mm。

4）合上开合螺母。

5）提起操纵杆开车试切削。

6）车削至行程终了时，右手提起开合螺母，左手同时快速退出中滑板。

7）左手摇动床鞍退刀。

8）停车检查螺距。

9）合格后，调整背吃刀量，按一下开合螺母继续车削。

## 五、车床的调整

### 1. 中滑板的调整

（1）丝杠间隙的调整　CA6140 型卧式车床中滑板丝杠经过长时间使用后，由于磨损从而造成丝杠与螺母的间隙，使得手柄与刻度盘正、反转时空行程量加大，同时也会使得中滑板在螺纹车削时前后往复窜动，因而在螺纹车削前要进行适当的调整。

调整时，先松开前螺母上的内六角螺钉，然后一边正、反转摇动中滑板手柄，一边缓慢交替拧紧中间内六角螺钉和前螺母上的内六角螺钉，直到手柄正、反转空行程量约处于 20° 范围内时，将前后内六角螺钉拧紧，中间内六角螺钉手感拧紧即可。

（2）刻度盘松紧的调整　中滑板刻度盘松紧不适当时，刻度盘不能跟随圆盘一起同步转动，造成未进刀的假象，因而极易发生事故。

调整时，先将锁紧螺母和一调节螺母松开，抽出圆盘和圆盘中的弹簧片，如果刻度盘与圆盘连接太松，则应适当增加弹簧的弯曲程度；如果太紧，则应减小弯曲程度，使其弹力减小一些，然后再安装，并拧紧调节螺母，待刻度盘在圆盘上转动的松紧程度适宜时，再将锁紧螺母锁紧。

**2. 车床长丝杠轴向间隙的调整**

车床长丝杠轴向间隙是导致长丝杠轴向窜动的主要原因，如果不加以适当的调整，车螺纹时就会产生"窜刀""啃刀""扎刀"等不良现象，从而影响螺纹的加工精度。

调整时，可适当拧紧圆螺母，测量长丝杠轴向窜动值应在 0.01mm 范围内，然后再将两个圆螺母拧紧。

**3. 进给箱手柄与交换齿轮的调整**

进给箱手柄与交换齿轮的调整一般只要按车床进给箱铭牌上标注的数据变换箱外手柄的位置，并配合交换齿轮箱内的交换齿轮就可以得到所需要的螺距（或导程）。例如，要车削螺距 $P = 2$mm 的螺纹，其调整步骤如下：

1）在主轴箱外，将螺纹变换手柄放在"右旋螺纹"位置。

2）根据加工需要查找铭牌。螺纹车削加工时铭牌所查区域为最左边一栏。

3）根据铭牌指示调换交换齿轮。

4）查找螺距，找出手柄所需调整的位置。

5）根据位置将各手柄一一调整到位。

## 六、普通螺纹的检测方法

**1. 大径的测量**

螺纹大径的公差较大，一般可用游标卡尺或千分尺测量。

**2. 螺距的测量**（图6-7）

螺距一般可用钢直尺测量，因为普通螺纹的螺距一般较小，在测量时，最好量 10 个螺距的长度，然后把长度除以 10，就得出一个螺距的尺寸。如果螺距较大，那么可以量 2~4 个螺距的长度。细牙螺纹的螺距较小，用钢直尺测量比较困难，这时可用螺纹规来测量。测量时把钢片平行轴线方向嵌入牙形中，如果完全符合则说明被测的螺距是正确的。

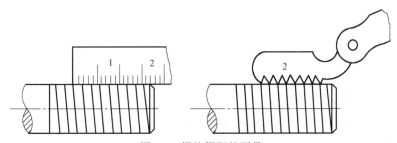

图6-7 螺纹螺距的测量

**3. 中径的测量**

精度较高的普通螺纹，可用螺纹千分尺测量，所测得的千分尺读数就是该螺纹的中径实际尺寸。

**4. 综合测量**（图6-8）

用螺纹环规综合检查普通外螺纹。首先应对螺纹的直径、螺距、牙型和表面粗糙度进行检查，然后再用螺纹环规测量外螺纹的尺寸精度。如果环规通端正好拧进去，而止端拧不进，则说明螺纹精度符合要求。对精度要求不高的螺纹也可用标准螺母检查（生产中常用），以拧上工件时是否顺利和松动的感觉来确定。检查有退刀槽的螺纹时，环规应通过退刀槽与台阶平面靠平。

用螺纹塞规可以对普通内螺纹进行综合测量。其使用方法和螺纹环规一样。

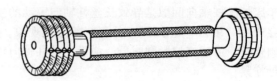

a)                                                    b)

图 6-8　综合测量的环规和塞规

a）螺纹环规　b）螺纹塞规

**操作训练**

### 1. 准备工作

1）正确穿戴劳动保护用品。穿戴工服、工鞋、工帽并检查合格。

2）图样准备：加工图样，如图 6-1 所示，1 份。

3）材料准备：45 钢，$\phi45mm \times 122mm$，1 节。

4）设备准备：卧式车床 CA6140，1 台。

5）刀具、量具、工具、用具准备：90°外圆车刀（YT）2 把，45°弯头刀（YT）、中心钻 A3、外螺纹车刀、外沟槽刀宽 6mm、外沟槽刀宽 5mm 各 1 把，外径千分尺（25~50mm）和 M30×1.5 螺纹环规各 1 套，游标卡尺（0~150mm）和钢直尺各 1 把，固定顶尖、回转顶尖（莫氏 5 号）、钻夹头、刀架扳手 18mm×18mm、卡盘扳手 14mm×14mm×150mm 各 1 把，刀垫、磨石等若干。

6）车床调整，刀具安装，量具、工具摆放，图样识读和工件装夹。

7）工艺准备（表 6-4）。

表 6-4　车削普通螺纹轴的工艺准备

| 工序号 | 工序名称 | 工序内容 | 工艺装备 |
|---|---|---|---|
| 1 | 车 | 夹一端，车端面，钻中心孔 A3/7.5 | 自定心卡盘 |
| 2 | 车 | 粗车外圆 $\phi(39\pm0.05)$mm、$\phi36_{-0.03}^{\ 0}$mm 和 M30×1.5 外径,均留 0.5mm 精加工余量 | 自定心卡盘 |
| 3 | 车 | 精车外圆 $\phi(39\pm0.05)$mm、$\phi36_{-0.03}^{\ 0}$mm 和 M30×1.5 外径,分别取长 $25_{0}^{+0.1}$、$(25\pm0.1)$mm;倒角 C2、C1;车槽 5mm×1.5mm、螺纹 M30×1.5 | 自定心卡盘 |
| 4 | 车 | 调头装夹 $\phi36_{-0.03}^{\ 0}$mm 外圆,车端面,保证总长 $(120\pm0.12)$mm,钻中心孔 A3/7.5 | 自定心卡盘 |
| 5 | 车 | 粗车外圆 $\phi36_{0}^{+0.03}$mm、M30×1.5 外径,均留 0.5mm 精加工余量 | 自定心卡盘、顶尖 |
| 6 | 车 | 精车外圆 $\phi36_{0}^{+0.03}$mm、M30×1.5 外径,保证尺寸 $(15\pm0.1)$mm、$25_{0}^{+0.1}$mm;车槽 6mm×2mm 至图样要求,倒角 C1、C2;车螺纹 M30×1.5 | 自定心卡盘、顶尖 |
| 7 | 检 | 检验 | 自定心卡盘 |

8）切削用量的确定。

① 粗车：背吃刀量视加工要求确定，进给量为 0.2~0.3mm/r，转速为 350~500r/min。

② 精车：背吃刀量为 0.2~0.3mm，进给量为 0.1~0.15mm/r，转速为 750~800r/min。

③ 切槽：背吃刀量为 5mm、6mm，手动进给量，转速为 350r/min。

④ 车螺纹：背吃刀量视加工要求确定，进给量为 1.5mm/r，转速为 600~800r/min（熟练人员使用）。

**2. 操作程序**

（1）车削螺纹时的动作练习

1）选择主轴转速为 200r/min 左右，开动车床，将主轴倒、顺转数次，然后合上开合螺母，检查丝杠与开合螺母的工作情况是否正常，若有跳动和自动抬闸现象，必须消除。

2）空刀练习车螺纹的动作，选螺距为 2mm，长度为 25mm，转速为 165~200r/min。开车练习开合螺母的分合动作，先退刀、后提开合螺母（间隔瞬时），动作要协调。

3）试切螺纹。在外圆上根据螺纹长度，用刀尖对准，开车并径向进给，使车刀与工件轻微接触，车出一条刻线作为螺纹终止退刀标记，如图 6-9 所示，并记住中滑板刻度盘读数，退刀。将床鞍摇至离工件端面 8~10 牙处，径向进给 0.05mm 左右，调整刻度盘零位（以便车削螺纹时掌握背吃刀量），合上开合螺母，在工件表面上车出一条有痕螺旋线，到螺纹终止线时迅速退刀，提起开合螺母（注意螺纹收尾在 2/3 圈之内），用钢直尺或螺纹规检查螺距，如图 6-7 所示。

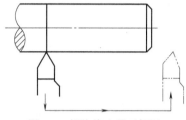

图 6-9　螺纹终止退刀标记

（2）螺纹轴的车削步骤

1）用自定心卡盘夹工件右侧，左侧伸出 75mm；车端面，钻中心孔 A3/7.5。

2）一夹一顶，粗车外圆 $\phi$39.5mm 至 70mm、$\phi$37mm 至 49mm、$\phi$31mm 至 24mm。

3）分别取长 $25_{-0.1}^{0}$mm、$(25\pm0.1)$mm；精车外圆 $\phi(39\pm0.05)$mm、$\phi36_{-0.03}^{0}$mm 和 M30×1.5 外径。

4）倒 $C1$、$C2$ 外角，车退刀槽 5mm×1.5mm，车普通外螺纹 M30×1.5。

5）调头装夹 $\phi36_{-0.03}^{0}$mm 外圆，垫铜皮保护，车端面，控制总长 $(120\pm0.12)$mm，钻中心孔 A3/7.5。

6）一夹一顶，粗车外圆 $\phi$36.5mm，长度至 55mm，控制长度 $(15\pm0.1)$mm。

7）精车外圆 $\phi36_{0}^{+0.03}$mm、M30×1.5 外径，控制尺寸 $25_{0}^{+0.10}$mm。

8）车退刀槽 6mm×2mm。

9）车普通外螺纹 M30×1.5。

10）检查卸车。

11）打扫整理工作场地，将工件摆放整齐。

**3. 注意事项或安全风险提示**

1）调整交换齿轮时，必须切断电源，停车后进行。交换齿轮装好后要装上防护罩。

2）车螺纹时，一般按螺距纵向进给，因此进给速度快。退刀和提起开合螺母（或倒车）必须及时、动作协调，否则会使车刀与工件台阶或卡盘撞击而发生事故。

3）倒顺车换向不能过快，否则车床将受到瞬时冲击，容易损坏机件。在卡盘与主轴连接处必须安装保险装置，以防因卡盘反转从主轴上脱落。

4）车螺纹进刀时，必须注意中滑板手柄不要多摇一圈，否则会造成刀尖崩刃或工件损坏。

5）开车时，不能用棉纱擦工件，否则会使棉纱卷入工件，伤害手指。

#### 4. 操作要点

1）车削螺纹前一定要按加工要求调整好交换齿轮的位置、进给箱各手柄的位置和滑板的间隙等。

2）调整车床交换齿轮时，一定要切断车床电源；交换齿轮相互啮合不能太紧也不能太松，并应在轴套之间加油润滑；要注意螺纹变换手柄的位置，切不可换错位置。

3）螺纹车至行程终了时，退刀、停车动作一定要迅速，否则会产生撞刀或超程车削。

4）车削螺纹必须在一定的进给次数内完成。低速车普通螺纹的进给次数见表6-5。

表6-5　低速车普通螺纹的进给次数

| 进给次数 | M24　P=3mm | | | M20　P=2.5mm | | | M16　P=2mm | | |
|---|---|---|---|---|---|---|---|---|---|
| | 中滑板进刀格数 | 小滑板赶刀（借刀）格数 | | 中滑板进刀格数 | 小滑板赶刀（借刀）格数 | | 中滑板进刀格数 | 小滑板赶刀（借刀）格数 | |
| | | 左 | 右 | | 左 | 右 | | 左 | 右 |
| 1 | 11 | 0 | | 10 | 0 | | 10 | 0 | |
| 2 | 7 | 3 | | 7 | 3 | | 6 | 3 | |
| 3 | 5 | 3 | | 5 | 3 | | 4 | 2 | |
| 4 | 4 | 2 | | 3 | 2 | | 2 | 2 | |
| 5 | 3 | 2 | | 2 | 1 | | 1 | 1/2 | |
| 6 | 3 | 1 | | 1 | 1 | | 1 | 1/2 | |
| 7 | 2 | 1 | | 1 | 0 | | 1/4 | 1/2 | |
| 8 | 1 | 1/2 | | 1/2 | 1/2 | | 1/4 | $2\frac{1}{2}$ | |
| 9 | 1/2 | 1 | | 1/4 | 1/2 | | 1/2 | 1/2 | |
| 10 | 1/2 | 0 | | 1/4 | | 3 | 1/2 | 1/2 | |
| 11 | 1/4 | 1/2 | | 1/2 | | 0 | 1/4 | 1/2 | |
| 12 | 1/4 | 1/2 | | 1/2 | | 1/2 | 1/4 | 0 | |
| 13 | 1/2 | | 3 | 1/4 | | 1/2 | 螺纹深度=1.3mm　n=26格 | | |
| 14 | 1/2 | | 0 | 1/4 | | 0 | | | |
| 15 | 1/4 | | 1/2 | 螺纹深度=1.625mm　$n=32\frac{1}{2}$格 | | | | | |
| 16 | 1/4 | | 0 | | | | | | |
| | 螺纹深度=1.95mm　n=39格 | | | | | | | | |

# 任务二　车削梯形螺纹轴

## 学习目标

1）掌握梯形螺纹车刀的刃磨与安装。

2）掌握车梯形螺纹的方法。

3）掌握梯形螺纹中径的检测方法。

4）能熟练车削梯形螺纹。

5）能正确执行安全技术操作规程。

6）能按企业有关安全生产的规定，做到工作场地整洁，工件、刀具、工具和量具摆放整齐。

**工作任务**

梯形螺纹轴零件图如图 6-10 所示。通过图样可以看出，该零件为螺纹轴，中间轴段上有 Tr36×6-8e 的梯形螺纹结构，梯形螺纹的齿顶圆为 $\phi36_{-0.375}^{0}$ mm，齿底圆为 $\phi29_{-0.6}^{0}$ mm，其余则为台阶轴。技术要求包括 8 处尺寸精度，各个轴段的外圆面相对于 $\phi24_{-0.027}^{0}$ mm 外圆轴线的同轴度要求，且各轴段外圆面的表面粗糙度值为 1.6μm，其余为 3.2μm。总长为 145mm，最大直径为 $\phi36_{-0.375}^{0}$ mm。

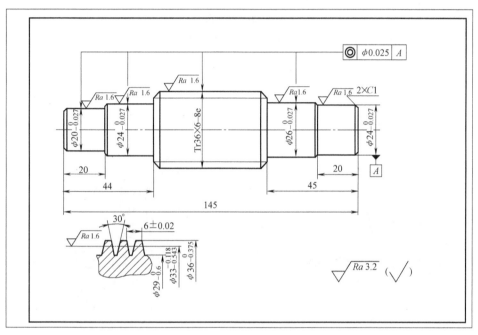

图 6-10　梯形螺纹轴零件图

**知识准备**

### 一、梯形螺纹车刀的刃磨与安装

**1. 砂轮的选用**

常用的砂轮有白色的氧化铝砂轮和灰绿色的碳化硅砂轮两种。

氧化铝砂轮：适于刃磨高速钢、碳素工具钢等刀具以及硬质合金车刀的刀杆部分。

碳化硅砂轮：适于刃磨硬质合金的刀片部分。

**2. 梯形螺纹车刀的刃磨步骤和方法**

（1）粗磨

1）粗磨主后面，同时磨出主偏角和后角，如图 6-11a 所示。

2）粗磨副后面，同时磨出副偏角和副后角，如图 6-11b 所示。

3）粗磨前面，同时磨出前角和刃倾角，如图 6-12 所示。

（2）精磨

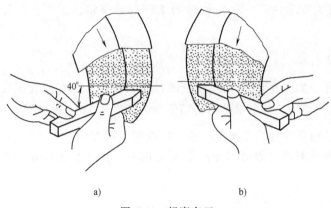

图 6-11　粗磨车刀

a）粗磨主后面　b）粗磨副后面

1）修磨前面。

2）修磨主后面和副后面。

3）修磨刀尖圆弧，如图 6-13 所示。

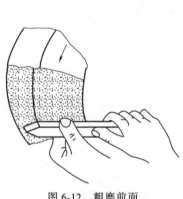

图 6-12　粗磨前面

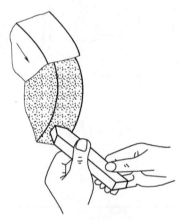

图 6-13　修磨刀尖圆弧

**3. 梯形螺纹车刀的安装**

1）螺纹车刀刀尖应与工件轴线等高。弹性螺纹车刀由于车削时受切削抗力的作用会被压低，所以应高于工件轴线 0.2~0.5mm。

2）为了保证梯形螺纹车刀两侧切削刃夹角中线垂直于工件轴线，当梯形螺纹车刀在基面内安装时，可以用螺纹样板来对刀。若以刀杆左侧面为定位基准，装刀时可以用百分表校正刀杆侧面位置以控制车刀在基面内的装刀偏差，如图 6-14 所示。

**二、车梯形螺纹的方法**

这里主要介绍低速车梯形螺纹的进刀方法。

**1. 左右切削法**

对于螺距小于 4mm 和精度要求不高的梯形螺纹，可用一把梯形螺纹车刀，并用少量的左右进给法车削，如图

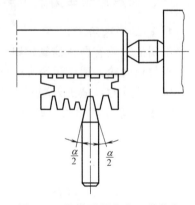

图 6-14　外梯形螺纹车刀的装夹

6-15c 所示，可防止因三个切削刃同时参加切削而产生振动和扎刀现象。

### 2. 车直槽法

用左右切削法车削时，每次横向进刀都必须把车刀向左或向右做微量移动，很不方便。因此，粗车时可先用矩形螺纹车刀（刀头宽应等于牙底宽）车出螺旋直槽，如图 6-15a 所示，槽底直径应等于螺纹的小径，然后用梯形螺纹车刀车两侧。

### 3. 车阶梯槽法

对于螺距大于 4mm 和精度要求高的梯形螺纹，一般采用分刀车削的方法。在粗车、半精车梯形螺纹时，螺纹大径留 0.3mm 左右的余量，且倒角与端面成 15°；选用刀头宽度稍小于牙底宽的矩形螺纹车刀车螺旋直槽，如图 6-15a 所示，粗车螺纹，每边留 0.25~0.35mm 的余量，用梯形螺纹车刀采用左右切削法车削梯形螺纹两侧面，每边留 0.1~0.2mm 的精车余量，如图 6-15b、c 所示，并车准螺纹小径尺寸；精车大径至图样要求（一般小于螺纹基本尺寸）；选用精车梯形螺纹车刀，采用左右切削法完成螺纹加工，如图 6-15d 所示。

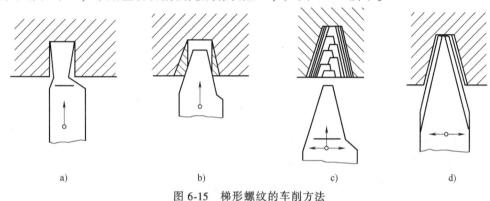

a)　　　　　　　　b)　　　　　　　　c)　　　　　　　　d)

图 6-15　梯形螺纹的车削方法

用左右切削法和斜进法车螺纹时，因为车刀是单面切削的，所以不容易产生扎刀现象。精车时选择很低的切削速度（$v_c<5\text{m/min}$），再加注切削液，可以获得很高的表面质量。但是采用左右切削法时，车刀左右进给量不能过大，精车时一般要小于 0.05mm，否则会使牙底过宽或凹凸不平。

在实际工作中，可用观察法控制左右进给量，当排出切屑很薄时，车出的螺纹表面质量一定很好。

低速车螺纹时，最好采用弹性刀杆（图 6-16），这种刀杆当切削力超过一定值时，车刀能自动让开，使切屑保持适当的厚度，可避免产生扎刀现象。

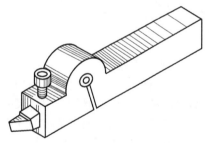

图 6-16　弹性刀杆螺纹车刀

## 三、梯形螺纹中径的检测方法

### 1. 三针测量法

三针测量外螺纹中径是一种间接测量螺纹中径的方法。测量时，将三根精度很高、直径相同的量针放在被测螺纹的牙槽内，如图 6-17 所示，再用与被测螺纹精度相适应的长度量仪，测量量针外侧表面间的距离 $M$，算出被测螺纹的实际中径。通常使用的量针有悬挂式和框架式两种，如图 6-18 所示。

$M$ 值与中径 $d_2$ 及有关参数间的关系为

$$M = d_2 + d_0 \left( 1 + \frac{1}{\sin\dfrac{\alpha}{2}} \right) - \frac{P}{2}\cot\frac{\alpha}{2} \tag{6-1}$$

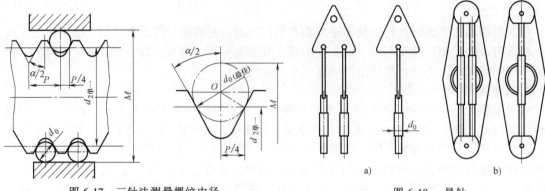

图 6-17　三针法测量螺纹中径

图 6-18　量针

ａ）悬挂式　ｂ）框架式

或
$$d_2 = M - d_0\left(1 + \frac{1}{\sin\frac{\alpha}{2}}\right) + \frac{P}{2}\cot\frac{\alpha}{2} \qquad (6-2)$$

式中，$d_0$ 为量针直径。

在实际应用中，可以将测得值 $M$ 与其极限值比较以确定螺纹中径的合格性，也可以算出中径 $d_2$，再与极限中径比较确定其合格性。

三针测量法也可以测量普通螺纹等其他螺纹。

不同类型螺纹的中径计算公式见表 6-6。

表 6-6　不同类型螺纹的中径计算公式

| 螺纹类型 | 牙型角 α | 中径计算公式 |
|---|---|---|
| 普通螺纹 | 60° | $d_2 = M - (3d_0 - 0.866P)$ |
| 寸制普通螺纹 | 55° | $d_2 = M - (3.1657d_0 - 0.9605P)$ |
| 梯形螺纹 | 30° | $d_2 = M - (4.8637d_0 - 01.866P)$ |
| 模数梯形螺纹 | 40° | $d_2 = M - (3.9238d_0 - 4.31576m)$ |

注：$m$ 为模数。

### 2. 单针测量法

单针测量法是一种比较常用的测量方法，适于测量精度要求不高、螺纹升角小于 4° 的普通螺纹、梯形螺纹或蜗杆的中径尺寸。单针测量法的原理与三针测量法基本相同，测量基准为一端量针顶面，另一端为工件实际大径表面，如图 6-19 所示。在测量时，必须先测量出螺纹大径的实际尺寸。为消除大径和中径的圆度和偏心误差对测量结果的影响，可在 180° 方向各测一次 $M$ 值，取其算术平均值。

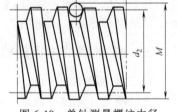

图 6-19　单针测量螺纹中径

单针测量法螺纹中径计算公式见表 6-7。

表 6-7　单针测量法螺纹中径计算公式

| 牙型角 | 量针直径 | 计算公式 |
|---|---|---|
| 60° | 0.5774P | $d_2 = 2M - d_实 - 3d_0 + 0.866P$ |
| 55° | 0.5637P | $d_2 = 2M - d_实 - 3.165d_0 + 0.9605P$ |
| 30° | 0.5177P | $d_2 = 2M - d_实 - 4.8639d_0 + 1.866P$ |

注：$d_实$ 指实际测得的螺纹大径。

### 1. 准备工作

1）正确穿戴劳动保护用品。穿戴工服、工鞋、工帽并检查合格。

2）图样准备：加工图样，如图 6-10 所示，1 份。

3）材料准备：45 钢，$\phi 38 \text{mm} \times 150 \text{mm}$，1 节。

4）设备准备：卧式车床 CA6140，1 台。

5）刀具、量具、工具、用具准备：90°外圆车刀（YT）2 把，45°弯头刀（YT）、外沟槽车刀、外梯形螺纹车刀、中心钻 B3 各 1 把，游标卡尺（0～300mm）、游标深度卡尺（0～200mm）、外径千分尺（25～50mm）、三针或螺纹环规各 1 套、鸡心夹头、固定顶尖、回转顶尖（莫氏 5 号）、刀架扳手 18mm×18mm、卡盘扳手 14mm×14mm×150mm、钻夹头各 1 套，刀垫、磨石等若干。

6）车床调整，刀具安装，量具、工具摆放，图样识读和工件装夹。

7）工艺准备（表 6-8）。

表 6-8　车削梯形螺纹轴的工艺准备

| 工序号 | 工序名称 | 工 序 内 容 | 工艺装备 |
|---|---|---|---|
| 1 | 车 | 夹一端，粗、精车端面至图样要求；钻中心孔 | 自定心卡盘 |
| 2 | 车 | 一夹一顶，粗车外圆 Tr36×6-8e 大径，长度大于 100mm；粗车 $\phi 24_{-0.027}^{0} \text{mm}$、$\phi 20_{-0.027}^{0}$ 外圆及台阶面，均留精加工余量 0.5mm | 自定心卡盘、顶尖 |
| 3 | 车 | 调头装夹，粗、精车端面至图样要求，保证总长 145mm，钻中心孔；粗车 $\phi 26_{-0.027}^{0} \text{mm}$、$\phi 24_{-0.027}^{0} \text{mm}$ 外圆及台阶面，均留精加工余量 0.5mm | 自定心卡盘、顶尖 |
| 4 | 车 | 双顶尖装夹，精车外圆 Tr36×6-8e 大径，保证长度 56mm；精车 $\phi 26_{-0.027}^{0} \text{mm}$、$\phi 24_{-0.027}^{0} \text{mm}$、$\phi 20_{-0.027}^{0} \text{mm}$ 各外圆及台阶面至图样要求，保证长度 45mm、44mm、20mm；倒角 C1（4 处），外圆 Tr36×6-8e 大径两端倒 30°角 | 自定心卡盘、顶尖 |
| 5 | 车 | 车螺纹 Tr36×6-8e | 自定心卡盘、顶尖 |
| 6 | 检 | 检验 | 自定心卡盘 |

8）切削用量的确定。

① 粗车：背吃刀量视加工要求确定，进给量为 0.2～0.3mm/r，转速为 350～500r/min。

② 精车：背吃刀量为 0.2～0.3mm，进给量为 0.1～0.15mm/r，转速为 750～800r/min。

③ 车螺纹：背吃刀量视加工要求确定，进给量为 1.5mm/r，转速为 600～800r/min（熟练人员使用）。

### 2. 操作程序

1）自定心卡盘夹一端，粗、精车端面至图样要求。

2）钻中心孔 B3。

3）一夹一顶，粗车外圆 Tr36×6-8e 大径至 $\phi 36.3_{-0.1}^{0} \text{mm}$，控制长度大于 100mm。

4）粗车 $\phi 24_{-0.027}^{0} \text{mm}$、$\phi 20_{-0.027}^{0} \text{mm}$ 外圆及台阶面，均留精加工余量 0.5mm，控制长度 43.5mm、19.5mm。

5）自定心卡盘调头装夹，粗、精车端面至图样要求，控制总长 145mm，钻中心孔 B3。

6）一夹一顶，粗车 $\phi26_{-0.027}^{0}$ mm、$\phi24_{-0.027}^{0}$ mm 外圆及台阶面，均留精加工余量 0.5mm，控制长度 44.5mm、19.5mm。

7）双顶尖装夹，精车 $\phi26_{-0.027}^{0}$ mm、$\phi24_{-0.027}^{0}$ mm、$\phi20_{-0.027}^{0}$ mm 各外圆及台阶面至图样要求，控制长度 45mm、44mm、20mm。

8）倒角 $C1$（4处），外圆 Tr36×6-8e 大径两端倒 30°角。

9）粗车螺纹 Tr36×6-8e，车小径 $\phi29_{-0.6}^{0}$ mm 至图样要求，两牙侧留余量 0.2mm。

10）精车螺纹大径 $\phi36_{-0.375}^{0}$ mm 至图样要求。

11）精车两牙侧，用三针法测量，控制中径 $\phi33_{-0.543}^{-0.118}$ mm 至图样要求。

12）检查卸车。

13）打扫整理工作场地，将工件摆放整齐。

**3．注意事项或安全风险提示**

1）梯形螺纹车刀两侧副切削刃应平直，否则工件牙型角不正；精车时切削刃应保持锋利，要求螺纹两侧面的表面粗糙度值应小。

2）调整小滑板的松紧，以防车削时车刀移位。

3）鸡心夹头或对分夹头应夹紧工件，否则车梯形螺纹时工件容易产生移位而损坏。

4）车梯形螺纹中途复装工件时，应注意保持拨杆原位，以防乱扣。

5）工件在精车前，最好重新修正顶尖孔，以保证同轴度。

6）在外圆上去毛刺时，最好把砂布垫在锉刀下面进行。

7）不准在开车时用棉纱擦工件，以防发生危险。

8）车削时，为了防止因溜板箱手轮回转时的不平衡，使床鞍移动而产生窜动，可在手轮上装平衡块，最好采用手轮脱离装置。

9）车削梯形螺纹时，为避免产生扎刀现象，建议采用弹性刀杆。

**4．操作要点**

（1）工件的装夹　一般采用两顶尖或一夹一顶装夹。粗车较大螺距的梯形螺纹时，可采用单动卡盘一夹一顶，以保证装夹牢固；同时使工件的一个台阶靠住卡爪平面（或用轴向撞头限位），固定工件的轴向位置，以防止因切削力过大，使工件移位而车坏螺纹。

（2）车床的选择和调整　挑选精度较高、磨损较少的机床；正确调整机床各处间隙，对床鞍、中、小滑板的配合部分进行检查和调整，注意控制机床主轴的轴向窜动、径向圆跳动以及丝杠的轴向窜动；选用磨损较少的交换齿轮。

# 任务三　车削双线螺纹轴

**学习目标**

1）了解多线螺纹车刀工作后角的确定。

2）掌握多线螺纹的分线方法。

3）能熟练车削多线螺纹。

4）能正确执行安全技术操作规程。

5）能按企业有关安全生产的规定，做到工作场地整洁，工件、刀具、工具和量具摆放整齐。

**工作任务**

双线螺纹轴零件图如图 6-20 所示。通过图样可以看出，该零件为螺纹轴，螺纹轴为 M40× Ph6P3 的双线普通螺纹结构，螺距为 3mm。技术要求未注公差按 GB/T 1804—m，各轴段外圆面的表面粗糙度值为 1.6μm。总长为 65mm，最大直径为 $\phi$48mm。

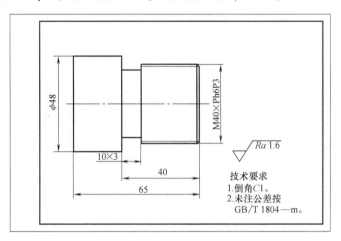

图 6-20　双线螺纹轴零件图

**知识准备**

### 一、多线螺纹车刀工作后角的确定

螺纹车刀的工作后角一般为 3°~5°，在车多线螺纹时，由于螺纹升角较大，车刀左右切削刃的工作后角与刃磨后角是不相同的，如图 6-21 所示。

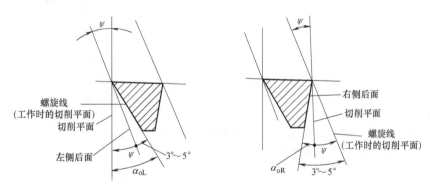

图 6-21　车多线螺纹时车刀工作后角的确定

### 二、多线螺纹的分线方法

区别螺纹线数的多少，可根据螺纹末端旋转槽的数目（图 6-22a）或从螺纹的端面上看有几个螺纹的起始点（图 6-22b）。多线螺纹螺旋线分布的特点是在轴向等距分布，在端面上螺旋线的起点是等角度分布。

**1. 轴向分线法**

当车好一条螺旋线后，将车刀沿工件轴向移动一个螺距再车第二条螺旋线，这种分线方法

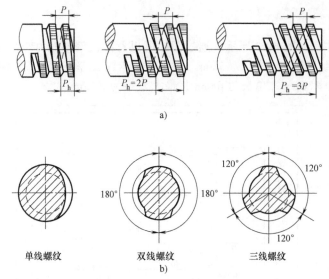

图 6-22　单线和多线螺纹

称为轴向分线法。

（1）利用小滑板分线　小滑板分线的步骤是，首先车好一条螺旋线，然后将小滑板沿工件轴向向左或向右根据刻度移动一个螺距（一定要保证小滑板移动对工件轴线的平行度），再车削第二条螺旋线。第二条螺旋线车好后依照上述方法再车第三条、第四条等。分线时小滑板转过的格数可用如下公式求出：

$$K=P/a \tag{6-3}$$

式中，$K$ 为刻度盘转过的格数；$P$ 为工件的螺距（mm）；$a$ 为刻度盘转 1 格小滑板移动的距离（mm）。

这种方法不需要其他辅助工具就能进行，比较简单，但不容易达到较高的分线精度。

（2）利用床鞍和小滑板移动之和进行分线　车削螺距很大的多线螺纹时，若只用小滑板分线，则小滑板移动的距离太大，伸出量大，从而降低了刀架的刚性，尤其是分线距离超过 100mm 后，采用小滑板分线就无法实现，而利用床鞍和小滑板移动之和进行分线，多大的移动量都可完成。

这种分线法的步骤是，当车好第一条螺旋线之后，打开和丝杠啮合的开合螺母，摇动床鞍大手轮，使床鞍向左移动一个或几个丝杠螺距（接近工件螺距）后，再把开合螺母合上，床鞍移动不足（或超出）部分用移动小滑板的方法给予补偿，当床鞍移动与小滑板移动之和等于一个工件螺距时，再车第二条螺旋线。

（3）用百分表和量块进行分线　车削螺距精度要求较高的多线螺纹时，可利用量块控制小滑板移动的距离。如图 6-23 所示，先在车床的床鞍和小滑板上各装上挡铁 1 和测头 3，车第一条螺旋槽时，测头与挡铁之间放入厚度等于蜗杆齿距的量块 2。在开始车第二条螺旋槽之前，取出量块，移动小滑板，使测头与挡铁接触。经过粗车、精车两个循环后，就可以将双头蜗杆车好。

量块分线法比小滑板分线法精确。但是使用这种方法之前，必须先把小滑板导轨校准，使之与工件轴线平行，否则会产生分线误差。

（4）用百分表进行分线　先把磁性百分表座固定在床鞍上，如图 6-24 所示，将百分表的测头触及刀架上，找零位；再把小滑板轴向移动一个螺距，就可以达到分线的目的。这种方法既简单方便又精确，但分线螺距受百分表量程的限制，一般在 10mm 以内，并且在使用过程中

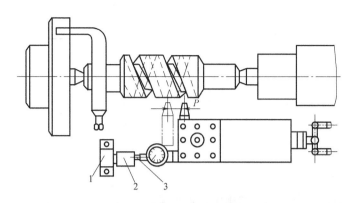

图 6-23　用百分表和量块进行分线

1—挡铁　2—量块　3—测头

应经常注意百分表的零位是否变动。

**2. 圆周分线法**

根据多线螺纹螺旋线在端面上的起点是等角度分布的特点，可采用圆周分线法。

圆周分线法是根据多线螺纹的各条螺旋线在圆周上等角度分布的原理进行分线的。多线螺纹螺旋线各起点在端面上相隔的角度为

$$\theta = 360°/n \qquad (6\text{-}4)$$

式中，$\theta$ 为多线螺纹各螺旋线起始点在端面上相隔的角度（°）；$n$ 为多线螺纹的线数。

这种方法是在车好第一条螺旋槽后，车刀不动，使工件与床鞍之间的传动链分离，并把工件转过 $\theta$，再接通传动链就可车第二条螺旋槽。这样依次分线就可以把多线螺纹车好。

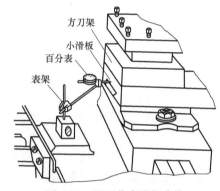

图 6-24　用百分表进行分线

**操作训练**

**1. 准备工作**

1）正确穿戴劳动保护用品。穿戴工服、工鞋、工帽并检查合格。

2）图样准备：加工图样，如图 6-20 所示，1 份。

3）材料准备：45 钢，$\phi50\text{mm} \times 67\text{mm}$，1 节。

4）设备准备：卧式车床 CA6140，1 台。

5）刀具、量具、工具、用具准备：90°外圆车刀（YT）2 把，45°弯头刀（YT）、外螺纹车刀、切槽刀宽 10mm 各 1 把，外径千分尺（25~50mm）和 M40×6 螺纹环规各 1 套，游标卡尺（0~150mm）和钢直尺各 1 把，固定顶尖、回转顶尖（莫氏 5 号）、刀架扳手 18mm×18mm、卡盘扳手 14mm×14mm×150mm 各 1 把，刀垫、磨石等若干。

6）车床调整，刀具安装，量具、工具摆放，图样识读和工件装夹。

7）工艺准备（表 6-9）。

8）切削用量的确定。

① 粗车：背吃刀量视加工要求确定，进给量为 0.2~0.3mm/r，转速为 350~500r/min。

② 精车：背吃刀量为 0.2~0.3mm，进给量为 0.1~0.15mm/r，转速为 750~800r/min。

③ 切槽：背吃刀量为 10mm，手动进给量，转速为 350r/min。

表 6-9　车削双线螺纹轴的工艺准备

| 工序号 | 工序名称 | 工 序 内 容 | 工艺装备 |
|---|---|---|---|
| 1 | 车 | 夹一端,粗、精车端面至图样要求 | 自定心卡盘 |
| 2 | 车 | 粗、精车外圆 φ48mm,长度大于 25mm,锐边倒钝 | 自定心卡盘 |
| 3 | 车 | 调头装夹,粗、精车端面至图样要求,保证总长 65mm | 自定心卡盘 |
| 4 | 车 | 粗、精车 M40×Ph6P3 外径,车槽 10mm×3mm;倒角 C1(两处);车螺纹 M40×Ph6P3 | 自定心卡盘 |
| 5 | 车 | 检验 | |

④ 车螺纹:背吃刀量视加工要求确定,进给量为 3mm/r,转速为 600～800r/min(熟练人员使用)。

**2. 操作程序**

1) 自定心卡盘夹一端,粗、精车端面至图样要求。

2) 粗、精车外圆 φ48mm,长度大于 25mm,锐边倒钝。

3) 调头装夹 φ48mm 外圆,垫铜皮保护,粗、精车端面至图样要求,保证总长 65mm。

4) 粗、精车 M40×6(P3)外径,控制尺寸 40mm。

5) 车槽 10mm×3mm。

6) 倒角 C1(两处)。

7) 车螺纹 M40×Ph6P3。小滑板移动 6mm,车螺纹 M40×Ph6P3。

8) 检查卸车。

9) 打扫整理工作场地,将工件摆放整齐。

**3. 注意事项或安全风险提示**

1) 由于多线螺纹进给量大,应控制好转速,加工时注意力要集中,当心碰撞。

2) 由于多线螺纹螺纹升角较大,车刀的两侧后角要相应增减。

3) 车削应调整好手柄及滑板间隔,开合螺母每次加工完全螺纹时应首先提起,并变丝杠运动为光杠运动,以防下一步工艺引起碰撞事故。

4) 更换了新刃磨的梯形螺纹车刀后,应首先将主轴转速降低,在提起开合螺母时,使车刀的形状与加工工件上的螺纹吻合后方可继续加工。

5) 车削精度要求较高的多线螺纹时,应先将各条螺旋槽逐个粗车完毕,再逐个精车。

6) 在车各条螺旋槽时,螺纹车刀的切入深度应该相等。

7) 用左右切削法车削时,螺纹车刀的左右移动量应相等。当用圆周分线法分线时,还应注意车每条螺旋槽时小滑板刻度盘的起始格数要相等。

8) 车削导程较大的多线螺纹时,螺纹车刀的纵向进给速度较快,进刀和退刀时要防止车刀与工件、卡盘、尾座相碰。

9) 利用小滑板分线的注意事项

① 先检查小滑板行程量是否满足分线要求。

② 小滑板移动方向必须和床身导轨平行,否则会造成分线误差。找正的方法是利用已车好的螺纹大径(其锥度应在 0.02/100mm 以内),找正小滑板导轨的有效行程对床身导轨的平行度误差。百分表表架安放在刀架上,百分表测头在水平方向与工件外径接触,手摇小滑板误差不超过 0.02/100mm。若有偏差,则松开转盘前后螺钉,进行微调直至符合要求。

③ 在每次分线时,小滑板手柄转动方向要相同,否则将由于丝杠与螺母之间的间隙而产

生误差。在采用左右切削法时，必须先车牙形的各个左侧面，再车牙形的各个右侧面（外螺纹）。

④ 在采用直进法车削小螺距多线螺纹工件时，应注意调整小滑板的间隙，不能太松，以防止切削时移位，影响分线精度。

**4. 操作要点**

1）在 CA6140 型卧式车床上车双线螺纹的快速分线技巧。车削双线螺纹前，先用外圆车刀刀尖在工件端面上轻轻划一条通过工件中心的刻线（车刀刀尖应对准工件的旋转中心）。当车完一条螺旋槽进行分线时，先切断电源，用划线盘上的针尖对准端面上所划刻线一端（离工件中心越远越好），然后将速度手柄置于空档位置，并将正常螺距/增大螺距转换手柄放在中间位置，用手将卡盘（主轴）转过180°，使端面上所划刻线的另一端对准划针针尖，然后将两手柄复位，即准确完成分线。

当分线的螺纹导程大于12mm时，只需将速度手柄置于空档即可进行分线，不需要再扳动正常螺距/增大螺距转换手柄。

2）多线螺纹分线不正确的原因

① 小滑板移动距离不正确。

② 车刀修磨后，未检查对准原来的轴向位置，或随便赶刀，使轴向位置移动。

③ 工件未夹紧，切削力过大而造成工件微量移动，也会使分线不正确。

# 任务四 车削双头蜗杆

## 学习目标

1）了解蜗杆的一般技术要求。
2）掌握蜗杆车刀的装夹方法。
3）掌握蜗杆的分线方法。
4）掌握双头蜗杆的车削方法。

## 工作任务

双头蜗杆轴零件图如图6-25所示。通过图样可以看出，该零件为双头蜗杆轴，最右端有 M24×3-6g 的普通螺纹结构，两端有 B4/10 的中心孔。技术要求包括 6 处尺寸精度，$\phi48_{-0.046}^{0}$ mm 外圆面的左端面有相对于两中心孔轴线的圆跳动要求，$\phi28_{-0.016}^{0}$ mm 外圆面有相对于两中心孔轴线的同轴度要求，且 $\phi28_{-0.016}^{0}$ mm、$\phi48_{-0.046}^{0}$ mm、$\phi24_{-0.021}^{0}$ mm 外圆面的表面粗糙度值为 1.6μm，其余为 3.2μm。总长为 210mm，最大直径为 $\phi48_{-0.046}^{0}$ mm。

## 知识准备

### 一、蜗杆的一般技术要求

1）蜗杆的齿距必须等于蜗轮的齿距。
2）法向或轴向齿厚要符合要求。
3）齿形要符合图样要求，两侧面的表面粗糙度值要小。
4）蜗杆的径向圆跳动量不得大于允许范围。

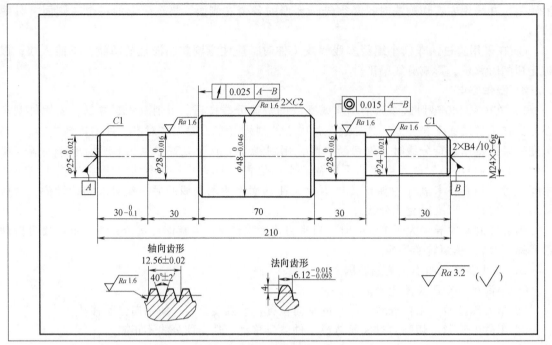

图 6-25　双头蜗杆轴零件图

## 二、蜗杆车刀及其装夹

### 1. 蜗杆车刀

一般选用高速钢材料制造蜗杆车刀，在刃磨时，其顺走刀方向一面的后角必须相应加上螺纹升角 $\psi$。由于蜗杆的螺纹升角较大，车削时使前角、后角发生很大的变化，切削很不顺利。如果采用可调节螺纹角的车刀进行粗加工，就可克服上述问题。可调节螺纹升角的车刀如图 6-26 所示。

### 2. 蜗杆车刀的装夹

在装夹车刀时，如果使用一般的角度样板来装正模数较大的蜗杆车刀，则比较困难，容易把车刀装歪。通常采用游标万能角度尺来找正车刀刀尖角位置，如图 6-27 所示。将游标万能角度尺的一边靠住工件外圆，观察游标万能角度尺的另一边和车刀刃口的间隙。当有偏差时，可转动刀架或重新装夹车刀来调整刀尖角的位置。采用可调节螺纹升角的车刀装刀

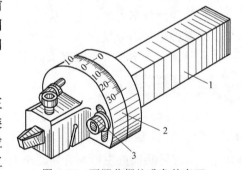

图 6-26　可调节螺纹升角的车刀
1—刀杆　2—头部　3—紧定螺钉

时，刀体上的零位刻度线对准基线，然后装正车刀刀尖角，使其高于车床主轴轴线 0.5mm 左右并固紧；再根据螺纹升角的大小来确定车刀转过的角度（此时刃磨车刀时顺走刀方向的后角就不要再加螺纹升角）。精车轴向直廓蜗杆（阿基米德蜗杆）时，刀头仍要水平装夹，以保证蜗杆在轴向剖面内的直线齿形。

### 操作训练

#### 1. 准备工作

1）正确穿戴劳动保护用品。穿戴工服、工鞋、工帽并检查合格。

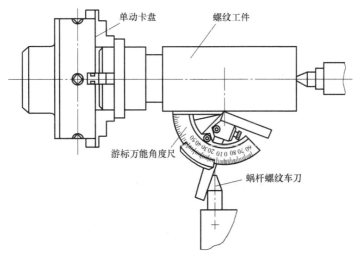

图 6-27　用游标万能角度尺装正车刀

2）图样准备：加工图样，如图 6-25 所示，1 份。

3）材料准备：45 钢，$\phi55$mm×212mm，1 节。

4）设备准备：卧式车床 CA6140，1 台。

5）刀具、量具、工具、用具准备：90°外圆车刀（YT）2 把，45°弯头刀（YT）、中心钻 B4、粗精车外蜗杆车刀各 1 把，游标卡尺（0~300mm）、游标深度卡尺（0~200mm）、外径千分尺（0~25mm）、外径千分尺（25~50mm）、游标齿厚卡尺、磁力架及百分表头、螺纹环规各 1 套，鸡心夹头、固定顶尖、回转顶尖（莫氏 5 号）、刀架扳手 18mm×18mm、卡盘扳手 14mm×14mm×150mm、钻夹头各 1 套，铜皮、刀垫、磨石等若干。

6）车床调整，刀具安装，量具、工具摆放，图样识读和工件装夹。

7）工艺准备（表 6-10）。

表 6-10　车削双头蜗杆的工艺准备

| 工序号 | 工序名称 | 工序内容 | 工艺装备 |
|---|---|---|---|
| 1 | 车 | 夹一端，粗、精车端面至图样要求，钻中心孔 B4 | 自定心卡盘 |
| 2 | 车 | 采用一顶一夹；粗车 $\phi25.5$mm 长至 29mm，$\phi28.5$mm 长至 59mm，$\phi48.5$mm 长至 135mm | 自定心卡盘、顶尖 |
| 3 | 车 | 调头装夹，粗车外圆 $\phi28.5$mm 长至 80mm；粗车外圆 $\phi24.5$mm 长至 31mm；粗车双头蜗杆各部尺寸 | 自定心卡盘、顶尖 |
| 4 | 车 | 两顶尖装夹，精车蜗杆外径 $\phi48_{-0.046}^{0}$mm 及两端倒角 C2；精车蜗杆螺纹至中径精度要求；精车 $\phi25_{-0.021}^{0}$mm，长 $30_{-0.1}^{0}$mm，倒角 C1 | 自定心卡盘、顶尖 |
| 5 | 车 | 两顶尖调头装夹，精车 $\phi28_{-0.016}^{0}$mm，长 30mm 至尺寸要求（并控制蜗杆螺纹长 70mm）；精车 $\phi24_{-0.021}^{0}$mm 至尺寸要求；精车 M24×3-6g 外径，倒角 C1；车螺纹 M24×3-6g | 自定心卡盘、顶尖 |
| 6 | 检 | 检验 | |

8）切削用量的确定。

① 粗车：背吃刀量视加工要求确定，进给量为 0.2~0.3mm/r，转速为 350~500r/min。

② 精车：背吃刀量为 0.2~0.3mm，进给量为 0.1~0.15mm/r，转速为 750~800r/min。

③ 车螺纹：背吃刀量视加工要求确定，进给量为 3mm/r，转速为 600～800r/min（熟练人员使用）。

### 2. 操作程序

1）夹一端，粗、精车端面至图样要求，钻中心孔 B4。

2）采用一顶一夹，粗车 $\phi25.5$mm 长至 29mm，$\phi28.5$mm 长至 59mm，$\phi48.5$mm 长至 135mm。

3）调头装夹，粗、精车端面至图样要求，控制总长 210mm，钻中心孔 B4。

4）一顶一夹，粗车外圆 $\phi28.5$mm 长至 80mm，粗车外圆 $\phi24.5$mm 长至 31mm，粗车双头蜗杆各部尺寸。

5）两顶尖装夹，精车蜗杆外径 $\phi48_{-0.046}^{0}$mm 及两端倒角 $C2$，精车蜗杆螺纹至中径精度要求。

6）精车 $\phi25_{-0.021}^{0}$mm，长 $30_{-0.1}^{0}$mm。

7）两顶尖调头装夹，精车 $\phi28_{-0.016}^{0}$mm，长 30mm 至尺寸要求（并控制蜗杆螺纹长 70mm）。

8）精车螺纹 M24×3-6g。

9）检查卸车。

10）打扫整理工作场地，将工件摆放整齐。

### 3. 注意事项或安全风险提示

1）多线螺纹导程大，走刀速度快，车削时要当心碰撞。

2）由于多线螺纹螺纹升角较大，车刀的两侧后角要相应增减。

3）用小滑板分线时，要先检查小滑板行程量是否满足分线要求。

4）在采用直进法车削小螺距多线螺纹工件时，应注意调整小滑板的间隙，不能太松，以防止切削时移位，影响分线精度。

5）用百分表读数分线时，百分表的测量杆应平行于工件轴线，否则也会产生误差。加工中如有冲击和碰撞现象，都会影响分线精度。

### 4. 操作要点

1）精车时要多次循环分线，第二次或第三次循环分线时，不准用小滑板赶刀（借刀），只能在牙形面上单面车削，以校正赶刀或粗车时所产生的误差。经过循环车削，既能消除分线或赶刀所产生的误差，又能提高螺纹的精度和减小表面粗糙度值。

2）多线螺纹分线不正确的原因

① 小滑板移动距离不正确。

② 车刀修磨后，未检查对准原来的轴向位置，或随便赶刀，使轴向位置移动。

③ 工件未夹紧，切削力过大而造成工件微量移动，也会使分线不正确。

# 思 考 题

1. 普通螺纹如何计算尺寸和公差？

2. 普通螺纹车刀的种类及装夹方法有哪些？如何选择切削用量？

3. 车普通外螺纹的方法有哪些？如何进行开倒顺车的操作？如何进行提开合螺母的操作？

4. 车普通外螺纹时，车床需要做哪些方面的调整？如何对普通外螺纹进行检测？

5. 普通外螺纹的切削过程是怎样的？

6. 如何选用砂轮？如何刃磨与装夹梯形螺纹车刀？

7. 车梯形螺纹的方法有哪些？如何检测梯形螺纹中径？

8. 车削梯形螺纹的操作过程是怎样的？

9. 车多线螺纹时，车刀工作后角如何确定？

10. 多线螺纹如何进行分线？一般分线不正确的原因有哪些？

11. 蜗杆的一般技术要求有哪些？如何选用及装夹蜗杆车刀？

12. 蜗杆轴零件的加工操作过程是怎样的？

13. 按图 6-28 所示加工零件，材料为 45 钢。

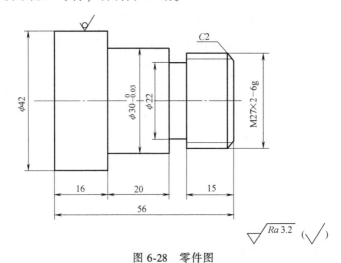

图 6-28　零件图

# 项目七

# 车削套

套类零件是车削的典型工件，通过本项目中不同套类零件的学习，了解内孔加工刀具的种类和结构，掌握内孔加工刀具的刃磨与安装方法，掌握车床对各种孔的加工方法，掌握加工螺纹孔时车床调整的方法，掌握孔的检测方法，掌握各种套类零件的操作顺序。

## 任务一　车削短套

### 学习目标

1) 掌握钻、铰孔及刀具的结构组成和几何形状。
2) 掌握内孔车刀的种类和结构。
3) 掌握麻花钻、内孔车刀的刃磨和安装。
4) 掌握孔的加工方法。
5) 能熟练加工不同类型的孔。
6) 能正确执行安全技术操作规程。
7) 能按企业有关安全生产的规定，做到工作场地整洁，工件、刀具、工具和量具摆放整齐。

### 工作任务

短套零件图如图 7-1 所示。通过图样可以看出，该零件为套类零件，中间孔为 $\phi 20^{+0.033}_{0}$ mm

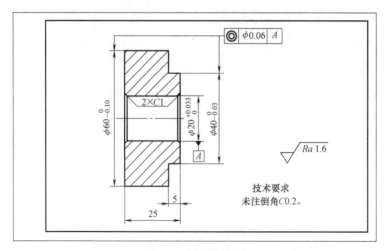

图 7-1　短套零件图

且有倒角 $C1$。技术要求包括 3 处尺寸精度，$\phi 60_{-0.10}^{0}$ mm、$\phi 40_{-0.03}^{0}$ mm 外圆面有相对于内孔轴线的同轴度要求，各表面粗糙度值均为 $1.6\mu m$，未注倒角为 $C0.2$。总长为 25mm，最大直径为 $\phi 60_{-0.10}^{0}$ mm。

知识准备

## 一、钻、铰孔及刀具结构

### 1. 钻孔及钻头

用钻头在实体材料上加工孔的方法称为钻孔。钻孔属于粗加工，其尺寸精度一般可达 IT11~IT12，表面粗糙度值为 $12.5 \sim 25\mu m$。麻花钻是钻孔最常用的刀具，钻头一般用高速钢制成，由于高速切削的发展，镶硬质合金的钻头也得到了广泛应用。这里主要介绍麻花钻及其钻孔方法。

（1）麻花钻的组成部分

1）柄部。钻头的夹持部分，装夹时起定心作用，切削时起传递转矩的作用。麻花钻的尾部有锥柄和直柄两种，如图 7-2 所示。

2）颈部。颈部较大的钻头在颈部标注商标、钻头直径和材料牌号等。

3）工作部分。工作部分是钻头的主要部分，由切削部分和导向部分组成，起切削和导向作用。

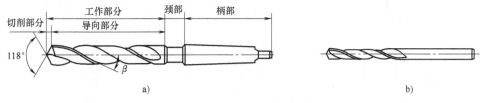

图 7-2 麻花钻的组成部分

a）锥柄 b）直柄

（2）麻花钻工作部分的几何形状 麻花钻工作部分的几何形状如图 7-3 所示。它有两条对

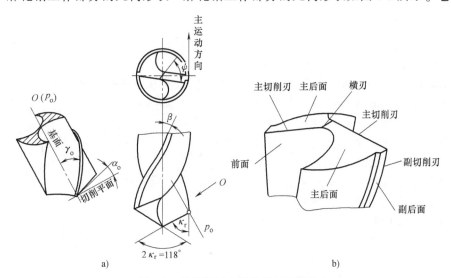

图 7-3 麻花钻工作部分的几何形状

a）几何角度 b）外形

称的主切削刃、两条副切削刃和一条横刃。麻花钻钻孔时，相当于两把反向的车孔刀同时切削，所以它的几何角度的概念与车刀基本相同，但也具有其特殊性。

1）螺旋槽。麻花钻的工作部分有两条螺旋槽，其作用是构成切削刃、排除切屑和通入切削液。

2）螺旋角（$\beta$）。位于螺旋槽内不同直径处的螺旋线展开成直线后与钻头轴线都有一定夹角，此夹角称为螺旋角。越靠近钻心处螺旋角越小，越靠近钻头外缘处螺旋角越大。标准麻花钻的螺旋角为$18°\sim30°$。钻头上的名义螺旋角是指外缘处的螺旋角。

3）前面。指切削部分的螺旋槽面，切屑从此面排出。

4）主后面。指钻头的螺旋圆锥面。即与工件过渡表面相对的表面。

5）主切削刃。指前面与主后面的交线，担负着主要的切削工作。钻头有两个主切削刃。

6）顶角（$2\kappa_r$）。顶角是两主切削刃之间的夹角。一般标准麻花钻的顶角为$118°$。当顶角为$118°$时，两主切削刃为直线，如图7-4a所示；当顶角大于$118°$时，两主切削刃为凹曲线，如图7-4b所示；当顶角小于$118°$时，两主切削刃为凸曲线，如图7-4c所示。刃磨钻头时，可据此大致判断顶角大小。

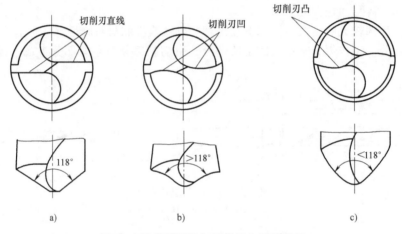

图 7-4　麻花钻顶角与切削刃之间的关系
a）$2\kappa_r=118°$　b）$2\kappa_r>118°$　c）$2\kappa_r<118°$

顶角大，主切削刃短，定心差，钻出的孔径容易扩大；但顶角大时前角也增大，切削省力；顶角小时则反之。

7）前角（$\gamma_o$）。主切削刃上任一点的前角是过该点的基面与前面之间的夹角。麻花钻前角的大小与螺旋角、顶角和钻心直径等因素有关，其中影响最大的是螺旋角。由于螺旋角随直径大小而改变，所以主切削刃上各点的前角也是变化的，如图7-5所示，靠近外缘处前角最大。自外缘向中心逐渐减小，大约在1/3钻头直径以内开始为负前角，前角的变化范围为$-30°\sim30°$。

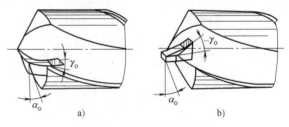

图 7-5　麻花钻前角的变化
a）边缘处前角　b）钻心处前角

8）后角（$\alpha_o$）。主切削刃上任一点的后角是过该点切削平面与主后面之间的夹角。后角也是变化的，靠近外缘处最小，接近中心处最大，其变化范围为$8°\sim14°$。实际后角应在圆柱面内测量，如图7-6所示。

9）横刃。两个主后面的交线，也就是两主切削刃的连接线。横刃太短，会影响麻花钻的钻尖强度；横刃太长，会使轴向力增大，对钻削不利。实验表明，钻削时有 1/2 以上的轴向力是因横刃产生的。

10）横刃斜角（$\psi$）。在垂直于钻头轴线的端面投影中，横刃与主切削刃之间所夹的锐角。横刃斜角的大小与后角有关。后角增大时，横刃斜角减小，横刃也变长；后角减小时，情况相反。横刃斜角一般为 55°。

11）棱边。也称刃带，既是副切削刃，也是麻花钻的导向部分。在切削过程中能保持确定的钻削方向、修光孔壁及作为切削部分的后备部分。为了减小切削过程中棱边与孔壁的摩擦，导向部分的外径经常磨有倒锥。

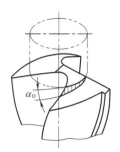

图 7-6　在圆柱面内测量麻花钻的后角

**2. 铰孔及铰刀**

铰孔是用铰刀从工件孔壁上切除微量金属层，以提高孔的尺寸精度和降低表面粗糙度值的方法。铰孔的公差等级可达 IT7～IT9，表面粗糙度值为 0.8～3.2μm，是对孔的精加工。

（1）铰刀的种类　铰刀是一种尺寸精确的多刃刀具，铰削时切屑很薄。铰刀的种类很多，按铰刀的使用方法可分为手用铰刀和机用铰刀，按铰刀形状可分为圆柱铰刀和锥铰刀，按铰刀结构又可分为整体式铰刀和可调节式铰刀。

（2）铰刀的结构　以整体式圆柱铰刀为例，整体式圆柱铰刀主要用来铰削标准系列的孔，其结构如图 7-7 所示，它由工作部分、颈部和柄部三个部分组成。工作部分包括引导部分、切削部分和校准部分。

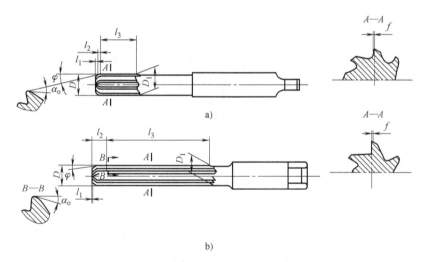

图 7-7　整体式圆柱铰刀的结构
a）机用铰刀　b）手用铰刀

1）引导部分（$l_1$）。在工作部分前端，呈 45° 倒角，其作用是便于铰刀开始铰削时放入孔中，并保护切削刃。

2）切削部分（$l_2$）。担负主要切削工作。锋角 $2\varphi$ 很小，一般手用铰刀 $\varphi = 30' \sim 1°30'$，切削部分较长，这样定心作用好。铰削时轴向力小，工作省力。铰刀的前角 $\gamma_o = 0°$，使铰削近乎刮削，从而细化孔壁表面结构。为了减少铰刀与孔壁的摩擦，铰刀切削部分和校准部分的后角 $\alpha_o = 6° \sim 8°$。

3）校准部分（$l_3$）：用来引导铰孔方向和校准孔的尺寸，也是铰刀的后备部分。为了减少与孔壁的摩擦，铰刀校准部分的切削刃上留有无后角、宽度仅为 0.1~0.3mm 的棱边。将整个校准部分制成具有 0.005~0.008mm 的倒锥，这样也可防止孔口的扩大。

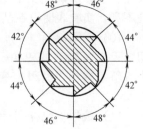

图 7-8　铰刀刀齿的分布

4）刀齿分布。为了获得较高的铰孔质量，一般手用铰刀的齿距在圆周上不是均匀分布的，但为了便于制造和测量，不等齿距的铰刀常制成 180°对称的不等齿距，如图 7-8 所示。采用不等齿距的铰刀铰孔时，切削刃不会在同一地点停歇而使孔壁产生凹痕，从而能将硬点切除，提高了铰孔质量。机用铰刀铰孔时，铰刀靠机床带动连续转动，精度由机床加以保证，所以机用铰刀与手用铰刀在结构上存在一定的区别。

5）颈部。磨制铰刀时供退刀用，也用来印刻商标和规格。

6）柄部。用来装夹和传递转矩，机用铰刀采用直柄和锥柄，手用铰刀采用直柄带方榫结构。

## 二、内孔车刀的种类和结构

对于铸造孔、锻造孔或用钻头钻出的孔，为达到所要求的尺寸精度、位置精度和表面粗糙度，可采用车孔的方法。车孔是车削加工的主要内容之一，也可以作为半精加工和精加工。车孔后的尺寸精度一般可达 IT7~IT8，表面粗糙度值可达 1.6~3.2μm，精车后可达 0.8μm。

### 1. 内孔车刀的种类

根据不同的加工情况，内孔车刀可分为通孔车刀和不通孔车刀两种，如图 7-9 所示。

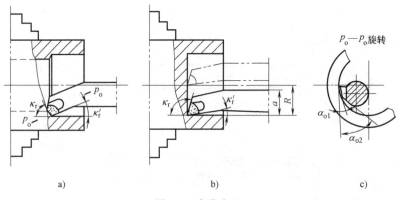

a)　　　　　　　　　　b)　　　　　　　　　　c)

图 7-9　内孔车刀
a）通孔车刀　b）不通孔车刀　c）两个后角

（1）通孔车刀　通孔车刀切削部分的几何形状基本上与外圆车刀相似，如图 7-9a 所示，为了减小径向切削抗力，防止车孔时振动，主偏角 $\kappa_r$ 应取得大些，一般为 60°~75°，副偏角 $\kappa_r'$ 一般为 15°~30°。为了防止内孔车刀后面和孔壁的摩擦，而又不使后角磨得太大，一般磨成两个后角 $\alpha_{o1}$ 和 $\alpha_{o2}$，如图 7-9c 所示，其中 $\alpha_{o1}$ 取 6°~12°，$\alpha_{o2}$ 取 30°左右。

（2）不通孔车刀　不通孔车刀用来车削不通孔或台阶孔，切削部分的几何形状基本上与偏刀相似，其主偏角 $\kappa_r$ 大于 90°，一般为 92°~95°，如图 7-9b 所示，后角的要求和通孔车刀一样。不同之处是，不通孔车刀夹在刀杆的最前端，刀尖到刀杆外端的距离 $a$ 小于孔半径 $R$，否则无法车平孔的底面。

### 2. 内孔车刀的结构

内孔车刀可做成整体式，如图 7-10a 所示，为节省刀具材料和增加刀柄强度，也可把高速钢或硬质合金做成较小的刀头，安装在碳钢或合金钢制成的刀柄前端的方孔中，并在顶端或上面用螺钉固定，如图7-10b、c所示。

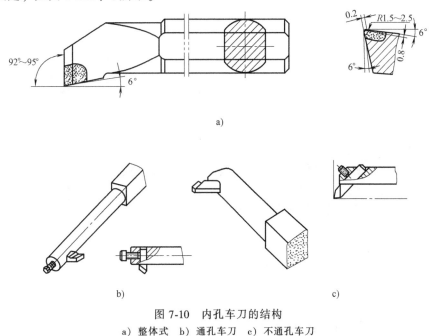

图7-10  内孔车刀的结构

a) 整体式  b) 通孔车刀  c) 不通孔车刀

## 三、孔加工刀具的刃磨与安装

### 1. 标准麻花钻的刃磨

刃磨麻花钻与刃磨车刀一样，是车工必须熟练掌握的基本功。

（1）刃磨麻花钻的操作步骤

1）用右手握住钻头前端作为支点，左手紧握钻头柄部。

2）摆正钻头与砂轮的相对位置，使钻头轴线与砂轮外圆柱面母线在水平面内的夹角等于顶角的1/2，同时钻尾向下倾斜，如图7-11a所示。

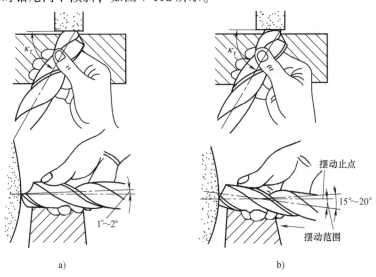

图7-11  麻花钻的刃磨方法

3）刃磨时，将主切削刃置于比砂轮中心稍高一点的水平位置接触砂轮，以钻头前端支点为圆心，右手缓慢地使钻头绕其轴线由下向上转动，同时施加适当的压力（这样可使整个后面都能磨到）。右手配合左手的向上摆动做缓慢地同步下压运动（略带转动），刃磨压力逐渐增大，于是磨出后角，如图 7-11b 所示，但注意左手不能摆动太大，以防磨出负后角或将另一面主切削刃磨掉。其下压的速度和幅度随要求的后角而变；为保证钻头近中心处磨出较大后角，还应做适当右移运动。当一个主后面刃磨完成后，将钻头转过 180°刃磨另一个主后面，此时人和手要保持原来的位置和姿势，这样才能使磨出的两主切削刃对称。按此法不断反复，两主后面经常交换磨，边磨边检查，直至达到要求为止。

（2）刃磨麻花钻注意事项

1）刃磨时须戴护目镜。

2）新装的砂轮必须经过严格检查，经试运转合格后才能使用。

3）砂轮磨削表面须经常修整。

4）磨钻头时，操作者应尽量避免正对砂轮，以站在砂轮侧面为宜。

5）磨钻头时，不要用力过猛，以防打滑而伤手。

6）磨钻头时，要经常将钻头放入切削液中降温，防止钻头退火。

7）刃磨结束时，应随手关闭砂轮机电源。

## 2. 内孔车刀的刃磨

内孔车刀如图 7-10a 所示。

（1）刃磨内孔车刀的操作步骤

1）粗磨前面。左手在前、右手在后握刀，前面接触砂轮，副后面向上，左右移动刃磨。

2）粗磨主后面。左手在前、右手在后握刀，前面向上，主后面接触砂轮，左右慢慢移动刃磨。

3）粗磨副后面。右手在前、左手在后握刀，前面向上，副后面接触砂轮，左右慢慢移动刃磨。

4）磨卷屑槽。右手在上、左手在下握刀，前面接触砂轮，上下移动刃磨。

5）精磨主后面、副后面。刃磨方法同粗磨主后面、副后面。

6）修磨刀尖圆弧。右手在前、左手在后握刀，前面向上，以右手为圆心，摆动刀杆，修磨刀尖圆弧。

（2）刃磨内孔车刀注意事项

1）刃磨时须戴护目镜。

2）新装的砂轮必须经过严格检查，经试运转合格后才能使用。

3）砂轮磨削表面须经常修整。

4）磨内孔车刀时，操作者应尽量避免正对砂轮，以站在砂轮侧面为宜。

5）磨内孔车刀时，不要用力过猛，以防打滑而伤手。

6）刃磨结束后，应随手关闭砂轮机电源。

## 3. 麻花钻的安装

锥柄麻花钻可用莫氏过渡套插入尾座锥孔中；直柄麻花钻用钻夹头装夹，再将钻夹头的锥柄插入尾座锥孔中，也可以采用如图 7-12 所示的专用夹具在刀架上装夹钻头。

## 4. 内孔车刀的安装

内孔车刀安装得正确与否，直接影响车削情况及孔的精度，所以在安装时一定要注意：

1）刀尖应与工件中心等高或稍高。如果装得低于中心，由于切削抗力的作用，容易将刀柄压低而产生扎刀现象，并可造成孔径扩大。

2）刀柄伸出刀架不宜过长，一般比被加工孔长 5~6mm。

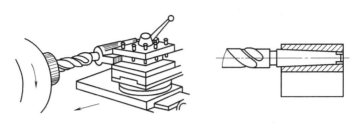

图 7-12 用专用夹具装夹钻头

3）刀柄基本平行于工件轴线，否则在车削到一定深度时刀柄后半部容易碰到工件孔口。

4）安装不通孔车刀时，内偏刀的主切削刃须与孔底平面成 3°~5°，如图 7-13 所示，并且在车平面时要求横向有足够的退刀余地。

## 四、孔的加工方法

### 1. 钻孔的方法

（1）钻孔时切削用量的选择

1）背吃刀量（$a_p$）：钻孔时的背吃刀量是钻头直径的 1/2。

2）切削速度（$v_c$）：钻孔时的切削速度是指麻花钻主切削刃外缘处的线速度。

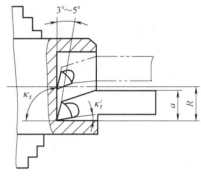

图 7-13 不通孔车刀的安装

$$v_c = \frac{\pi D n}{1000} \tag{7-1}$$

式中，$v_c$ 为切削速度（m/mim）；$D$ 为钻头的直径（mm）；$n$ 为主轴转速（r/min）。

用高速钢麻花钻钻钢料时，$v_c = 15 \sim 30$m/mim；钻铸铁时，$v_c = 75 \sim 90$m/mim；扩孔时切削速度可略高一些。

3）进给量（$f$）：在车床上钻孔时，工件转一周，钻头沿轴向移动的距离为进给量。

在车床上用手慢慢转动尾座手轮来实现进给运动。进给量太大会使钻头折断，用 $\phi 12 \sim \phi 25$mm 的麻花钻钻钢料时，$f = 0.15 \sim 0.35$mm/r；钻铸件时，进给量 $f$ 略大些，一般选 $f = 0.15 \sim 0.4$mm/r。

（2）钻孔的方法与操作步骤

1）找正尾座，使钻头中心对准工件的回转中心，否则可能会使孔径扩大，甚至使钻头折断。

2）钻孔前，先将工件一端车平，中心处不允许留有凸台，以利于钻头的正确定心。

3）用细长麻花钻钻孔时，为防止钻头晃动，可在刀架上夹一挡铁，以支持钻头头部来帮助钻头定心，如图 7-14 所示。

4）在实体材料上钻孔，小径孔可一次钻出，若孔径超过 30mm，则不宜一次钻出。最好先用小直径钻头钻出底孔，再用大直径钻头钻出所需尺寸孔径，一般情况下，第一支钻头直径为第二支钻孔直径的 0.5~0.7。

5）钻不通孔与钻通孔的方法基本相

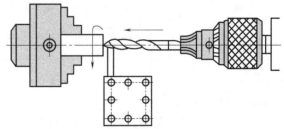

图 7-14 用挡铁支顶钻头

同，不同的是钻不通孔时需要控制孔的深度。具体操作是：开动车床，摇动尾座手轮，当钻尖开始切入工件端面时，用钢直尺量出尾座套筒的伸出长度，那么钻不通孔的深度就应该控制为所测伸出长度加上孔深，如图7-15所示。

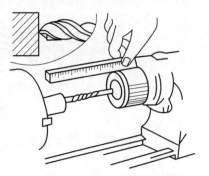

图 7-15　钻不通孔的深度控制

**2. 铰孔的方法**

（1）铰孔余量的确定　铰削余量是指上道工序（钻孔或扩孔）完成后，在直径方向所留下的加工余量。铰削余量不能太小或太大。铰削余量太小，上道工序的残留变形和加工刀痕难以纠正和除去，铰孔的质量达不到要求。同时铰刀处于啃刮状态，磨损严重，降低了铰刀的使用寿命。铰削余量太大，则增加了每一刀齿的切削负荷，增加了切削热，使铰刀直径扩大，孔径也随之扩大。同时切屑呈撕裂状态，使铰削表面粗糙。正确选择铰削余量，应按孔径的大小，同时考虑铰孔的精度、表面粗糙度、材料的软硬和铰刀类型等多种因素。铰削余量的选择见表7-1。此外，铰削余量的确定，与上道工序的加工质量有很大关系。因此，对铰削精度要求较高的孔，必须经过扩孔或粗铰，才能保证最后的铰孔质量。

表 7-1　铰削余量的选择　　　　　　　　　　　　　　　　　　　（单位：mm）

| 铰孔直径 | <5 | 5~20 | 21~32 | 33~50 | 51~70 |
|---|---|---|---|---|---|
| 铰削余量 | 0.1~0.2 | 0.2~0.3 | 0.3 | 0.5 | 0.8 |

（2）机铰的切削速度和进给量　铰孔的切削速度和进给量要选择适当，过大或过小都将直接影响铰孔质量和铰刀的使用寿命。使用普通高速钢铰刀铰孔，工件材料为铸铁时，切削速度 $v_c$ 不应超过 10m/min，进给量应在 0.8mm/r 左右。当工件材料为钢时，切削速度 $v_c$ 不应超过 8m/min，进给量应在 0.4mm/r 左右。

（3）切削液　铰削的切屑一般都很细碎，容易黏附在切削刃上，甚至夹在孔壁与校准部分棱边之间，将已加工表面拉毛。铰削过程中，热量积累过多也将引起工件和铰刀的变形或孔径扩大，因此铰削时必须采用适当的切削液，以减少摩擦和散发热量，同时将切屑及时冲掉。铰孔时切削液的选择见表7-2。

表 7-2　铰孔时切削液的选择

| 工件材料 | 切　削　液 |
|---|---|
| 钢 | 1)体积分数为 10%~20% 的乳化液<br>2)铰孔精度要求较高时，可采用体积分数为 30% 的菜油加 70% 的乳化液<br>3)高精度铰削时，可用菜油、柴油和猪油 |
| 铸铁 | 1)不用<br>2)煤油，但会引起孔径缩小(最大缩小量为 0.02~0.04mm)<br>3)低浓度乳化液 |
| 铝 | 煤油 |
| 铜 | 乳化液 |

（4）铰孔操作要点

1）工件要找正、夹紧，夹紧位置、作用力方向和夹紧力应合理适当，防止工件变形，以免铰孔后工件变形部分回弹，影响孔的几何精度。

2）手铰时两手用力要均衡，保持铰削的稳定性，避免由于两手用力不平衡使铰刀摇摆而造成孔口喇叭状和孔径扩大。不能用一般的扳手扳转铰刀铰孔。

3）随着铰刀旋转，两手轻轻加压，使铰刀均匀进给。同时不断变换铰刀每次停歇位置，防止连续在同一位置停歇而造成的振痕。

4）铰削过程中或退出铰刀时，都不允许反转，否则将拉毛孔壁，甚至使铰刀崩刃。

5）铰定位锥销孔时，两结合零件应连接一体，位置正确，铰削过程中要经常用相配的锥销来检查铰孔尺寸，以防将孔铰深。装配时将锥销按紧至定位孔，其头部应高出工件表面 2~3mm，然后用铜锤敲紧。根据具体情况和要求，锥销头部可略低或略高于工件表面。

6）机铰时，要注意机床主轴、铰刀和工件孔三者同轴度误差是否符合要求。

7）机铰结束，应待铰刀退出孔外后再停车，否则孔壁有刀痕，退出时孔要被拉毛。

8）铰孔过程中，应按工件材料和铰孔精度要求合理选用切削液。

9）使用可调节铰刀时，应注意调整后检测铰刀的直径。

10）手铰过程中，若铰刀被卡住，则不能猛力扳转铰刀，此时应取出铰刀，清除切屑，检查铰刀。继续铰孔时应缓慢进给，以防在原处再次被卡住。

**3. 车孔的方法**

车孔的方法基本上和车外圆相同，但与车外圆相比略有差别。

（1）车孔时的切削用量　车孔刀的刀柄细长，刚度低，车孔时排屑困难，故车孔时的切削用量应选得比车外圆时要小些。

车孔时的背吃刀量 $a_p$ 是车孔余量的一半，进给量 $f$ 比车外圆时小 20%~40%，切削速度 $v_c$ 比车外圆时低 10%~20%。

（2）车孔的关键技术　车孔的关键技术是解决内孔车刀的刚性和排屑问题。

1）增加内孔车刀的刚性可采取的措施

① 尽量增加刀柄的截面积。通常内孔车刀的刀尖位于刀柄的上面，这样刀柄的截面积较小，还不到孔截面积的 1/4，若使内孔车刀的刀尖位于刀柄的中心线上，则刀柄在孔中的截面积可大大地增加。

② 尽可能缩短刀柄的伸出长度，以增加车刀刀柄的刚性，减小切削过程中的振动，如图 7-16 所示。此外还可将刀柄的上下两个平面做成互相平行，这样就能很方便地根据孔深调节刀柄伸出的长度。

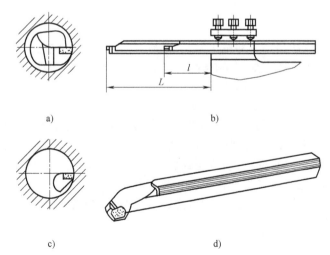

a)　　　　　　　　　　　　b)

c)　　　　　　　　　　　　d)

图 7-16　可调节刀柄长度的内孔车刀

a) 刀尖位于刀杆中心　b) 刀杆伸出长度　c) 刀尖位于刀杆上面　d) 车刀外形

2）解决排屑问题。主要是控制切屑流出方向。精车孔时要求切屑流向待加工表面（前排屑），为此，采用正刃倾角的内孔车刀，如图 7-17a 所示；加工不通孔时，应采用负刃倾角的内孔车刀，使切屑从孔口排出，如图 7-17b 所示。

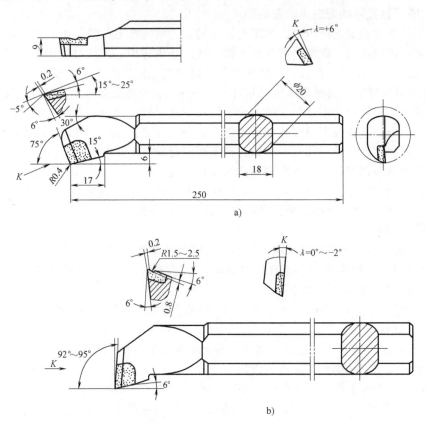

图 7-17　典型内孔车刀

a）前排屑通孔车刀　b）后排屑不通孔车刀

**操作训练**

**1. 准备工作**

1）正确穿戴劳动保护用品。穿戴工服、工鞋、工帽并检查合格。

2）图样准备：加工图样，如图 7-1 所示，1 份。

3）材料准备：45 钢，$\phi65mm×30mm$，1 节。

4）设备准备：卧式车床 CA6140，1 台。

5）刀具、量具、工具、用具准备：90°外圆车刀（YT）2 把，45°弯头刀（YT）、内孔车刀、$\phi20mm$ 麻花钻、机用铰刀 $\phi20H7$ 各 1 把，内径百分表（35～50mm）、千分尺（25～50mm）、游标卡尺（0～150mm）、塞规 $\phi20H7$ 各 1 套，刀架扳手 18mm×18mm、卡盘扳手 14mm×14mm×150mm、钻夹头各 1 把，刀垫、磨石等若干。

6）车床调整，刀具安装，量具、工具摆放，图样识读和工件装夹。

7）工艺准备（表 7-3）。

8）切削用量的确定。

① 粗车：背吃刀量视加工要求确定，进给量为 0.2～0.3mm/r，转速为 350～480r/min。

② 精车：背吃刀量为 0.2～0.3mm，进给量为 0.1～0.15mm/r，转速为 750～800r/min。

表 7-3　车削短套的工艺准备

| 工序号 | 工序名称 | 工序内容 | 工艺装备 |
|---|---|---|---|
| 1 | 车 | 夹一端,粗、精车端面至图样要求,钻中心孔 | 自定心卡盘 |
| 2 | 车 | 粗、精车外圆 $\phi 60_{-0.10}^{0}$ mm 至尺寸要求,长度 21mm | 自定心卡盘 |
| 3 | 车 | 钻孔 $\phi 18$mm | 自定心卡盘 |
| 4 | 车 | 调头找正,车端面,粗、精车外圆 $\phi 40_{-0.03}^{0}$ mm×5mm 至尺寸要求,保证总长 25mm | 自定心卡盘 |
| 5 | 车 | 车内孔,留精加工余量 0.08~0.12mm,倒角;铰孔 | 自定心卡盘 |
| 6 | 检 | 检验 | |

③ 车孔:背吃刀量为 0.8~1mm,进给量为 0.15mm/r 左右,转速为 350~480r/min。

④ 铰孔:背吃刀量为 0.08~0.12mm,手动进给量,转速为 200r/min 左右。

**2. 操作程序**

1) 自定心卡盘装夹工件并找正,车端面。

2) 钻中心孔。

3) 粗、精车外圆 $\phi 60_{-0.10}^{0}$ mm 至尺寸要求,长度 21mm。

4) 钻孔 $\phi 18$mm。

5) 调头用软卡爪装夹工件长约 18mm,用百分表找正检测径向圆跳动在几何公差要求之内。

6) 粗、精车外圆 $\phi 40_{-0.03}^{0}$ mm×5mm 至尺寸要求,并保证外圆 $\phi 60_{-0.10}^{0}$ mm 的长度 20mm。

7) 车端面,控制总长 25mm。

8) 车内孔,留精加工余量 0.08~0.12mm,孔口倒角 C1。

9) 主轴旋转,开启切削液,用铰刀铰孔 $\phi 20$mm 至尺寸要求。

10) 另一侧孔口倒角 C1。

11) 检查卸车。

12) 打扫整理工作场地,将工件摆放整齐。

**3. 注意事项或安全风险提示**

1) 中滑板进、退刀方向应与车外圆相反。

2) 用内卡钳测量时,两脚连线应与孔径轴线垂直,并在自然状态下摆动,否则其摆动量不正确,会出现测量误差。

3) 车削铸铁工件内孔至接近孔径尺寸时,不要用手去抚摸,以防增加车削困难。

4) 精车内孔时,应保持切削刃锋利,否则容易产生让刀(因刀杆刚性差),把孔车成锥形。

5) 车小孔时,应注意排屑问题,否则由于内孔切屑阻塞,会造成内孔车刀严重扎刀而把内孔车废。

**4. 操作要点**

(1) 直通孔的车削方法

1) 直通孔的车削基本上与车外圆相同,只是进刀和退刀的方向相反。在粗车或精车时也要进行试切削,其横向进给量为径向余量的 1/2。当车刀纵向切削至 2mm 左右时,纵向快速退刀(横向不动),然后停车测试,若孔的尺寸不到位,则需微量横向进刀后再次测试,直至符合要求,方可车出整个内孔表面。

2) 车孔时的切削用量要比车外圆时适当减小些,特别是车小孔或深孔时,其切削用量应更小。

（2）塞规的使用技巧

1）用塞规测量孔径时，应保持孔壁清洁，否则会影响塞规测量。

2）当孔径温度较高时，不能用塞规立即测量，以防工件冷缩把塞规"咬死"在孔内。

3）用塞规检查孔径时，塞规不能倾斜，以防造成孔小的错觉，把孔径车大。相反，在孔径小的时候，不能用塞规硬塞，更不能用力敲击。

4）从孔内取出塞规时，应注意安全，防止与内孔车刀碰撞。

（3）软卡爪的使用技巧　软卡爪是未经淬硬的卡爪，形状与硬卡爪相同，如图7-18所示。使用时，把硬卡爪的前半部分卸下，换上软卡爪1，用螺钉2紧固在卡爪的下半部分，然后把卡爪车成需要的形状和尺寸，用于装夹工件3。如果卡爪是整体式的，则可用旧卡爪在夹持面上焊上一块钢料，再将卡爪装入卡盘内，根据工件外径的大小，将卡爪车削完成。

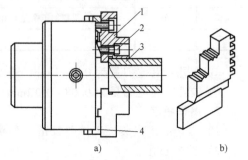

图7-18　用扇形软卡爪装夹
a）装配式软卡爪　b）焊接式软卡爪
1—软卡爪　2—螺钉　3—工件　4—卡爪的下半部

车软卡爪时，为了消除间隙，必须在卡爪内（或卡爪外）放一适当直径的定位圆柱（或定位圆环），定位圆柱的装夹位置应与工件的装夹方向一致，如图7-19所示。当用软卡爪夹持工件外圆时，定位圆柱应放在卡爪里面，如图7-19a所示。当用软卡爪撑夹工件内孔时，定位圆环应放在卡爪外面，如图7-19b所示。使用软卡爪时，工件虽然经过多次装夹，仍能保证较高的相互位置精度。同时可以根据工件的特殊形状车制软卡爪，以便于装夹工件。

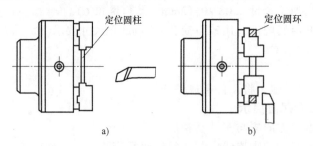

图7-19　软卡爪的车削
a）车内圆弧　b）车外圆弧

# 任务二　车削台阶套

## 学习目标

1）掌握车孔时防止振动的方法。

2）掌握台阶孔的车削方法。

3）能熟练加工台阶孔。

4）能正确执行安全技术操作规程。

5）能按企业有关安全生产的规定，做到工作场地整洁，工件、刀具、工具和量具摆放整齐。

**工作任务**

台阶套零件图如图 7-20 所示。通过图样可以看出，该零件为套类零件，中间孔为阶梯孔，两端有倒角便于装配零件。技术要求包括 5 处尺寸精度，内孔的表面粗糙度值为 3.2μm，其余为 6.3μm。总长为（45±0.1）mm，最大直径为 $\phi58_{-0.10}^{0}$ mm。

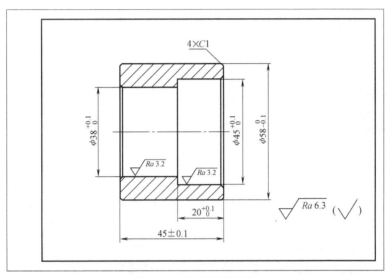

图 7-20  台阶套零件图

**知识准备**

### 一、车孔时防止振动的方法

车孔时为了防止工件振动，除了采用合适的装夹方法和有效地控制内孔车刀的伸出长度（或提高刚性）外，一般还采用如图 7-21 所示的方法，即在工件外圆上套上一防振圈，以达到防振的目的。

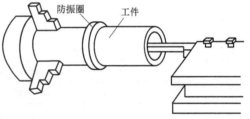

图 7-21  采用防振圈防止车削振动

### 二、台阶孔的车削方法

1）车直径较小的台阶孔时，由于观察困难而尺寸精度不宜掌握，所以常采用先粗、精车小孔，再粗、精车大孔。

2）车直径较大的台阶孔时，在便于测量小孔尺寸而视线又不受影响的情况下，一般先粗车大孔和小孔，再精车小孔和大孔。

3）车削孔径尺寸相差较大的台阶孔时，最好采用主偏角 $\kappa_r<90°$（一般为 85°~88°）的车刀先粗车，然后再用内偏刀精车，直接用内偏刀车削时背吃刀量不可太大，否则切削刃易损坏。其原因是刀尖处于切削刃的最前端，切削时刀尖先切入工件，因此其承受的切削抗力最大，加上刀尖本身强度差，所以容易碎裂；由于刀柄伸长，在轴向抗力的作用下，背吃刀量大容易产生振动和扎刀。

4）控制车孔深度的方法。通常采用粗车时在刀柄上刻线痕做记号，如图 7-22a 所示，或安放限位铜片，如图 7-22b 所示，也可以用床鞍刻线来控制等；精车时需用小滑板刻度盘或游

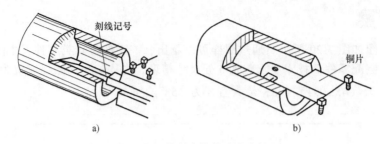

图 7-22　控制车孔深度的方法
a）在刀柄上刻线痕做记号　b）安放限位铜片

标深度卡尺等来控制车孔深度。

### 1. 准备工作

1）正确穿戴劳动保护用品。穿戴工服、工鞋、工帽并检查合格。

2）图样准备：加工图样，如图 7-20 所示，1 份。

3）材料准备：45 钢，$\phi60mm \times 50mm$，1 节。

4）设备准备：卧式车床 CA6140，1 台。

5）刀具、量具、工具、用具准备：90°外圆车刀（YT）2 把，45°弯头刀（YT）、内孔车刀和 $\phi35mm$ 钻头各 1 把，内径百分表（35～50mm）、游标卡尺（0～150mm）各 1 套，固定顶尖、尾座顶尖、刀架扳手 18mm×18mm、卡盘扳手 14mm×14mm×150mm、钻夹头各 1 把，刀垫、磨石等若干。

6）车床调整，刀具安装，量具、工具摆放，图样识读和工件装夹。

7）工艺准备（表 7-4）。

表 7-4　车削台阶套的工艺准备

| 工序号 | 工序名称 | 工序内容 | 工艺装备 |
|---|---|---|---|
| 1 | 车 | 夹一端，粗、精车外圆 $\phi58_{-0.10}^{0}$mm 至尺寸要求，长度 21mm | 自定心卡盘 |
| 2 | 车 | 调头装夹工件，车端面，钻中心孔 | 自定心卡盘 |
| 3 | 车 | 钻通孔 $\phi35$mm | 自定心卡盘 |
| 4 | 车 | 粗、精车另一端外圆 $\phi58_{-0.10}^{0}$mm 至尺寸要求，长度 46mm | 自定心卡盘 |
| 5 | 车 | 粗车内孔 $\phi38_{0}^{+0.10}$mm、$\phi45_{0}^{+0.10}$mm，均留精车余量 0.5mm | 自定心卡盘 |
| 6 | 车 | 精车内孔 $\phi38_{0}^{+0.10}$mm、$\phi45_{0}^{+0.10}$mm 至尺寸要求，保证长度 $\phi20_{0}^{+0.10}$mm；内外倒角 C1 | 自定心卡盘 |
| 7 | 车 | 调头找正，车端面，保证总长（45±0.1）mm；内外倒角 C1 | 自定心卡盘 |
| 8 | 检 | 检验 | |

8）切削用量的确定。

① 粗车：背吃刀量视加工要求确定，进给量为 0.2～0.3mm/r，转速为 400～480r/min。

② 精车：背吃刀量为 0.4～0.8mm，进给量为 0.1～0.15mm/r，转速为 750～800r/min。

③ 粗车孔：背吃刀量视加工要求确定，进给量为 0.1～0.15mm/r，转速为 350r/min 左右。

④ 精车孔：背吃刀量为 0.08～0.15mm，进给量为 0.05～0.1mm/r，转速为 600r/min 左右。

**2. 操作程序**

1）自定心卡盘装夹工件并找正，车端面。

2）钻中心孔。

3）钻通孔 $\phi35$mm。

4）双顶尖装夹，车外圆至尺寸要求。

5）夹外圆车端面，粗车内孔 $\phi38_{0}^{+0.10}$mm、$\phi45_{0}^{+0.10}$mm，均留精车余量 0.5mm。

6）精车内孔 $\phi38_{0}^{+0.10}$mm、$\phi45_{0}^{+0.10}$mm 至尺寸要求，保证长度 $\phi20_{0}^{+0.10}$mm。

7）内外倒角 $C1$。

8）调头找正，车端面，保证总长（45±0.1）mm。

9）孔口倒角 $C1$。

10）检查卸车。

11）打扫整理工作场地，将工件摆放整齐。

**3. 注意事项或安全风险提示**

1）要求内平面平直，孔壁与内平面相交处清角，并防止出现凹坑和小台阶。

2）孔径应防止喇叭口和出现试刀痕迹。

3）用内径百分表测量前，应首先检查整个测量装置是否正常，如固定测头有无松动，百分表是否灵活，指针转动后是否能回到原来位置，指针对准"零位"是否走动等。

4）用内径百分表测量时，不能超过其弹性极限，如果强迫把表放入较小的内孔中，则在压力作用下，容易损坏机件。

5）用内径百分表测量时，要注意百分表的读法。

# 任务三　车削变径套

## 学习目标

1）掌握内圆锥面的车削方法。

2）掌握车削孔时的质量分析。

3）能熟练车削内圆锥面。

4）能正确执行安全技术操作规程。

5）能按企业有关安全生产的规定，做到工作场地整洁，工件、刀具、工具和量具摆放整齐。

## 工作任务

变径套零件图如图 7-23 所示。通过图样可以看出，该零件为套类零件，中间孔由 1∶5 的锥孔和 $\phi20_{0}^{+0.052}$mm 直孔组成。技术要求包括 2 处尺寸精度，各表面粗糙度值均为 1.6μm。总长为 35mm，最大直径为 $\phi38$mm。

## 知识准备

### 一、内圆锥面的车削方法

**1. 转动小滑板车内圆锥的方法**

如图 7-24 所示，转动小滑板车内圆锥的步骤如下：

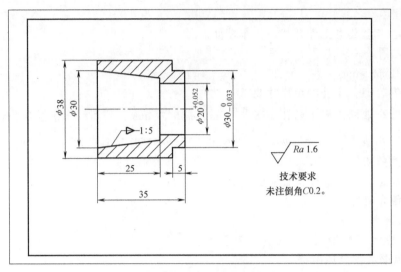

图 7-23  变径套零件图

1）先用直径小于锥孔小端直径 1～2mm 的钻头钻孔（或车孔）。

2）调整小滑板镶条松紧及行程距离。

3）根据车床主轴中心高度，用钢直尺测量的方法装夹车刀。

4）转动小滑板角度的方法与车圆锥体相同，但是方向相反。应沿顺时针方向转过 $\alpha/2$ 后进行车削。当锥形塞规能塞进孔约 1/2 长时要开始进行检查，找正锥度。然后根据测量情况，逐步找正小滑板角度。

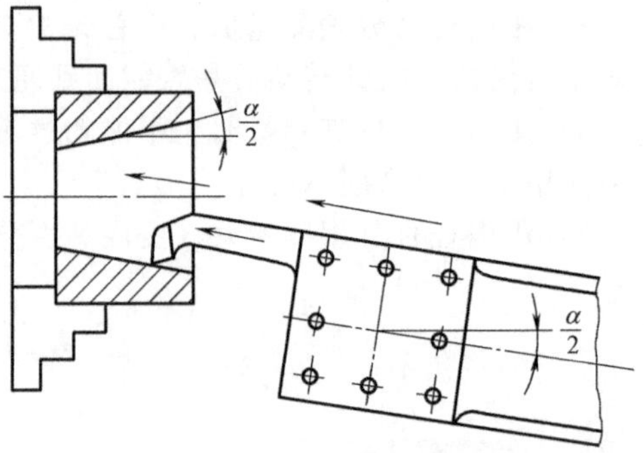

图 7-24  转动小滑板车内圆锥

**2. 铰内圆锥的方法**

在加工直径较小的内圆锥时，因为刀杆强度较差，难以达到较高的精度和较小的表面粗糙度值，这时可以用锥形铰刀来加工。用铰削方法加工的内圆锥精度比车削高，表面粗糙度值可达 1.6μm。

锥形铰刀一般分粗铰刀（图 7-25a）和精铰刀（图 7-25b）两种。粗铰刀的槽数比精铰刀少，使容屑空间增大，对排屑有利。粗铰刀的切削刃上有一条螺旋分屑槽，把原来很长的切削刃分割成若干短切削刃，因而把切屑分成几段，使切屑容易排出。精铰刀做成锥度很准确的直线刀齿，并留有很小的棱边（$b_n = 0.1～0.2$mm），以保证内圆锥的质量。

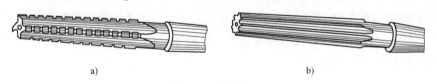

a)                                                    b)

图 7-25  锥形铰刀

a）粗铰刀  b）精铰刀

铰内圆锥的方法有以下两种：

1）当锥孔的直径和锥度较大时，先用直径小于锥孔小端直径 1～1.5mm 的麻花钻钻孔，并用内孔车刀车成锥孔，留 0.1～0.2mm 余量，然后用精铰刀铰孔。

2）当锥孔的直径和锥度很小时，钻孔后可直接用锥形铰刀粗铰，再用精铰刀修光成形。

## 二、车削孔时的质量分析

车削孔时的质量分析见表7-5。

表7-5  车削孔时的质量分析

| 质量问题 | 原　因 | 预防措施 |
|---|---|---|
| 孔的尺寸大 | 车孔时,没有仔细测量 | 仔细测量和进行试车削 |
| | 铰孔时,主轴转速太高,铰刀温度上升,切削液供应不足 | 降低主轴转速,加注充足的切削液 |
| | 铰孔时,铰刀尺寸大于要求,尾座偏移 | 检查铰刀尺寸,校正尾座轴线,采用浮动套筒 |
| 孔的圆柱度超差 | 车孔时,刀柄过细,切削刃不锋利,造成让刀现象,使孔径外大内小 | 增加刀柄刚度,保持车刀锋利 |
| | 车孔时,主轴轴线与导轨不平行 | 调整主轴轴线与导轨的平行度 |
| | 铰孔时,由于尾座偏移等原因使孔口扩大 | 校正尾座或采用浮动套筒 |
| 孔的表面粗糙度值大 | 车孔与车轴类工件表面粗糙度达不到要求的原因相同。其中车孔刀磨损和刀柄产生振动尤其突出 | 要保持车刀的锋利和采用刚度较高的刀柄 |
| | 铰孔时,铰刀磨损或切削刃上有崩口、毛刺 | 修磨铰刀,刃磨后保管好,以防碰毛 |
| | 铰孔时,切削液和切削速度选用不当,产生积屑瘤 | 铰孔时,采用5m/min以下的切削速度,并正确选用和加注切削液 |
| | 铰孔余量不均匀和铰孔余量过大或过小 | 正确选择铰孔余量 |
| 同轴度和垂直度超差 | 用一次装夹方法车削时,工件移位或车床精度不高 | 将工件装夹牢固,减小切削用量,调整车床精度 |
| | 用软卡爪装夹时,软卡爪没有车好 | 软卡爪应在车床上车出,其直径与工件装夹尺寸基本相同 |
| | 用心轴装夹时,心轴中心孔碰毛或心轴本身同轴度超差 | 应保护好心轴中心孔。如碰毛可研修中心孔,如心轴弯曲可校直或更换 |

### 操作训练

**1. 准备工作**

1）正确穿戴劳动保护用品。穿戴工服、工鞋、工帽并检查合格。

2）图样准备：加工图样，如图7-23所示，1份。

3）材料准备：45钢，$\phi40mm \times 38mm$，1节。

4）设备准备：卧式车床CA6140，1台。

5）刀具、量具、工具、用具准备：90°外圆车刀（YT）2把，45°弯头刀（YT）、内孔车刀、$\phi18mm$钻头、机用铰刀$\phi20H9$各1把，游标卡尺（0~150mm）、1:5锥度量规或角度尺各1套，固定顶尖、尾座顶尖、刀架扳手18mm×18mm、卡盘扳手14mm×14mm×150mm各1把，刀垫、磨石等若干。

6）车床调整，刀具安装，量具、工具摆放，图样识读和工件装夹。

7）工艺准备（表7-6）。

表 7-6　车削变径套的工艺准备

| 工序号 | 工序名称 | 工序内容 | 工艺装备 |
|---|---|---|---|
| 1 | 车 | 车端面 | 自定心卡盘 |
| 2 | 车 | 粗、精车 $\phi$38mm 外圆,长度大于 30mm;倒角 C0.2 | 自定心卡盘 |
| 3 | 车 | 调头车端面,控制总长 35mm | 自定心卡盘 |
| 4 | 车 | 粗、精车 $\phi30_{-0.033}^{0}$ mm,长 5mm;倒角 C0.2 | 自定心卡盘 |
| 5 | 车 | 钻孔 $\phi$18mm | 自定心卡盘 |
| 6 | 车 | 调头装夹找正,车 1:5 内锥面;车、铰 $\phi20_{0}^{+0.052}$ mm 内孔;倒角 C0.2 | 自定心卡盘 |
| 7 | 检 | 检验 | |

8) 切削用量的确定。

① 粗车:背吃刀量视加工要求确定,进给量为 0.2~0.3mm/r,转速为 400~480r/min。

② 精车:背吃刀量为 0.4~0.8mm,进给量为 0.1~0.15mm/r,转速为 750~800r/min。

③ 粗车孔:背吃刀量视加工要求确定,进给量为 0.1~0.15mm/r,转速为 350r/min 左右。

④ 精车孔:背吃刀量为 0.08~0.15mm,进给量为 0.05~0.1mm/r,转速为 600r/min 左右。

**2. 操作程序**

1) 夹工件一端,找正夹紧,车端面。

2) 粗、精车 $\phi$38mm 外圆,长度大于 30mm。

3) 倒角 C0.2。

4) 调头,夹 $\phi$38mm 外圆,找正夹紧,车端面,控制总长 35mm。

5) 粗、精车 $\phi30_{-0.033}^{0}$ mm 小台阶外圆,长 5mm。

6) 倒角 C0.2。

7) 用 $\phi$18mm 的麻花钻钻孔。

8) 调头装夹找正,按图样要求计算出 1:5 锥度小滑板应转过的角度,采用转动小滑板法粗、精车内锥面,控制大端直径为 $\phi$30mm,长 25mm。

9) 车 $\phi$20mm 内孔,留铰削余量 0.08~0.12mm,换机用铰刀 $\phi$20H9 铰出内孔至图样要求。

10) 倒角 C0.2。

11) 检查卸车。

12) 打扫整理工作场地,将工件摆放整齐。

**3. 注意事项或安全风险提示**

1) 车刀必须对准工件中心。

2) 粗车时不宜进刀过深,应先找正锥度(检查锥形塞规与工件配合是否有间隙)。

3) 取出锥形塞规时应注意安全,不能敲击,以防工件移位。

4) 要以锥形塞规上的界限线来控制锥孔尺寸。

5) 精车时可加注切削液,以得到较小的表面粗糙度值。

6) 先把圆锥体车正确,不要变动小滑板角度,只需把内孔车刀反装,使切削刃向下(主轴仍正转),然后车削圆锥孔,如图 7-26 所示。

**4. 操作要点**

(1) 切削液的使用　铰锥孔时切削液必须充足。铰钢件用乳化液或切削油,铰合金钢或

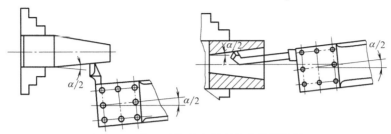

图 7-26　车刀反装法车削配合内外圆锥面

低碳钢用植物油，铰铸铁用煤油或柴油。

（2）车削配套圆锥面的方法　当工件数量很少时，车削内外圆锥配合体件的方法有车刀反装法和车刀正装法两种。

1）车刀反装法。先将外圆锥体车好后，不变动小滑板的转动角度，只是将内孔车刀反装，使其前面向下，刀尖应对准工件回转中心，车床主轴仍正转，然后车削内圆锥孔，如图7-26 所示。

2）车刀正装法。采用与一般内孔车刀弯头方向相反的锥孔车刀，如图7-27 所示。车刀正装，使前面向上，刀尖对准工件回转中心，车床主轴应反转，然后车削内圆锥孔。车刀相对工件的切削位置与车刀反装法时切削位置相同。

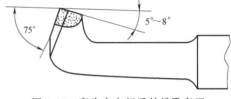

图 7-27　弯头方向相反的锥孔车刀

（3）切削用量的选择

1）切削速度比车削圆锥体时低 10%～20%。

2）手动进给量要始终保持均匀，不能有停顿与快慢现象。最后一刀的背吃刀量一般取 0.1～0.2mm 为宜。

# 任务四　车削普通螺纹套

## 学习目标

1）掌握内螺纹车刀的种类及加工特点。

2）掌握确定普通螺纹孔径的方法。

3）掌握内螺纹的车削方法和质量分析。

4）能熟练选择内螺纹车刀，并熟练加工内螺纹。

## 工作任务

螺纹套零件图如图 7-28 所示。通过图样可以看出，该零件为套类零件，中间孔为 M30×1.5 普通螺纹结构。技术要求是内孔的表面粗糙度值为 3.2μm，其余为 6.3μm。总长为 20mm，最大直径为 φ45mm。

## 知识准备

### 一、内螺纹车刀的选择与装夹

#### 1. 内螺纹车刀的种类

（1）高速钢内螺纹车刀　高速钢内螺纹车刀如图 7-29 所示，内螺纹车刀除了其切削刃几

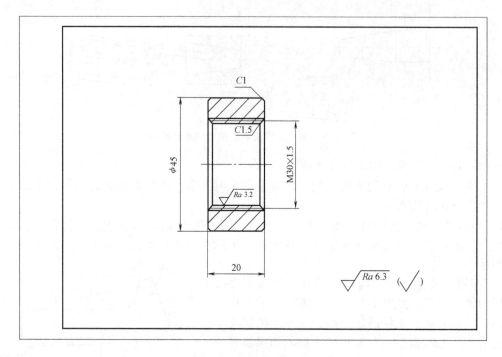

图 7-28　螺纹套零件图

何形状应具有外螺纹车刀的几何形状特点外，还应具有内孔车刀的特点。由于内螺纹车刀的大小受内螺纹孔径的限制，所以内螺纹车刀刀体的径向尺寸应比螺纹孔径小 3～5mm 以上。

（2）硬质合金内螺纹车刀　硬质合金内螺纹车刀如图 7-30 所示，其基本结构特点与高速钢内螺纹车刀相同。

**2. 内螺纹车刀的选择**

车削内螺纹时，应根据不同的螺纹形式选用不同的内螺纹车刀。常见的内螺纹车刀如图 7-31 所示。其中图 7-31a 所示的整体式和图 7-31b 所示的夹固式为车削通孔的内螺纹车刀，图 7-31c 所示的倾斜夹固式为车削不通孔和台阶孔的内螺纹车刀。

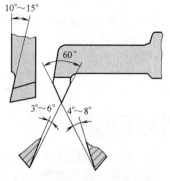

图 7-29　高速钢内螺纹车刀

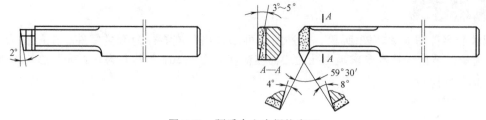

图 7-30　硬质合金内螺纹车刀

内螺纹车刀的刀柄受螺纹孔径尺寸的限制，刀柄应在保证顺利车削的前提下尽量选择较大截面积的，一般选用车刀切削部分径向尺寸比孔径小 3～5mm 的内螺纹车刀。刀柄太细车削时容易振动；刀柄太粗退刀时会碰伤内螺纹牙顶，甚至不能车削。

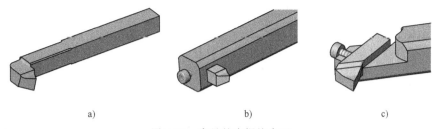

图 7-31　常见的内螺纹车刀

a）整体式　b）夹固式　c）倾斜夹固式

### 3. 内螺纹车刀的装夹方法

1）刀柄的伸出长度应大于内螺纹长度 10~20mm。

2）刀尖应与工件轴线等高。如果装得过高，则车削时容易引起振动，使螺纹表面产生鱼鳞斑；如果装得过低，则刀头下部会与工件发生摩擦，车刀切不进去。

3）用螺纹对刀样板侧面靠平工件端面，刀尖部分进入样板的槽内进行对刀，同时调整并夹紧刀具。

4）装夹好的内螺纹车刀应在底孔内手动试走一次，以防正式加工时刀柄和内孔相碰而影响加工。

## 二、普通螺纹孔径的确定

车削内螺纹前，一般先钻孔或扩孔。由于车削时的挤压作用，内孔直径会缩小，对于塑性金属材料较为明显，所以车螺纹前的底孔孔径应略大于螺纹小径的基本尺寸。底孔孔径可按下列公式计算确定。

车削塑性材料时：
$$D_{孔} \approx D - P \tag{7-2}$$

车削脆性材料时：
$$D_{孔} \approx D - 1.05P \tag{7-3}$$

式中，$D_{孔}$ 为底孔直径（mm）；$D$ 为内螺纹大径（mm）；$P$ 为螺距（mm）。

## 三、内螺纹的车削方法

1）车内螺纹前，先把工件的端平面、螺纹底孔和倒角等车好。车不通孔螺纹或台阶孔螺纹时，还需车好退刀槽，退刀槽直径应大于内螺纹大径，槽宽为（2~3）$P$，并与台阶平面切平，如图 7-32 所示。

2）选择合理的切削速度，并根据螺纹的螺距调整进给箱各手柄的位置。

3）内螺纹车刀装夹好后，开车对刀，记住中滑板刻度或将中滑板刻度盘调零。

4）在车刀刀柄上做标记或用溜板箱手轮刻度控制螺纹车刀在孔内车削的长度，如图 7-33 所示。

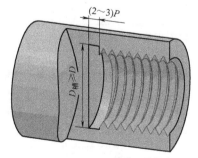

图 7-32　退刀槽的尺寸

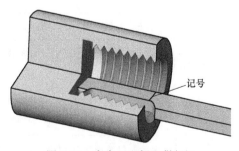

图 7-33　在车刀刀柄上做标记

5）用中滑板进刀，控制每次车削的背吃刀量，进刀方向与车削外螺纹时的进刀方向相反。

6）压下开合螺母手柄车削内螺纹。当车刀移动到标记位置或溜板箱手轮刻度显示到达螺纹长度位置时，快速退刀，同时提起开合螺母或压下操纵杆使主轴反转，将车刀退到起始位置。

7）经数次进刀、车削后，使总背吃刀量等于螺纹牙型深度。

螺距 $P \leqslant 2mm$ 的内螺纹一般采用直进法车削。$P > 2mm$ 的内螺纹一般先用斜进法粗车，并向走刀相反方向一侧借刀，以改善内螺纹车刀的受力状况，使粗车能顺利进行；精车时，采用左右微量借刀法精车两侧面，以减小牙型侧面的表面粗糙度值，最后采用直进法车至螺纹大径。

### 四、车螺纹时的质量分析

车螺纹时的质量分析见表 7-7。

表 7-7　车螺纹时的质量分析

| 质量问题 | 原　因 | 预防措施 |
|---|---|---|
| 中径不正确 | 车刀切入深度不正确 | 经常测量中径(或分度圆直径)尺寸 |
| | 刻度盘使用不正确 | 正确使用刻度盘 |
| 螺距不正确 | 交换齿轮计算或组装错误；主轴箱、进给箱有关手柄位置扳错 | 在工件上先车出一条很浅的螺旋线，测量螺距(或轴向齿距)是否正确 |
| | 局部螺距(或轴向齿距)不正确<br>1)车床丝杠和主轴的窜动过大<br>2)溜板箱手轮转动不平衡<br>3)开合螺母间隙过大 | 调整螺距<br>1)调整好主轴和丝杠的轴向窜动量<br>2)将溜板箱手轮拉出，使之与传动轴脱开或加装平衡块使之平衡<br>3)调整好开合螺母的间隙 |
| | 车削过程中开合螺母抬起 | 用重物挂在开合螺母手柄上，以防止中途抬起 |
| 牙型不正确 | 车刀刃磨不正确 | 正确刃磨和测量车刀角度 |
| | 车刀装夹不正确 | 装刀时使用螺纹对刀样板 |
| | 车刀磨损 | 合理选用切削用量并及时修磨车刀 |
| 表面粗糙度值大 | 产生积屑瘤 | 高速钢车刀切削时，应降低切削速度，并加注切削液 |
| | 刀柄刚度不够，切削时产生振动 | 增加刀柄截面积，并减小悬伸长度 |
| | 车刀背向前角太大，中滑板丝杠螺母间隙过大产生扎刀 | 减小车刀背向前角，调整中滑板丝杠螺母间隙 |
| | 高速切削螺纹时，最后一刀的背吃刀量太小或切屑向倾斜方向排出，拉毛螺纹牙侧 | 高速切削螺纹时，最后一刀的背吃刀量一般要大于 0.1mm，并使切屑垂直于轴线方向排出 |
| | 工件刚度低，而切削用量选用过大 | 选择合理的切削用量 |

 操作训练

### 1. 准备工作

1）正确穿戴劳动保护用品。穿戴工服、工鞋、工帽并检查合格。

2）图样准备：加工图样，如图7-28所示，1份。

3）材料准备：45钢，$\phi50mm×22mm$，1节。

4）设备准备：卧式车床CA6140，1台。

5）刀具、量具、工具、用具准备：90°外圆车刀（YT）2把，45°弯头刀（YT）、内孔车刀、$\phi22mm$钻头和内螺纹车刀各1把，游标卡尺（0~150mm）、螺纹塞规各1套，固定顶尖、回转顶尖（莫氏5号）、钻夹头、刀架扳手18mm×18mm、卡盘扳手14mm×14mm×150mm各1把，刀垫、磨石等若干。

6）车床调整，刀具安装，量具、工具摆放，图样识读和工件装夹。

7）工艺准备（表7-8）。

表7-8　车削普通螺纹套的工艺准备

| 工序号 | 工序名称 | 工序内容 | 工艺装备 |
|---|---|---|---|
| 1 | 车 | 车端面,钻中心孔,钻通孔$\phi22mm$ | 自定心卡盘 |
| 2 | 车 | 双顶尖装夹,车外圆至尺寸要求;倒角$C1$ | 自定心卡盘、顶尖 |
| 3 | 车 | 调头,自定心卡盘装夹,车端面,取长至20mm,粗、精车内孔至尺寸$\phi28.1mm$;孔口倒角$C1.5$ | 自定心卡盘 |
| 4 | 车 | 车内螺纹$M30×1.5$ | 自定心卡盘 |
| 5 | 检 | 检验 | |

8）切削用量的确定。

① 粗车：背吃刀量视加工要求确定，进给量为0.2~0.3mm/r，转速为400~480r/min。

② 精车：背吃刀量为0.4~0.8mm，进给量为0.1~0.15mm/r，转速为750~800r/min。

③ 粗车孔：背吃刀量视加工要求确定，进给量为0.1~0.15mm/r，转速为350r/min左右。

④ 精车孔：背吃刀量为0.08~0.15mm，进给量为0.05~0.1mm/r，转速为600r/min左右。

⑤ 车螺纹：背吃刀量视加工要求确定，进给量为1.5mm/r，转速为600~800r/min（熟练人员使用）。

### 2. 操作程序

1）自定心卡盘夹持外圆，找正夹紧，车端面。

2）钻中心孔，用$\phi22mm$的麻花钻钻通孔。

3）双顶尖装夹，粗、精车外圆至$\phi45mm$。

4）倒角$C1$。

5）调头，自定心卡盘装夹，找正夹紧，车端面，控制总长20mm。

6）粗、精车内孔至尺寸$\phi28.1mm$。

7）孔口倒角$C1.5$。

8）粗、精车内螺纹$M30×1.5$至尺寸要求。

9）用螺纹塞规或自制外螺纹检查，卸车。

10）打扫整理工作场地，将工件摆放整齐。

### 3. 注意事项或安全风险提示

1）刀杆不宜伸出过长，以防振动。

2）内螺纹车刀的刀杆因受孔径和长度的影响，所以其切削用量应略低于高速车削外螺纹。

3）用螺纹塞规检查前应修去内孔毛刺。

4）用砂布修内孔毛刺时，应取较低转速，加些润滑油，轻轻地进行。

5）车内螺纹时，应将小滑板适当调紧些，以防车削中小滑板产生位移造成螺纹乱牙。

6）车内螺纹时，退刀要及时、准确。退刀过早螺纹未车完，退刀过迟车刀容易碰撞孔底。

7）车内螺纹时，借刀量不宜过多，以防精车螺纹时没有余量。

8）精车时必须保持车刀锋利，否则容易产生"让刀"，致使螺纹产生锥形误差。一旦产生锥形误差，不能盲目增加背吃刀量，而是应让螺纹车刀在原背吃刀量上反复进行无进给切削来消除误差。

9）工件在回转中不能用棉纱去擦内孔，更不允许用手指去摸内螺纹表面，以免发生事故。

10）车削中发生车刀碰撞孔底时，应及时重新对刀，以防因车刀移位而造成"乱牙"。

### 4. 操作要点

1）车内螺纹车床的调整。车床的调整要求与高速车削外螺纹相同。动作练习时，进刀、退刀方向与车外螺纹相反，并要控制退刀量，防止刀杆与孔壁相撞。

2）内螺纹一般用螺纹塞规做综合测量。测量时，根据螺纹精度选用对应的螺纹塞规，如图7-34所示。若螺纹塞规通端（螺纹长的一端，端面有字母T）能顺利拧入工件，止端（螺纹短的一端，端面有字母Z）拧不进工件，则说明螺纹合格。检查不通孔螺纹时，螺纹塞规通端拧进的长度应达到图样要求的长度。

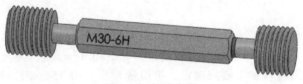

图 7-34　螺纹塞规

# 思　考　题

1. 孔加工刀具（包括内孔车刀）的种类、结构及应用有哪些？

2. 如何刃磨内孔车刀？有哪些注意事项？麻花钻和内孔车刀应如何安装？

3. 钻孔、铰孔和车孔的方法与操作步骤各有哪些？

4. 车孔的关键技术有哪些？车孔时如何防止工件振动？

5. 台阶孔的车削方法有哪些？如何选用切削用量？如何使用内径百分表测量？

6. 内圆锥面的车削方法有哪些？内孔的质量问题有哪些？应如何控制？

7. 当工件数量很少时，车削内外圆锥配合体件的方法有哪些？应如何操作？

8. 内螺纹车刀的种类及加工特点有哪些？如何装刀？

9. 如何确定普通螺纹的孔径？内螺纹的车削方法有哪些？

10. 车螺纹时产生的质量问题、原因及预防措施有哪些？

11. 加工内螺纹时，车床如何调整？如何测量内螺纹？

12. 按图 7-35a、b 所示加工零件，材料为 45 钢。

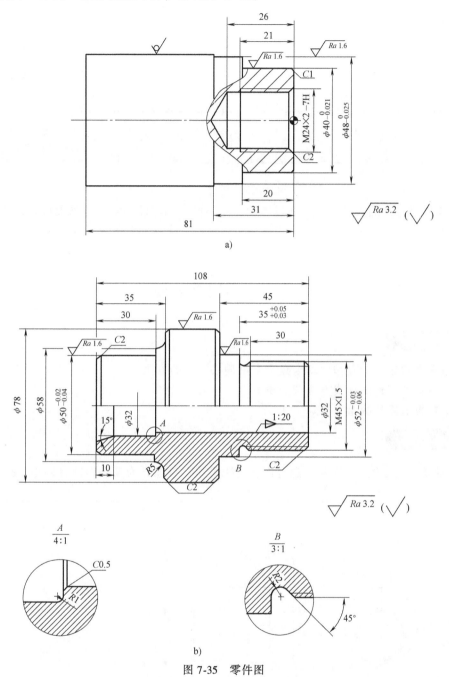

a)

b)

图 7-35 零件图

# 项目八

# 车削偏心零件

偏心零件是车削的典型工件，通过本项目中不同偏心零件的学习，掌握单偏心轴、双偏心轴和双偏心套的加工方法，掌握单动卡盘装夹、找正的方法，掌握偏心距的测量方法，掌握各种偏心零件的操作顺序。

## 任务一　车削单偏心轴

### 学习目标

1）掌握在自定心卡盘和单动卡盘上车削偏心工件的方法。
2）掌握偏心工件的划线方法和步骤。
3）掌握偏心距的测量方法。

### 工作任务

偏心轴零件图如图 8-1 所示。通过图样可以看出，该零件为轴类零件且偏心，$\phi 32_{-0.050}^{-0.025}$ mm

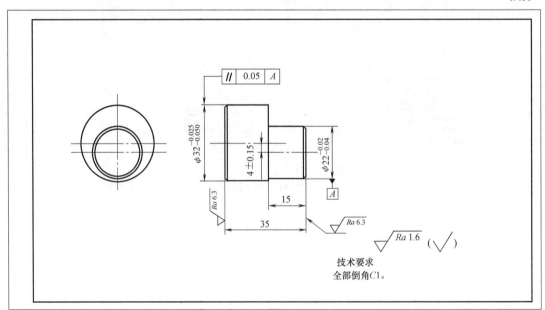

图 8-1　偏心轴零件图

外圆轴线与 $\phi22_{-0.04}^{-0.02}$mm 外圆轴线不共线，其距离为（4±0.15）mm。技术要求主要包括 2 处尺寸精度，$\phi32_{-0.050}^{-0.025}$mm 外圆轴线相对于 $\phi22_{-0.04}^{-0.02}$mm 外圆轴线有平行度要求，轴两端面的表面粗糙度值为 6.3μm，其余为 1.6μm。总长为 35mm，最大直径为 $\phi32_{-0.050}^{-0.025}$mm。

 知识准备

### 一、偏心工件的概念

（1）偏心工件　外圆和外圆或外圆和内孔的轴线平行而不重合的工件，称为偏心工件。

（2）偏心轴　外圆和外圆的轴线平行而不重合的工件，称为偏心轴，如图 8-2a、b 所示。

（3）偏心套　外圆和内孔的轴线平行而不重合的工件，称为偏心套，如图 8-2c 所示。

（4）偏心距　偏心工件中，偏心部分的轴线和基准部分的轴线之间的距离，称为偏心距，如图 8-2a、b、c 所示。

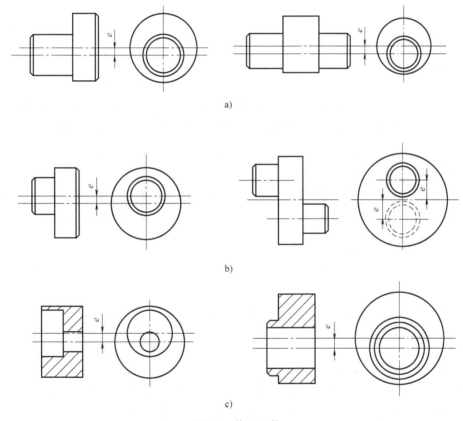

a)

b)

c)

图 8-2　偏心工件
a)、b) 偏心轴　c) 偏心套

### 二、车削偏心工件的方法

车削偏心工件的原理是，装夹时把偏心部分的轴线调整到和主轴轴线重合的位置。偏心工件的装夹方法至关重要，常用的车削方法有以下几种。

**1. 在单动卡盘上车削偏心工件**

这种方法适用于加工偏心距较小、精度要求不高、长度较短、数量较少的偏心工件。加工

步骤如下：

1）划线。如图 8-3 所示，将已车好的光轴上涂上蓝油，待蓝油干后把工件放在平台的 V 形铁上；用游标高度卡尺对准工件外圆最高位置，再把游标高度卡尺下移一个工件半径尺寸，并在工件两端及两侧划出封闭线。然后将工件旋转 180° 再划线，若和第一次线重合，说明划线正好过工件轴线位置；若不重合，应调整游标高度卡尺重划；把工件旋转 90°，在工件外圆、两侧划线，端面划十字交叉线，并用直角尺检验 90° 正确与否；把游标高度卡尺向上（或向下）移动一个偏心距，在两端和两侧划出封闭线，端面十字交叉点为偏心部分的轴心；以偏心部分的轴心为圆心划圆（供找正用），并在所有划出的线上打上样冲眼，防止划线被擦掉而找不到基准。

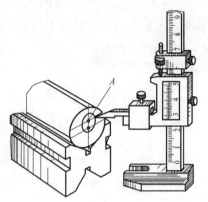

图 8-3　划十字线和偏心圆线

如无游标高度卡尺，用划线盘划线的步骤和用游标高度卡尺划线的步骤一样。

2）装夹、找正。在单动卡盘上装夹偏心工件如图 8-4 所示，找正工件在水平和垂直方向位置如图 8-5 所示。在床面上放一块小型平板，用划线盘进行找正，采用十字线找正法，先找正偏心圆，使其中心与回转中心一致，然后自左至右找正外圆上的水平线。旋转 90° 后，用同样方法找正另一条水平线，反复找正到符合要求。如果工件的偏心距换算成外圆圆跳动量在百分表量程范围内，也可直接用百分表找正，其外圆圆跳动量等于偏心距的两倍。

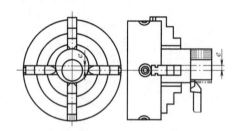

图 8-4　在单动卡盘上装夹偏心工件

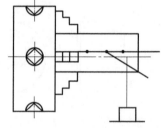

图 8-5　找正工件在水平和垂直方向位置

3）车削。找正后要夹紧工件，由于工件回转是不圆整的，开始车削偏心部分时，车刀应远离工件，再起动主轴，然后车刀从偏心最外一点逐步切入，这样可以避免因背吃刀量过大而发生事故。

## 2. 在自定心卡盘上车削偏心工件

自定心卡盘适合车削精度要求不高、偏心距较小、长度较短的偏心工件。如图 8-6 所示，车削时，工件的偏心距是依靠在一个卡爪上所垫垫片的厚度来保证的。垫片厚度的计算公式为

$$x = 1.5e \pm k \tag{8-1}$$

$$k \approx 1.5\Delta e = 1.5(e_{测} - e) \tag{8-2}$$

式中，$x$ 为垫片厚度（mm）；$e$ 为工件偏心距（mm）；$k$ 为修正值（mm），由试车后求得；$\Delta e$ 为试车后实测偏心距与要求偏心距的误差（mm）；$e_{测}$ 为实测偏心距（mm）。

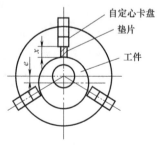

图 8-6　在自定心卡盘上车削偏心工件

## 3. 在两顶尖间车削偏心工件

在两顶尖间车削偏心工件适用于较长偏心轴的加工，只要工

件两端面能钻中心孔，又有夹头的装夹位置，均能采用这种方法。车削前先在工件两端面上各钻两个中心孔，然后顶住基准部分的中心孔车削基准部分的外圆，最后再顶住偏心部分的中心孔车削偏心部分的外圆。

若偏心距较小，则可采用切去中心孔的方法加工，如图 8-7 所示。

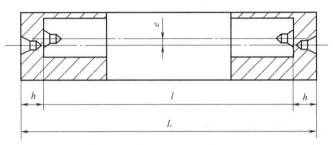

图 8-7　毛坯尺寸加长的偏心工件

偏心距较小的偏心轴，在钻偏心中心孔时可能跟主轴中心孔相互干涉。这时可将工件长度加长两个中心孔的深度。加工时，可先把毛坯车成光轴，然后车去两端中心孔至工件要求的长度，再划线，钻偏心中心孔，车削偏心轴。

### 三、偏心距的测量

#### 1. 用心轴和百分表测量

这种测量方法适用于精度要求较高而偏心距较小的偏心工件。

用心轴和百分表测量偏心工件是以孔作为基准面的，用夹在自定心卡盘上的心轴支承工件，如图 8-8 所示，百分表的测头指在偏心工件的外圆上，将偏心工件的一个端面靠在卡爪上，缓慢转动偏心工件，百分表上的读数应该是两倍的偏心距，否则工件的偏心距就不合格。

#### 2. 用等高 V 形块和百分表测量

用百分表测量偏心轴时，如图 8-9 所示，可在平板上放两个等高的 V 形块，用来支承偏心轴颈，百分表的测头指在偏心轴的外圆上，缓慢转动偏心轴，百分表上的读数也应等于两倍的偏心距。

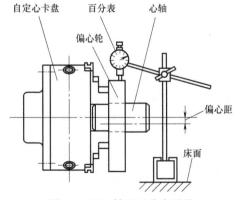

图 8-8　用心轴和百分表测量

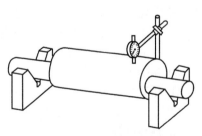

图 8-9　用等高 V 形块和百分表测量

#### 3. 用两顶尖孔和百分表测量

此方法适用于测量两端有中心孔且偏心距较小的偏心轴。

用两顶尖孔和百分表测量如图 8-10 所示，将工件装在两顶尖之间，百分表的测头指在偏心工件的外圆上，用手转动偏心轴，百分表上的读数应该是两倍的偏心距。

偏心套的偏心距也可用上述方法来测量，但是必须将偏心套装在心轴上才能测量。

#### 4. 用 V 形块间接测量

对于偏心距较大的偏心工件，因受百分表测量范围的限制，可用 V 形块间接测量偏心距，如图 8-11 所示，把 V 形块放在平板上，工件放在 V 形块上，转动偏心轴，用百分表量出偏心轴的最高点，工件固定不动，再水平移动百分表测出偏心轴外圆到基准轴外圆之间的距离 $a$，然后用下式计算：

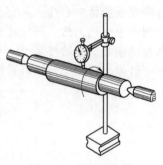

图 8-10　用两顶尖孔
和百分表测量

$$e = \frac{D}{2} - \frac{d}{2} - a \qquad (8\text{-}3)$$

式中，$e$ 为偏心距（mm）；$D$ 为基准轴直径（mm）；$d$ 为偏心轴直径（mm）；$a$ 为基准轴外圆和偏心轴外圆间的最小距离（mm）。

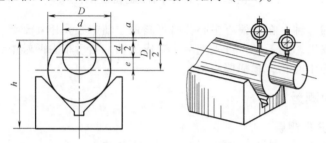

图 8-11　用 V 形块间接测量

### 操作训练

#### 1. 准备工作

1）正确穿戴劳动保护用品。穿戴工服、工鞋、工帽并检查合格。

2）图样准备：加工图样，如图 8-1 所示，1 份。

3）材料准备：45 钢，$\phi$40mm×240mm，5 件/1 节。

4）设备准备：卧式车床 CA6140，1 台。

5）刀具、量具、工具、用具准备：90°外圆车刀（YT）2 把、45°弯头刀（YT）、切断刀宽 4mm、中心钻各 1 把，游标卡尺（0~150mm）、游标高度卡尺（0~200mm）、外径千分尺（0~25mm）、外径千分尺（25~50mm）各 1 套，固定顶尖、回转顶尖（莫氏 5 号）、钻夹头、刀架扳手 18mm×18mm、卡盘扳手 14mm×14mm×150mm 各 1 把，刀垫、磨石等若干。

6）车床调整，刀具安装，量具、工具摆放，图样识读和工件装夹。

7）工艺准备（表 8-1）。

8）切削用量的确定。

① 粗车：背吃刀量视加工要求确定，进给量为 0.2~0.3mm/r，转速为 400~480r/min。

② 精车：背吃刀量为 0.4~0.8mm，进给量为 0.1~0.15mm/r，转速为 750~800r/min。

#### 2. 操作程序

1）在自定心卡盘上夹住工件外圆，伸出长度 50mm 左右，车端面。

2）粗、精车外圆尺寸至 $\phi32^{-0.025}_{-0.050}$mm，控制长度 41mm。

3）外圆倒角 C1。

4）切断，控制长度 36mm。

5）调头车端面，控制总长 35mm。

表 8-1　车削单偏心轴的工艺准备

| 工序号 | 工序名称 | 工序内容 | 工艺装备 |
|---|---|---|---|
| 1 | 车 | 找正装夹工件,伸出长度 50mm 左右,车端面 | 自定心卡盘 |
| 2 | 车 | 粗、精车外圆尺寸至 $\phi 32_{-0.050}^{-0.025}$mm,保证长 41mm;倒角 $C1$;切断,保证长 36mm | 自定心卡盘 |
| 3 | 车 | 调头装夹,车准总长 35mm | 自定心卡盘 |
| 4 | 车 | 工件在自定心卡盘上垫垫片装夹、找正、夹紧;粗、精车外圆尺寸至 $\phi 22_{-0.04}^{-0.02}$mm,长至 15mm;倒角 $C1$ | 自定心卡盘 |
| 5 | 检 | 检验 | |

6) 工件在自定心卡盘上垫垫片装夹、找正、夹紧（垫片厚度为 5.62mm）。

7) 粗、精车外圆尺寸至 $\phi 22_{-0.04}^{-0.02}$mm，控制长度 15mm。

8) 倒角 $C1$。

9) 检查卸车。

10) 打扫整理工作场地，将工件摆放整齐。

**3. 注意事项或安全风险提示**

1) 选择偏心垫片的材料，应有一定的硬度，以防止装夹时发生变形。垫片上与卡爪接触的一面应做成圆弧面，其圆弧大小应小于或等于卡爪圆弧，如果做成平的，则在垫片与卡爪之间将会产生间隙，造成误差。

2) 为了防止硬质合金刀头碎裂，车刀应有一定的刃倾角，背吃刀量大一些，进给量小一些。

3) 由于工件偏心，在开车前车刀不能靠近工件，以防工件碰击车刀。

4) 车削偏心工件时，建议采用高速钢车刀车削。

5) 如果偏差超出允差范围，则应调整垫片厚度，然后才可正式车削。

6) 在自定心卡盘上，一般仅适用于车削加工精度要求不很高，偏心距在 10mm 以下的短偏心工件。

**4. 操作要点**

1) 偏心工件的车削要点

① 适当加平衡块，以保持车削平衡。

② 夹紧部分应加垫铜皮，以保护工件并增加夹紧力。

③ 对于不完整的圆弧形（扇形块）工件，应尽量成对装夹，使之对称平衡，便于测量。

④ 调整机床主轴轴承、床鞍、中（小）滑板的间隙，以提高车削刚度。

⑤ 开始车削时，因偏心工件为断续切削，车刀应从偏心工件的最高点逐渐进刀，进给量要选择适当，并避免车刀头崩裂或工件移位。

2) 进给量的选用。应根据偏心距的大小和平衡重量而定，偏心距大，重量大，进给量要小；反之则可以略大一些。

3) 为了保证偏心轴两轴线的平行度，装夹时应用百分表找正工件外圆，使外圆侧母线与车床主轴轴线平行。

4) 安装后为了检查偏心距，可用百分表（量程大于 8mm）在圆周上测量，缓慢转动偏心工件，观察百分表跳动量是否为 8mm，如图 8-12 所示。

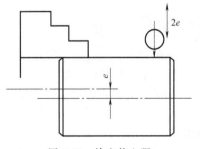

图 8-12　检查偏心距

# 任务二　车削双偏心轴

## 学习目标

1）熟练掌握在方箱上划线及用单动卡盘装夹、找正的方法。
2）熟练掌握双偏心轴的夹具安装方法。
3）会加工双偏心轴。

## 工作任务

两偏心轴零件图如图 8-13 所示。通过图样可以看出，该零件为轴类零件且偏心，$\phi30$mm 两外圆轴线分别与 $\phi42_{-0.050}^{-0.025}$mm 外圆轴线偏心，向上向下偏心距离均为（$3\pm0.1$）mm，两端中心孔为 A2.5/5.3。技术要求主要包括 1 处尺寸精度，三个外圆面的表面粗糙度值为 $1.6\mu$m，两端中心孔的表面粗糙度值为 $0.8\mu$m，其余为 $3.2\mu$m。总长为 100mm，最大直径为 $\phi42_{-0.050}^{-0.025}$mm。

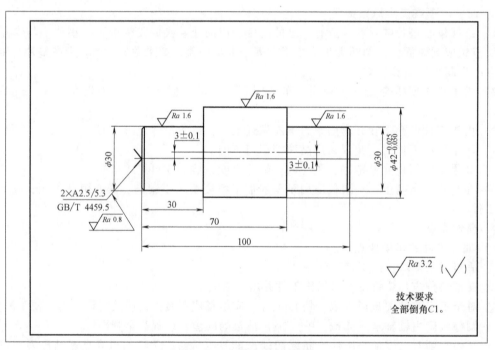

图 8-13　两偏心轴零件图

## 知识准备

在单动卡盘上找正十字线和侧母线的方法如图 8-14 所示。

找正十字线及侧母线时，首先应准备小平板放在大导轨上（即横放在床面上），将划线盘放在小平板上（对已加工过端面的工件，还要准备宽座直角尺，供找正垂直度用）。

1）根据工件大小放开卡爪，四个卡爪的位置可根据卡盘端面上各个同心圆弧线来初步确定。

2）用划线盘的针尖对准侧母线 $A$—$A_1$ 或 $B$—$B_1$ 及 $C$—$C_1$ 或 $D$—$D_1$，轴向移动划线盘，初

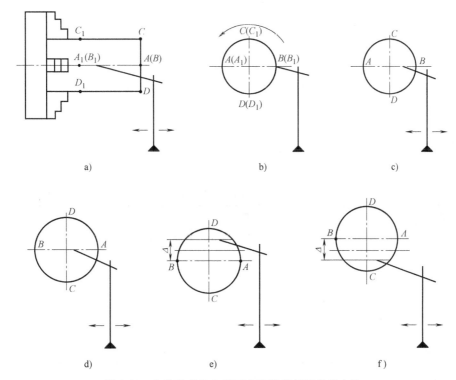

图 8-14　在单动卡盘上找正十字线和侧母线的方法

a）纵向找正侧母线　b）找正端面上的圆周线　c）找正 A—B 线
d）A—B 线无偏差　e）A—B 线向上偏差　f）A—B 线向下偏差

步找校工件的水平位置，如图 8-14a 所示。

3）用划线盘的针尖对准工件端面的圆周线，转动卡盘，初步找正工件轴线同轴位置，如图 8-14b 所示。

4）找正工件端面十字线时，开始并不知道针尖是否与主轴轴线等高，找正时需同时调整针尖高度和工件位置。首先将针尖通过端面 A—B 线，如图 8-14c 所示，然后将工件转过 180°，将针尖再次通过 A—B 线，这时可能出现以下三种情况：

① 针尖仍通过 A—B 线，这说明针尖与主轴轴线等高，工件的 A—B 线通过轴线，如图 8-14d 所示。

② 针尖高于 A—B 线，并相距 Δ，如图 8-14e 所示，这时划针应向下调整 Δ/2，初调至轴线高度，工件的 A—B 线应向上调整 Δ/2，初调至轴线位置。

③ 针尖低于 A—B 线，并相距 Δ，如图 8-14f 所示，这时针尖应向上调整 Δ/2，工件的 A—B 线向下调整 Δ/2。

这样，工件反复转 180°进行找正，直至图 8-14c、d 所示情况。当划针高度调整好后，再找正 C—D 线时，以针尖为准就容易得多。找正 C—D 线后再找正侧母线，如此反复进行找正，最后使工件轴线与主轴轴线重合。

### 操作训练

**1. 准备工作**

1）正确穿戴劳动保护用品。穿戴工服、工鞋、工帽并检查合格。

2）图样准备：加工图样，如图 8-13 所示，1 份。

3）材料准备：45 钢，$\phi$45mm×102mm，1 节。

4）设备准备：卧式车床 CA6140，1 台。

5）刀具、量具、工具、用具准备：90°外圆车刀 2 把，45°端面车刀、中心钻 A2.5、切断刀各 1 把，游标卡尺（0.02mm/0~150mm）、千分尺（0.01mm/20~50mm）、游标深度卡尺（0.02mm/0~200mm）各 1 套，刀架扳手 18mm×18mm、卡盘扳手 14mm×14mm×150mm、偏心夹具、钻夹头、固定顶尖、回转顶尖（莫氏 5 号）、鸡心夹头各 1 套，刀垫、磨石、砂纸等若干。

6）车床调整，刀具安装，夹具安装，量具、工具摆放和图样识读。

7）工艺准备（表 8-2）。

表 8-2　车削双偏心轴的工艺准备

| 工序号 | 工序名称 | 工序内容 | 工艺装备 |
|---|---|---|---|
| 1 | 车 | 夹一端，车端面，车外圆 $\phi42^{-0.025}_{-0.050}$mm，保证长度 72mm | 自定心卡盘 |
| 2 | 车 | 调头装夹，车端面，保证总长 100mm | 自定心卡盘 |
| 3 | 车 | 钻两端中心孔 A2.5/5.3 | 自定心卡盘、偏心夹具 |
| 4 | 车 | 两顶尖装夹，用鸡心夹头装夹拨动工件，车两侧偏心轴 $\phi30$mm×30mm，保证 $Ra \leqslant 1.6\mu$m；锐边倒钝 | 自定心卡盘、顶尖 |
| 5 | 检 | 检验 | |

8）切削用量的确定。

① 粗车：背吃刀量视加工要求确定，进给量为 0.2~0.3mm/r，转速为 400~480r/min。

② 精车：背吃刀量为 0.4~0.8mm，进给量为 0.1~0.15mm/r，转速为 750~800r/min。

**2. 操作程序**

1）自定心卡盘装夹工件，伸出 82mm，车端面，车外圆 $\phi42^{-0.025}_{-0.050}$mm，保证长度 72mm。

2）将工件调头，车端面，控制总长 100mm。

3）将工件装夹在偏心夹具中，钻两端中心孔 A2.5/5.3。

4）两顶尖装夹，用鸡心夹头装夹拨动工件，车两侧偏心轴 $\phi30$mm×30mm，保证 $Ra \leqslant 1.6\mu$m。

5）锐边倒钝。

6）检查卸车。

7）打扫整理工作场地，将工件摆放整齐。

**3. 注意事项或安全风险提示**

车削偏心工件时顶尖受力不均匀、前顶尖容易损坏或移位，因此必须经常检查。

**4. 操作要点**

两偏心轴的夹具安装：

1）车削轴类工件一般以中心孔和外圆为定位基准。

2）图 8-13 所示零件因两端偏心一致，两端中心孔在圆周角度上应准确一致，因此，采用找正十字线钻两端中心孔的方法效率低，偏心距不易保证。这里采用偏心夹具装夹工件，偏心夹具就是一个偏心套，如图 8-15 所示，将工件伸进偏心夹具中，用螺钉固定，钻两端中心孔（夹具调头时，工件不能卸下），然后用两顶尖定

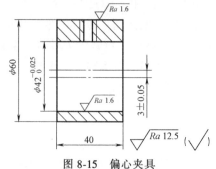

图 8-15　偏心夹具

位车削偏心轴。

# 任务三　车削双偏心套

## 学习目标

1）熟练掌握在方箱上划线及用 V 形铁装夹、找正的方法。

2）熟练掌握双偏心套的夹具安装方法。

3）会加工双偏心套。

## 工作任务

两偏心孔零件图如图 8-16 所示。通过图样可以看出，该零件为套类零件且偏心，$\phi35^{+0.025}_{0}$ mm 两内孔轴线分别与 $\phi25^{+0.021}_{0}$ mm 内孔轴线偏心，向上向下偏心距离均为（2±0.05）mm。技术要求主要包括 7 处尺寸精度，内孔及外圆面的表面粗糙度值均为 1.6μm，其余为 3.2μm，$\phi25^{+0.021}_{0}$ mm 内孔轴线有相对于 $\phi50^{0}_{-0.025}$ mm 外圆轴线的同轴度要求。总长为（70±0.1）mm，最大直径为 $\phi50^{0}_{-0.025}$ mm。

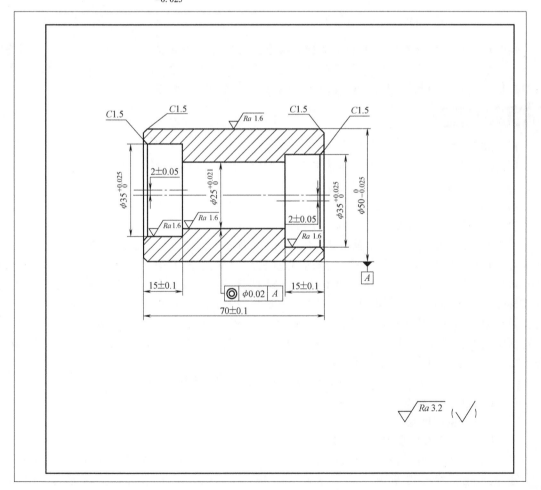

图 8-16　两偏心孔零件图

将工件置于方箱上的 V 形铁内夹紧，如图 8-17 所示，在方箱上划偏心田字检测框线。将游标高度卡尺从工件的最高点向下移 $D/2$ 的距离，在两侧端面和外圆划中心线和侧母线，然后根据偏心距划偏心中心线，再根据孔的尺寸划孔的框线（田字线），划好后，将方箱翻转 90°，再在两侧端面划中心线，在外圆划侧母线，这时形成了端面的十字线、端面加工框线和外圆侧母线。圆孔的田字检测框线如图 8-18 所示，将孔的上下、左右定位，在找正和加工时具有较准确的参考价值。

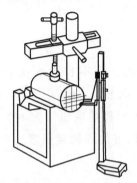

图 8-17　在方箱上划偏心田字检测框线

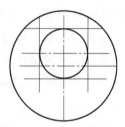

图 8-18　圆孔的田字检测框线

孔的田字检测框线有助于中心十字线的找正，将划针指在框线上转动工件找正，比用圆周线找正更准确。在加工中框线可直接约束孔的位置，使孔的位置正确。划好线后，可以在十字线中心打样冲眼，用圆规划出圆孔线，圆孔线可作为加工时的参考。

**1. 准备工作**

1）正确穿戴劳动保护用品。穿戴工服、工鞋、工帽并检查合格。

2）图样准备：加工图样，如图 8-16 所示，1 份。

3）材料准备：45 钢，$\phi55mm \times 72mm$，1 节。

4）设备准备：卧式车床 CA6140，1 台。

5）刀具、量具、工具、用具准备：90°外圆车刀 2 把，45°端面车刀、90°内孔车刀、内孔精车刀、内孔刀杆及高速钢刀头、$\phi23mm$ 钻头、切断刀各 1 把，游标卡尺（0.02mm/0～150mm）、千分尺（0.01mm/25～50mm）、内径百分表（0.01mm/18～35mm）、内径百分表（0.01mm/35～50mm）、游标深度卡尺（0.02mm/0～200mm）、磁座百分表、游标高度卡尺各 1 套，刀架扳手 18mm×18mm、卡盘扳手 14mm×14mm×150mm、偏心夹具、钻夹头、固定顶尖、回转顶尖（莫氏 5 号）、鸡心夹头各 1 套，锉刀、方箱、小平台、冲子、锤子、V 形铁、圆规各 1 把，铜皮垫、刀垫、磨石、砂纸等若干。

6）车床调整，刀具安装，夹具安装，量、工具摆放和图样识读。

7）工艺准备（表 8-3）。

8）切削用量的确定。

① 粗车：背吃刀量视加工要求确定，进给量为 0.2～0.3mm/r，转速为 400～480r/min。

② 精车：背吃刀量为 0.4～0.8mm，进给量为 0.1～0.15mm/r，转速为 750～800r/min。

③ 粗车孔：背吃刀量视加工要求确定，进给量为 0.1～0.15mm/r，转速为 350r/min 左右。

表 8-3　车削双偏心套的工艺准备

| 工序号 | 工序名称 | 工序内容 | 工艺装备 |
|---|---|---|---|
| 1 | 车 | 单动卡盘装夹工件,粗、精车端面 | 单动卡盘 |
| 2 | 车 | 粗、精车外圆,保证 $\phi50_{-0.025}^{0}$ mm,$Ra \leqslant 1.6\mu m$,倒角 $C1.5$ | 单动卡盘 |
| 3 | 车 | 钻孔至 $\phi23$mm,车孔至 $\phi25_{0}^{+0.021}$ mm,$Ra \leqslant 1.6\mu m$ | 单动卡盘 |
| 4 | 车 | 将工件调头,粗、精车端面,保证全长(70±0.1)mm;倒角 $C1.5$ | 单动卡盘 |
| 5 | 钳 | 划偏心十字线、圆周线及孔田字检测框线,划偏心侧母线 | 钳工平台 |
| 6 | 车 | 在车床上用单动卡盘装夹工件,按线找正工件;车两侧偏心孔 $\phi35_{0}^{+0.025}$ mm 至图样要求;倒角 $C1.5$(两处) | 单动卡盘 |
| 7 | 检 | 检验 | |

④ 精车孔：背吃刀量为 0.08～0.15mm，进给量为 0.05～0.1mm/r，转速为 600r/min 左右。

**2. 操作程序**

1）单动卡盘装夹找正工件，粗、精车端面。

2）粗、精车外径，保证 $\phi50_{-0.025}^{0}$ mm，$Ra \leqslant 1.6\mu m$，倒角 $C1.5$。

3）钻孔至 $\phi23$mm 后车孔，保证 $\phi25_{0}^{+0.021}$ mm，$Ra \leqslant 1.6\mu m$。

4）将工件调头，粗、精车端面，保证全长（70±0.1）mm。

5）倒角 $C1.5$。

6）在平台方箱上用游标高度卡尺划线，在两侧端面划偏心十字线、圆周线及孔田字检测框线。

7）在外表面划偏心侧母线。

8）在车床上用单动卡盘装夹工件后，用划线盘找正工件端面的十字线、外圆侧母线，用百分表可同时检测偏心的准确值，另一侧端面用同样方法找正，加工孔时参考田字检测框线车削和测量。

9）车偏心孔 $\phi35_{0}^{+0.025}$ mm，$Ra \leqslant 1.6\mu m$。

10）孔口倒角 $C1.5$。

11）另一端用同样方法车削。

12）检查卸车。

13）打扫整理工作场地，将工件摆放整齐。

**3. 注意事项或安全风险提示**

1）用百分表在外圆上测偏心距时，表针变动量的最大值和最小值必须在十字线上，因为两端偏心孔偏心方向相反，如果不注意这个问题，两端偏心孔就不会偏移在180°方向上。

2）精车前，要按照端面十字线的方向测量壁厚，确认偏心距正确后再精车。

**4. 操作要点**

采用单动卡盘找正工件时，关键要划线准确。

# 思　考　题

1. 常用车削偏心工件的方法有哪些？如何操作？

2. 如何测量偏心距？

3. 偏心工件的车削要点有哪些？如何选用切削用量？

4. 如何用单动卡盘对偏心工件进行找正？如何利用夹具安装两偏心轴？

5. 如何用划线找正偏心套？

6. 按图 8-19 所示加工零件，材料为 45 钢。

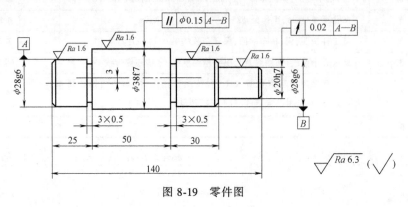

图 8-19  零件图

# 项目九

# 车削成形件

成形零件是车削的典型工件，通过本项目中具有代表性成形零件的学习，掌握滚花、抛光、成形面（梯形槽）刀具的种类及安装方法，掌握滚花、抛光、成形面（梯形槽）的加工方法，掌握成形面的质量分析，掌握成形面（梯形槽）的测量方法，掌握成形零件的操作顺序。

## 任务一　车削手柄

### 学习目标

1）掌握滚花及抛光的加工方法。

2）熟练掌握成形面的加工方法及其质量分析。

3）根据图样要求，能熟练加工简单成形件。

### 工作任务

手柄零件图如图 9-1 所示。通过图样可以看出，该零件为成形件手柄，主要由 R10mm 的

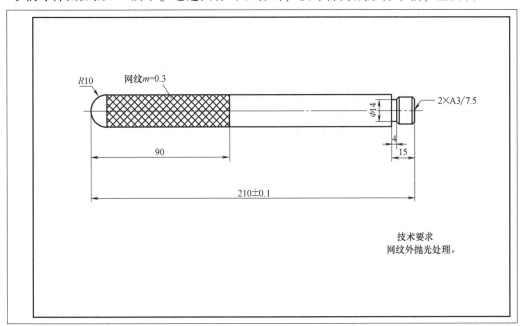

图 9-1　手柄零件图

圆弧、4mm×φ14mm 的退刀槽、2×A3/7.5 的中心孔及 $m=0.3$mm 的网纹组成。总长为（210±0.1）mm，最大直径为 φ20mm。

知识准备

## 一、滚花及抛光的加工方法

### 1. 滚花

滚花、滚压都是对工件表面施加一定压力的加工方法。滚花是为了使工件表面增加摩擦力，减少滑动或使其美观。滚压是为了提高加工表面质量（表面粗糙度和表面硬度）。

（1）花纹种类及滚花刀　花纹一般有直纹和网纹两种，并有粗细之分，花纹的粗细由模数 $m$ 来决定。滚花的花纹粗细应根据工件直径和宽度大小来选择。若工件直径和宽度都较大，则选择较粗的花纹；反之选择较细的花纹。滚花刀有直纹和网纹两种；按轮数可分为单轮、双轮和六轮三种，如图 9-2 所示。

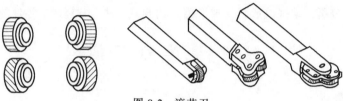

图 9-2　滚花刀

（2）滚花方法　由于滚花过程是用滚轮来滚压被加工表面的金属层，使其产生一定的塑性变形而形成花纹的，所以滚花时产生的径向力很大。

滚花前应根据工件材料的性质和滚花节距 $p$ 的大小，将工件滚花表面车小（0.8～1.6）$m$（$m$ 为模数）。

（3）滚花刀的装夹　将滚花刀装夹在车床的刀架上，并使滚花刀的装刀中心与工件回转中心等高，如图 9-3 所示。

滚压有色金属或滚花表面要求较高的工件时，滚花刀的滚轮表面与工件表面平行安装；滚压碳钢或滚花表面要求一般的工件时，滚花刀的滚轮表面相对于工件表面向右倾斜，这样便于切入且不易产生乱纹，如图 9-4 所示。

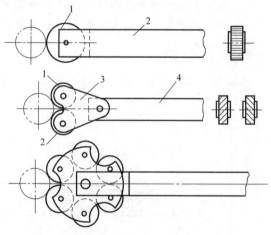

图 9-3　滚花刀的装刀中心与工件回转中心等高
1、2—滚刀轮　3—浮动连接头　4—刀杆

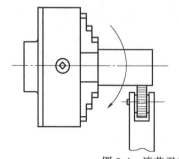
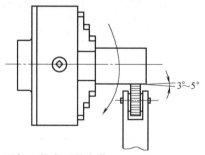

图 9-4　滚花刀的滚轮表面与工件表面的安装

## 2．抛光

（1）锉刀修光　对于明显的刀痕，通常选用钳工锉或整形锉中的细锉和特细锉在车床上修光。操作时，应以左手握锉刀柄，右手握锉刀前端，以免卡盘勾衣伤人，如图9-5所示。

在车床上锉削时，要轻缓均匀，尽量利用锉刀的有效长度。同时，锉刀纵向运动时，注意使锉刀平面始终与成形表面各处相切，否则会将工件锉成多边形等不规则形状。

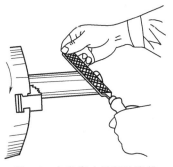

图9-5　在车床上锉削的姿势

另外，车床的转速要选择适当。转速过高锉刀容易磨钝；转速过低，易使工件产生形状误差。精细修锉时，除选用特细锉外，还可以在锉齿面上涂一层粉笔末，并用铜丝刷清理齿缝，以防锉屑嵌入齿缝中划伤工件表面。

（2）砂布抛光　经过车削和锉刀修光后，还达不到要求时，可用砂布抛光。抛光时，可选细粒度的0号或1号砂布。砂布越细，抛光后表面粗糙度值越小。具体有以下几种操作方式：

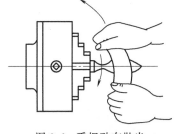

1）将砂布垫在锉刀下面，采用锉刀修饰的姿势进行抛光。

2）用手捏住砂布两端抛光。采用此法时，注意两手压力不可过猛。防止由于用力过大，砂布因摩擦过度而被拉断，如图9-6所示。

图9-6　手捏砂布抛光

3）用抛光夹抛光。将砂布夹在抛光夹内，然后套在工件上，以双手纵向移动抛光夹抛光工件。此法较手捏砂布抛光安全，但仅适合形状简单工件的抛光，如图9-7所示。

4）用砂布抛光内孔时，可选用抛光木棒，将砂布一端插进抛光木棒的槽内，并按顺时针方向缠绕在木棒上，然后放进孔内抛光。操作时，左手在前握棒并用手腕向下、向后方向施压力于工件内表面；右手在后握棒并用手腕沿顺时针方向（即与工件旋向相反）匀速转动，同时两手协调沿纵向均匀送进，以求抛光整个内表面，如图9-8所示。

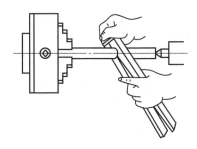

图9-7　用抛光夹抛光

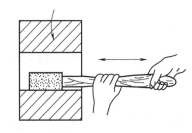

图9-8　砂布内表面抛光

## 二、成形面的加工方法

### 1．用样板刀车成形面

所谓样板刀，是指刀具切削部分的形状刃磨得和工件加工部分的形状相似的刀具。样板刀可按加工要求做成各种式样，如图9-9所示，其加工精度主要靠刀具保证。由于切削时接触面较大，因此切削抗力也较大，容易出现振动和工件移位。因此，要求操作中切削速度应取小些，工件的装夹必须牢靠。

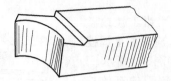
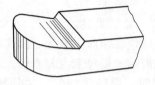

图 9-9　样板刀

### 2. 用仿形法车成形面

在车床上用仿形法车成形面的方法很多，如图 9-10 所示。其车削原理基本上和仿形法车圆锥体的方法相似，只需事先做一个与工件形状相同的曲面仿形即可。

当然也可用其他专用工具，如用蜗杆蜗轮车圆弧工具和旋风切削法车削圆球等。

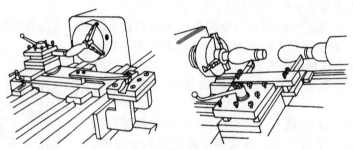

图 9-10　用仿形法车成形面

### 3. 双手控制法车成形面

在单件加工时，通常采用双手控制法车成形面，如图 9-11 所示，即用双手同时摇动小滑板手柄和中滑板手柄，并通过双手协调的动作，使刀尖走过的轨迹与所要求的成形面曲线相仿，这样就能车出需要的成形面。当然也可采用摇动床鞍手柄和中滑板手柄的协调动作来进行加工。双手控制法车成形面的特点是：灵活、方便，不需要其他辅助，但需较高的技术水平。

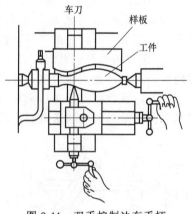

图 9-11　双手控制法车手柄

## 三、成形面车削质量分析

车削成形面比车削圆锥面更容易出现质量问题，成形面车削质量分析见表 9-1。

表 9-1　成形面车削质量分析

| 质量问题 | 原　　因 | 预 防 措 施 |
|---|---|---|
| 成形面轮廓不正确 | 用双手控制法车削时，纵横向进给不协调 | 加强车削练习，使左右手的纵横向进给配合协调 |
| | 用成形法车削时，成形刀形状刃磨得不正确；没有对准车床主轴轴线，工件受切削力产生变形而造成误差 | 仔细刃磨成形刀，车刀高度装夹准确，适当减小进给量 |
| 表面粗糙度达不到要求 | 材料切削性能差，未经预备热处理，车削困难 | 对工件进行预备热处理，改善切削性能 |
| | 产生积屑瘤 | 控制积屑瘤的产生，尤其是避开产生积屑瘤的切削速度 |
| | 切削液选用不当 | 正确选用切削液 |
| | 车削痕迹较深，抛光未达到要求 | 先用锉刀粗、精锉削，再用砂布抛光 |

**操作训练**

### 1. 准备工作

1）正确穿戴劳动保护用品。穿戴工服、工鞋、工帽并检查合格。

2）图样准备：加工图样，如图 9-1 所示，1 份。

3）材料准备：45 钢，$\phi25$mm×212mm，1 节。

4）设备准备：卧式车床 CA6140，1 台。

5）刀具、量具、工具、用具准备：90°外圆车刀（YT）2 把，45°弯头刀（YT）、中心钻 A3、滚花刀、切槽刀各 1 把，游标卡尺（0~300mm）和钢直尺各 1 把，尾座顶尖、刀架扳手 18mm×18mm、卡盘扳手 14mm×14mm×150mm、钻夹头各 1 把，刀垫、磨石等若干。

6）车床调整，刀具安装，量具、工具摆放，图样识读和工件装夹。

7）工艺准备（表 9-2）。

表 9-2　车削手柄的工艺准备

| 工序号 | 工序名称 | 工序内容 | 工艺装备 |
|---|---|---|---|
| 1 | 下料 | $\phi25$mm×212mm | |
| 2 | 车 | 车端面，钻 A3 中心孔 | 自定心卡盘 |
| 3 | 车 | 车外圆 $\phi20$mm×105mm、$\phi16$mm；车槽至 $\phi14$mm；倒角；抛光 $\phi20$mm×105mm | 自定心卡盘、顶尖 |
| 4 | 车 | 调头，车端面，保证总长；车网纹外圆 $\phi20$mm 至 $\phi19.52$~$\phi19.76$mm，倒 $R10$mm 圆弧 | 自定心卡盘 |
| 5 | 车 | 滚花至图样要求，网纹 0.3mm；倒角，抛光 $R10$mm | 自定心卡盘 |
| 6 | 检 | 检验 | |

8）切削用量的确定。

① 粗车：背吃刀量视加工要求确定，进给量为 0.2~0.3mm/r，转速为 400~480r/min。

② 精车：背吃刀量为 0.4~0.8mm，进给量为 0.1~0.15mm/r，转速为 750~800r/min。

③ 滚花：背吃刀量为 0.1~0.2mm；进给量为 0.1~0.15mm/r，转速为 20~80r/min。

④ 抛光：转速为 1200r/min。

### 2. 操作程序

1）下料 $\phi25$mm×212mm，45 钢。

2）车端面。

3）钻 A3 中心孔。

4）一夹一顶找正，粗、精车外圆 $\phi20$mm×105mm、$\phi16$mm。

5）车槽，车刀宽度 4mm，车槽深度 $\phi14$mm。

6）倒角。

7）用砂布抛光 $\phi20$mm×105mm。

8）调头，用铜皮保护 $\phi20$mm，自定心卡盘装夹，车端面，控制总长。

9）车滚花外圆，滚花外圆尺寸应比图样中实际外圆尺寸 $\phi20$mm 小（0.8~1.6）$m$。

10）倒 $R10$mm 圆弧。

11）滚花，滚花刀的模数为 0.3mm。

12）倒角，用砂布抛光 $R10$mm。

13）检查卸车。

14）打扫整理工作场地，将工件摆放整齐。

**3. 注意事项或安全风险提示**

1）滚花时，滚花刀和工件均受很大的径向压力，因此滚花刀和工件必须装夹牢固。

2）滚花时，不能用手或棉纱去接触滚压表面，以防绞手伤人。

3）滚花时，工件必须装夹牢固。用毛刷加切削液时，毛刷不能与工件和滚花刀接触，以免轧坏毛刷。清除切屑时应避免毛刷接触工件与滚轮的咬合处，以防毛刷卷入伤人。

4）用砂布进行抛光时，转速应比车削时的转速高一些，并且使砂布压在工件被抛光的表面上缓慢地左右移动。

**4. 操作要点**

1）滚花的切入方法。为了减小开始滚压的径向压力，可以使滚轮表面 1/3~1/2 的宽度与工件接触，如图 9-12 所示，这样滚花刀就容易压入工件表面。在停车检查花纹符合要求后，即可纵向机动进刀。如此反复滚压 1~3 次，直至花纹凸出为止。

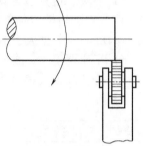

图 9-12 滚花刀的横向进给位置

2）车削带有滚花表面的薄壁套类工件时，应先滚花，再钻孔和车孔，以减少工件的变形。

3）车削带有滚花表面的工件时，通常在粗车后随即进行滚花，然后找正工件再精车其他部位。

# 任务二 车削带轮

## 学习目标

1）了解 V 带轮加工的技术要求。

2）掌握车削 V 带轮的步骤和方法。

3）掌握测量梯形槽的方法。

4）能正确执行安全技术操作规程。

5）能按企业有关安全生产的规定，做到工作场地整洁，工件、刀具、工具和量具摆放整齐。

## 工作任务

带轮零件图如图 9-13 所示。通过图样可以看出，该零件为带轮，主要由 V 带轮沟槽、阶梯孔和内沟槽组成。外沟槽最大直径为 $\phi70_{-0.2}^{0}$ mm，沟槽深为 10mm，两槽之间间距为（12±0.3）mm；内沟槽最大直径为 $\phi42$ mm。总长为 62mm，最大直径为 $\phi70_{-0.2}^{0}$ mm。

## 知识准备

### 一、V 带轮加工的技术要求

1）V 带轮的外沟槽与孔径一定要同心，否则在传动时会产生时松时紧的现象，因而在加工时应注意保证同轴度的要求。

2）V 带轮槽的宽度要一致，不然会出现一条带轮松、一条带轮紧的现象，因此加工时应注意保证尺寸的一致性。

3）沟槽的夹角平分线应垂直于轴线。

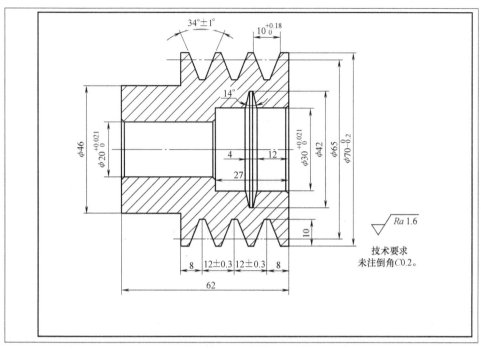

图 9-13　带轮零件图

## 二、梯形槽的车削方法

车削较小的梯形槽时，一般用成形刀一次车削完成；车削较大的梯形槽时，通常先车削直槽，然后用成形刀进行修整，如图 9-14 所示。

## 三、V 带轮沟槽的测量方法

1）用样板进行的透光法测量，如图 9-15 所示。
2）用游标万能角度尺测量带轮沟槽的半角，如图 9-16 所示。

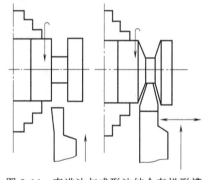

图 9-14　直进法与成形法结合车梯形槽

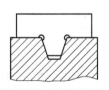

图 9-15　用样板测量

图 9-16　用游标万能角度尺测量

**操作训练**

### 1. 准备工作

1）正确穿戴劳动保护用品。穿戴工服、工鞋、工帽并检查合格。

2）图样准备：加工图样，如图 9-13 所示，1 份。

3）材料准备：45 钢，$\phi72mm \times 65mm$，1 节。

4）设备准备：卧式车床 CA6140，1 台。

5）刀具、量具、工具、用具准备：90°外圆车刀（YT）2 把、45°弯头刀（YT）、通孔车刀、不通孔车刀、中心钻 A3、麻花钻 $\phi18mm$、外沟槽直槽刀（刀宽 3.8mm）、34°外沟槽成形切刀、14°内沟槽成形切刀各 1 把、外径千分尺（50~75mm）、内径千分尺（5~30mm）、游标卡尺（0~300mm）和钢直尺各 1 把、尾座顶尖、刀架扳手 18mm×18mm、卡盘扳手 14mm×14mm×150mm、钻夹头各 1 把，刀垫、磨石等若干。

6）车床调整，刀具安装，量具、工具摆放，图样识读和工件装夹。

7）工艺准备（表 9-3）。V 带轮有带轮槽（34°）和内梯形槽（14°），车削时应采用成形切刀进行加工。

表 9-3 车削带轮的工艺准备

| 工序号 | 工序名称 | 工序内容 | 工艺装备 |
|---|---|---|---|
| 1 | 车 | 夹一端，车端面 | 自定心卡盘 |
| 2 | 车 | 粗车 $\phi46mm$ 外圆至 $\phi47mm$，长度 21mm | 自定心卡盘 |
| 3 | 车 | 调头装夹，车端面，长度留 1mm 余量；粗车带轮外径，留 0.5mm 精加工余量 | 自定心卡盘 |
| 4 | 车 | 钻 A3 中心孔，钻孔 $\phi18mm$，车孔至 $\phi29mm \times 26mm$ | 自定心卡盘 |
| 5 | 车 | 粗、精车梯形槽；精车带轮外径、内孔、内沟槽至图样要求 | 自定心卡盘、成形刀 |
| 6 | 车 | 调头，车端面，保证总长；精车 $\phi46mm$ 外圆至图样要求，倒角 C0.2 | 自定心卡盘 |
| 7 | 检 | 检验 | |

8）切削用量的确定。

① 粗车：背吃刀量视加工要求确定，进给量为 0.2~0.3mm/r，转速为 400~480r/min。

② 精车：背吃刀量为 0.4~0.8mm，进给量为 0.1~0.15mm/r，转速为 750~800r/min。

③ 粗车孔：背吃刀量视加工要求确定，进给量为 0.1~0.15mm/r，转速为 350r/min 左右。

④ 精车孔：背吃刀量为 0.08~0.15mm，进给量为 0.05~0.1mm/r，转速为 600r/min 左右。

⑤ 车槽：背吃刀量视加工要求确定，进给量为 0.15~0.2mm/r，转速为 400~500r/min。

**2. 操作程序**

1）自定心卡盘夹工件一端，伸出长度 30mm 左右，找正夹紧，车端面，车平即可。

2）粗车 $\phi46mm$ 外圆至 $\phi47mm$，长度 21mm。

3）调头夹 $\phi47mm$ 外圆，找正夹紧，车端面，控制总长至 63mm。

4）粗车带轮外径为 $\phi70^{+0.1}_{0}mm$。

5）钻 A3 中心孔，用麻花钻钻底孔 $\phi18mm$，粗车内孔至 $\phi29mm$，深 26mm。

6）在 $\phi70^{+0.1}_{0}mm$ 外圆上涂色，划出梯形沟槽中心线痕，并控制槽距，然后用刀宽 3.8mm 的直槽刀车出直槽。

7）用 34°外沟槽成形切刀车削梯形槽至图样尺寸要求。

8）精车带轮外径至图样要求，倒角 C0.2。

9）精车内孔 $\phi20^{+0.021}_{0}mm$ 和 $\phi30^{+0.021}_{0}mm$、深 27mm。

10）用 14° 内沟槽成形切刀一次车内梯形槽至图样要求，孔口倒角 C0.2。

11）调头，垫铜皮夹 $\phi 70_{-0.2}^{0}$ mm 外圆处，找正夹紧，精车端面，控制总长 62mm。

12）精车 $\phi 46$ mm 外圆，并控制台阶长度 22mm。

13）$\phi 46$ mm 外圆及台阶处、$\phi 20_{0}^{+0.021}$ mm 内孔倒角 C0.2。

14）检查卸车。

15）打扫整理工作场地，将工件摆放整齐。

**3. 注意事项或安全风险提示**

1）安装梯形沟槽车刀时，刀尖角应垂直于轴线。

2）用样板测量槽形时，必须通过工件中心。

3）在外圆上去毛刺时，最好把砂布垫在锉刀下面进行。

4）不准在开车时用棉纱擦工件，以防发生危险。

5）车削时，为了防止因溜板箱手轮回转时的不平衡，使床鞍移动而产生窜动，可在手轮上装平衡块，最好采用手轮脱离装置。

**4. 操作要点**

1）用左右借刀法车梯形槽时，一定要注意槽距的位置偏差。另外 V 带轮槽的宽度要一致，不然会出现一条带轮松、一条带轮紧的现象，因此加工时应注意保证尺寸的一致性。

2）由于切槽时产生的切削力较大，工件容易产生移位，因此在精加工时一般先车沟槽，再精车其余各部。同时，在切槽时最好采用回转顶尖支顶后进行。

3）V 带轮的外沟槽与孔径一定要同心，否则在传动时会产生时松时紧的现象，因而在加工时应注意保证同轴度的要求。

4）沟槽的夹角平分线应垂直于轴线。

# 思　考　题

1. 滚花及抛光的刀具有哪些？其加工方法是什么？

2. 成形面的加工方法有哪些？其质量问题、原因及预防措施有哪些？

3. 滚花的操作要点有哪些？怎样选定切削用量？

4. 梯形槽的车削方法有哪些？其操作要点是什么？

5. 如何测量 V 带轮的沟槽？

6. 按图 9-17 所示加工零件，材料为 45 钢。

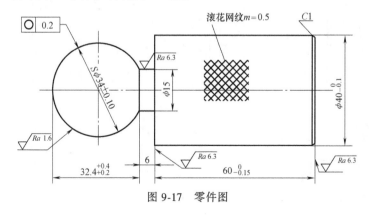

图 9-17　零件图

# 项目十

# 车削组合件

组合件是车削的典型工件之一，通过本项目中组合件的学习，掌握组合件的特点，掌握组合件的加工方法，了解加工组合件的注意事项，掌握组合件中主要部位的检测方法，掌握组合件的操作顺序。

## 任务一　车削简单组合件

### 学习目标

1）掌握组合件的特点及加工方法。
2）能独立选择较合理的切削用量。
3）能根据图样要求，进行简单组合件的加工。
4）能熟练对简单组合件进行工艺分析。

### 工作任务

简单组合件零件图如图 10-1 所示。通过图样可以看出，该组合件尺寸精度共 6 处，组合后尺寸精度 2 处。零件在装配后的位置精度较高，在加工中，应选偏心轴为装配基准，并选择正确的工艺路线，以保证偏心轴的尺寸精度、位置精度等。

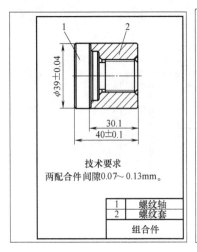

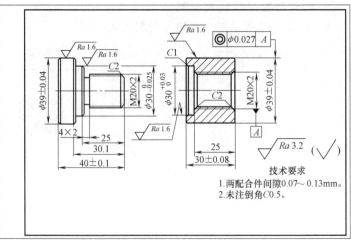

图 10-1　简单组合件零件图

 **知识准备**

## 一、组合件的特点

组合件是指由两个或两个以上车制零件相互配合所组成的组件。与单一零件的车削加工比较，组合件的车削不仅要保证组合件中各零件的加工质量，而且要保证各零件按规定组合装配后的技术要求。

## 二、组合件的加工方法

组合件的装配精度和参与组合的各零件的加工精度关系密切，而组合件中的关键零件——基准零件的加工精度的影响尤为突出。为此，在制订组合件的加工工艺方案和进行组合件加工时，应注意以下要点：

1）分析组合件的装配关系，确定基准零件。

2）先车削基准零件，然后根据装配关系的顺序，依次车削其余零件。

3）车削基准零件时应注意：

① 影响零件间配合精度的诸尺寸（径向尺寸和轴向尺寸），应尽量加工至两极限尺寸的中间值，且加工误差应控制在图样允许误差的1/2内；各表面的几何误差应尽可能小。

② 有锥体配合时，锥体的圆锥角误差要小，车刀中心高要装准，避免出现圆锥素线的直线度误差。

③ 有偏心配合时，偏心部分的偏心量应一致，加工误差应控制在图样允许误差的1/2内，且偏心部分的轴线应与零件轴线平行。

④ 有螺纹配合时，螺纹应车削成形，一般不允许使用板牙、丝锥加工，以保证同轴度要求。螺纹的中径尺寸：外螺纹应控制在下极限尺寸范围，内螺纹应控制在上极限尺寸范围，以使配合间隙尽量大些。

⑤ 零件的各加工表面间的锐边应倒钝，毛刺应清理干净。

4）对非基准零件的车削，一是应按基准零件车削时的要求进行，二是要按已加工的基准零件及其他零件的实测结果相应调整，充分使用配车、配研、组合加工等手段，以保证组合件的装配精度要求。

5）根据各零件的技术要求和结构特点，以及组合件装配的技术要求，分别拟订各零件的加工方法，各主要表面（各类基准表面）的加工次数（粗、半精、精加工的选择）和加工顺序。通常应先加工基准表面，后加工零件上的其他表面。

 **操作训练**

### 1. 准备工作

1）正确穿戴劳动保护用品。穿戴工服、工鞋、工帽并检查合格。

2）图样准备：加工图样，如图10-1所示，1份。

3）材料准备：45钢，$\phi$40mm×78mm，1节。

4）设备准备：卧式车床CA6140，1台。

5）刀具、量具、工具、用具准备：90°外圆车刀（YT）2把，45°弯头刀（YT）、切槽刀宽4mm、内孔车刀、中心钻A2、$\phi$18mm钻头和内螺纹车刀各1把，游标卡尺（0~150mm）、M20×2螺纹环规和塞规各1套，固定顶尖、回转顶尖（莫氏5号）、钻夹头、刀架扳手18mm×18mm、卡盘扳手14mm×14mm×150mm各1把，刀垫、磨石等若干。

6）车床调整，刀具安装，量具、工具摆放，图样识读和工件装夹。

7）工艺准备（表 10-1 和表 10-2）。

表 10-1 车削螺纹轴的工艺准备

| 工序号 | 工序名称 | 工序内容 | 工艺装备 |
|---|---|---|---|
| 1 | 车 | 夹一端,车端面至图样要求,钻中心孔 A2 | 自定心卡盘 |
| 2 | 车 | 粗、精车外圆 $\phi39\pm0.04$mm 至尺寸要求,长度大于 41mm;倒角 C0.5;取长 41mm 切断 | 自定心卡盘 |
| 3 | 车 | 装夹外圆 $\phi39\pm0.04$mm,粗、精车端面,取长至（40±0.1）mm,钻中心孔 A2 | 自定心卡盘 |
| 4 | 车 | 粗、精车 $\phi30_{-0.025}^{0}$mm 外圆至图样要求,保证尺寸 30.1mm;车螺纹 M20×2 大径,保证尺寸 25mm;倒角 C1、C0.5 | 自定心卡盘 |
| 5 | 车 | 车槽 4mm×2mm;车螺纹 M20×2 | 自定心卡盘 |
| 6 | 检 | 检验 | |

表 10-2 车削螺纹套的工艺准备

| 工序号 | 工序名称 | 工序内容 | 工艺装备 |
|---|---|---|---|
| 1 | 车 | 夹一端,车端面,钻中心孔,钻通孔 $\phi18$mm | 自定心卡盘 |
| 2 | 车 | 双顶尖装夹,粗车外圆,留精加工余量 0.5~1mm;倒角 C0.5 | 自定心卡盘、顶尖 |
| 3 | 车 | 调头装夹,粗、精车端面至图样要求,取长至（30±0.08）mm;粗、精车 M20×2 内孔;粗、精 $\phi30_{0}^{+0.03}$mm 内孔至图样要求,保证尺寸 25mm;孔口倒角 C2、C1;车内螺纹 M20×2 | 自定心卡盘 |
| 4 | 车 | 调头装夹,孔口倒角 C2 | 自定心卡盘 |
| 5 | 车 | 与螺纹轴零件配装,双顶尖装夹,精车外圆至图样要求 | 自定心卡盘、顶尖 |
| 6 | 检 | 检验 | |

8）切削用量的确定。

① 粗车：背吃刀量视加工要求确定，进给量为 0.2~0.3mm/r，转速为 400~480r/min。

② 精车：背吃刀量为 0.4~0.8mm，进给量为 0.1~0.15mm/r，转速为 750~800r/min。

③ 粗车孔：背吃刀量视加工要求确定，进给量为 0.1~0.15mm/r，转速为 350r/min 左右。

④ 精车孔：背吃刀量为 0.08~0.15mm，进给量为 0.05~0.1mm/r，转速为 600r/min 左右。

⑤ 车螺纹：背吃刀量视加工要求确定，进给量为 2mm/r，转速为 600~800r/min（熟练人员使用）。

**2. 操作程序**

1）自定心卡盘装夹，伸出长度 50mm，粗、精车端面至图样要求，钻中心孔 A2。

2）粗、精车外圆 $\phi$（39±0.04）mm 至尺寸要求，控制长度大于 41mm。

3）倒角 C0.5。

4）截取长 41mm 切断，（自制止口套）装夹外圆 $\phi$（39±0.04）mm，粗、精车端面，控制长度（40±0.1）mm，钻中心孔 A2。

5）粗、精车 $\phi30_{-0.025}^{0}$mm 外圆至图样要求，控制长度 30.1mm；车螺纹 M20×2 大径，控制长度 25mm。

6）倒角 C2、C0.5。

7）车槽 4mm×2mm。

8）车螺纹 M20×2，用螺纹环规检查。

9）检验。

10）自定心卡盘装夹余下毛坯，粗、精车端面，钻中心孔，钻通孔 φ18mm。

11）双顶尖装夹，粗车外圆，留精加工余量 0.5~1mm。

12）倒角 C0.5。

13）调头，自定心卡盘装夹，粗、精车端面至图样要求，取长至（30±0.08）mm。

14）粗、精车 M20×2 内孔；粗、精车 $\phi30^{+0.03}_{0}$ mm 内孔至图样要求，保证尺寸 25mm；孔口倒角 C2、C1。

15）车内螺纹 M20×2，用螺纹塞规检查。

16）调头装夹，孔口倒角 C2。

17）与螺纹轴零件（或心轴夹具）配装，双顶尖装夹，精车外圆至图样要求。

18）检验。

19）卸车。

20）打扫整理工作场地，将工件摆放整齐。

**3. 注意事项或安全风险提示**

1）要正确使用游标卡尺、螺纹环规和塞规进行测量。

2）合理选用切削用量。

3）车刀必须对准工件回转中心，以避免产生双曲线（母线不直）误差。

4）车削前应检查滑板位置是否正确，工件装夹是否牢靠，卡盘扳手是否取下。

5）一夹一顶或两顶尖装夹时，不能直接把工件切断，以防切断时工件飞出伤人。

6）在切断前应调整中、小滑板的松紧，一般宜紧一些为好。

7）车螺纹应始终保持切削刃锋利。如中途换刀或磨刀后，必须对刀以防止破牙，并重新调整中滑板刻度。

**4. 操作要点**

具有普通螺纹配合组合件的装夹方法：直接采用自定心卡盘装夹工件，粗车完成后，按长度要求切断，先加工带外螺纹的工件，再加工带内螺纹的工件，并与外螺纹工件配作完成。

# 任务二  车削偏心组合件

**学习目标**

1）能根据图样要求，进行轴套三件组合的加工。

2）能独立选择较合理的切削用量。

3）了解轴套三件组合主要部位的检测方法。

4）能独立对轴套三件组合进行工艺分析。

**工作任务**

通过图样可以看出，该组合件（图 10-2，各零件图如图 10-3~图 10-5 所示）尺寸精度共 17 处，组合后尺寸精度 2 处。零件在装配后的位置精度较高，在加工中，应选偏心轴为装配基准，并选择正确的工艺路线，以保证偏心轴的尺寸精度、位置精度等。

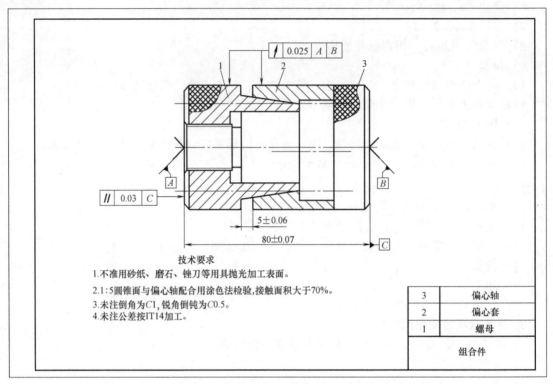

技术要求
1.不准用砂纸、磨石、锉刀等用具抛光加工表面。
2.1：5圆锥面与偏心轴配合用涂色法检验,接触面积大于70%。
3.未注倒角为C1,锐角倒钝为C0.5。
4.未注公差按IT14加工。

| 3 | 偏心轴 |
|---|---|
| 2 | 偏心套 |
| 1 | 螺母 |
| 组合件 | |

图 10-2　组合件

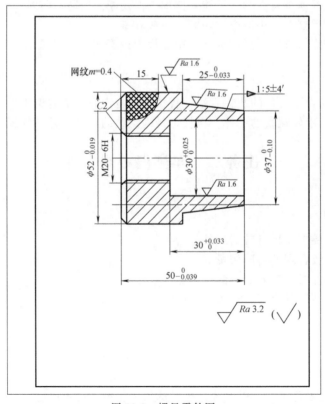

图 10-3　螺母零件图

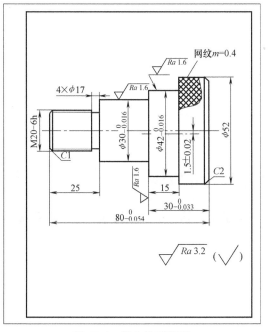

图 10-4　偏心轴零件图

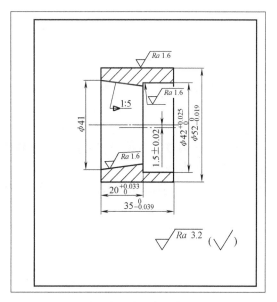

图 10-5　偏心套零件图

## 知识准备

在加工图 10-2 所示的组合件时，应进行工艺分析，正确地选择装配基准，合理拟定装配基准加工方法，从而保证组合件得到较高的配合精度，满足零件组合要求。

轴套三件组合工艺分析应考虑以下几方面：

1）要用工艺手段保证总组装后的跳动符合图样要求，如小轴必须用双顶尖装夹的方法精车，以保证配合间隙等。

2）要保证偏心轴与螺母内、外圆锥的配合接触面积大于 70%，可采用一次校准小滑板角度，再分别用主轴正、反转的办法来车外圆锥和内圆锥。

3）校正偏心距时，采用自定心卡盘垫斜度垫铁的方法（带斜度的垫铁如图 10-6 所示，可在平面磨床上用正弦磁力台装夹磨削成形），力求螺母与偏心轴两配合件偏心距的校正误差相同。严格控制各件的长度尺寸，从而保证总装后的尺寸。

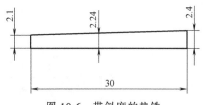

图 10-6　带斜度的垫铁

4）为保证配合精度，装配基准先行，即先车外圆锥、外螺纹等尺寸。

## 操作训练

### 1. 准备工作

1）正确穿戴劳动保护用品。穿戴工服、工鞋、工帽并检查合格。

2）图样准备：加工图样，如图 10-3～图 10-5 所示，各 1 份。

3）材料准备：45 钢，$\phi$60mm×140mm、$\phi$60mm×62mm，各 1 节。

4）设备准备：卧式车床 CA6140，1 台。

5）刀具、量具、工具、用具准备

① 刀具准备：90°外圆车刀（YT）、内孔刀、反内孔刀各2把，45°端面车刀、普通内螺纹车刀、梯形螺纹车刀、外沟槽刀、切断刀、滚花刀、外螺纹刀、$\phi$16mm钻头、$\phi$28mm钻头、中心钻A2.5各1把。

② 量具准备：游标卡尺（0.02mm/0～150mm）、千分尺（0.01mm/25～50mm）、螺纹环规或三针、游标深度卡尺（0～200mm）、内径百分表（0.01mm/18～35mm）各1套，对刀样板、钢直尺各1把。

③ 辅助工具及其他用具准备：鸡心夹头、固定顶尖、回转顶尖（莫氏5号）、刀架扳手18mm×18mm、卡盘扳手14mm×14mm×150mm、扁口起子、锉刀各1把，垫块、铜皮各1块，刀垫、磨石、砂纸等若干。

6）车床调整，刀具安装，量具、工具摆放、图样识读和工件装夹。

7）工艺准备。

① 粗车偏心轴、偏心套的工艺准备（表10-3）。由于偏心轴与偏心套存在偏心，故共用一个毛坯，在车削中进行适当的粗加工。

表10-3　粗车偏心轴、偏心套的工艺准备

| 工序号 | 工序名称 | 工 序 内 容 | 工艺装备 |
|---|---|---|---|
| 1 | 车 | 夹一端，车端面，钻中心孔A2.5 | 自定心卡盘 |
| 2 | 车 | 粗车偏心轴各尺寸，$\phi$52mm处滚花；调头，夹$\phi$31mm外圆，车端面 | 自定心卡盘 |
| 3 | 车 | 粗车偏心套外圆、钻孔$\phi$35mm×55mm | 自定心卡盘 |
| 4 | 车 | 切断，保证偏心轴总长81mm | 自定心卡盘 |
| 5 | 检 | 检验 | |

② 精车偏心轴的工艺准备（表10-4）。

表10-4　精车偏心轴的工艺准备

| 工序号 | 工序名称 | 工 序 内 容 | 工艺装备 |
|---|---|---|---|
| 1 | 车 | 夹$\phi$46mm外圆，车端面，保证总长$80_{-0.054}^{0}$mm，钻中心孔A2.5，倒角C2 | 自定心卡盘 |
| 2 | 车 | 两顶尖装夹，半精车$\phi30_{-0.016}^{0}$mm外圆至$\phi$30.5mm | 自定心卡盘、顶尖 |
| 3 | 车 | 精车M20-6h外螺纹大径至要求；切槽4mm×$\phi$17mm，倒角C1；车M20-6h外螺纹至要求；精车$\phi30_{-0.016}^{0}$mm外圆至要求，倒角C1 | 自定心卡盘、顶尖 |
| 4 | 车 | 自定心卡盘装夹，保证偏心距（1.5±0.02）mm，粗、精车$\phi42_{-0.016}^{0}$mm外圆至要求，倒角C1 | 自定心卡盘 |
| 5 | 检 | 检验 | |

③ 精车偏心套的工艺准备（表10-5）。

④ 车削螺母的工艺准备（表10-6）。

8）切削用量的确定。

① 粗车：背吃刀量视加工要求确定，进给量为0.2～0.3mm/r，转速为400～480r/min。

② 精车：背吃刀量为0.4～0.8mm，进给量为0.1～0.15mm/r，转速为750～800r/min。

③ 粗车孔：背吃刀量视加工要求确定，进给量为0.1～0.15mm/r，转速为350r/min左右。

表 10-5　精车偏心套的工艺准备

| 工序号 | 工序名称 | 工序内容 | 工艺装备 |
|---|---|---|---|
| 1 | 车 | 夹外圆 $\phi53$mm,粗、精车端面 | 自定心卡盘 |
| 2 | 车 | 粗、精车 $\phi52$mm 外圆至要求,长度取 39mm;切断,取长 36mm | 自定心卡盘 |
| 3 | 车 | 调头,夹 $\phi52$mm 外圆,粗、精车端面,保证总长至图样要求;粗、精车 1:5 内圆锥至要求,控制与偏心轴端面间隙 $(5\pm0.06)$mm | 自定心卡盘 |
| 4 | 车 | 调头装夹,粗、精车 $\phi42_{0}^{+0.025}$mm 内孔至要求,保证偏心距 $(1.5\pm0.02)$mm | 自定心卡盘 |
| 5 | 检 | 检验 | |

表 10-6　车削螺母的工艺准备

| 工序号 | 工序名称 | 工序内容 | 工艺装备 |
|---|---|---|---|
| 1 | 车 | 夹螺母毛坯,粗车螺母外圆、车工艺台阶 $\phi48$mm×12mm、滚花、钻孔 | 自定心卡盘 |
| 2 | 车 | 调头夹 $\phi48$mm×12mm 工艺台阶,车端面;粗车 1:5 圆锥大端直径 $\phi42.5$mm×25mm;车 M20-6H 内螺纹小径至 $\phi17.5$mm;粗车 $\phi30$mm 内孔至 $\phi29.5$mm×30mm | 自定心卡盘 |
| 3 | 车 | 车 M20-6H 内螺纹、精车 $\phi52$mm 外圆、$\phi30$mm 内孔至图样尺寸要求;精车 1:5 圆锥至图样尺寸要求,保证小端直径 | 自定心卡盘 |
| 4 | 车 | 调头包铜皮夹滚花处,车端面取总长至图样要求;倒角 | 自定心卡盘 |
| 5 | 检 | 检验 | |

④ 精车孔：背吃刀量为 0.08～0.15mm，进给量为 0.05～0.1mm/r，转速为 600r/min 左右。

⑤ 车螺纹：背吃刀量视加工要求确定，进给量为 2.5mm/r，转速为 600～800r/min（熟练人员使用）。

**2. 操作程序**

（1）粗车偏心轴、偏心套　车端面，钻中心孔 A2.5，粗车偏心轴各尺寸，$\phi52$mm 处滚花；调头，夹 $\phi31$mm 外圆，车端面；粗车偏心套外圆、钻孔 $\phi35$mm×55mm。具体尺寸如图 10-7 所示。

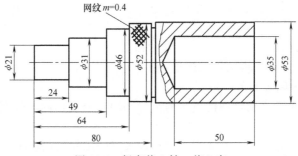

图 10-7　粗车偏心轴、偏心套

（2）精车偏心轴

1）夹 $\phi46$mm 外圆，找正，车端面取总长 $80_{-0.054}^{0}$mm，钻中心孔 A2.5，倒角 C2。

2）两顶尖装夹，半精车 $\phi30_{-0.016}^{0}$mm 外圆至 $\phi30.5$mm。

3）精车 M20-6h 外螺纹大径至要求。

4）切槽 4mm×$\phi$17mm，倒角 $C1$。

5）粗、精车 M20-6h 外螺纹至要求。

6）精车 $\phi30_{-0.016}^{0}$mm 外圆至要求，倒角 $C1$。

7）用自定心卡盘装夹，包铜皮，垫斜度垫铁，校正偏心距至要求，粗、精车 $\phi42_{-0.016}^{0}$mm 外圆至要求，倒角 $C1$。

8）检验。

（3）精车偏心套

1）自定心卡盘夹 $\phi$53mm 外圆，伸出长度 40mm，找正，粗、精车端面。

2）半精车、精车 $\phi$52mm 外圆至要求，长度取 39mm。

3）采取主轴反转，反车刀，粗、精车 1:5 内圆锥至要求，控制与偏心轴端面间隙（5±0.06）mm。

4）切断，取长 36mm。

5）调头，用自定心卡盘装夹，包铜皮，垫斜度垫铁，校正偏心距至要求（偏心距校正误差最好能校到与偏心轴校正误差同值），车端面，控制总长至图样要求，粗、精车 $\phi42_{0}^{+0.025}$mm 内孔至要求。

6）检验。

（4）车螺母

1）夹螺母毛坯，粗车螺母外圆、车工艺台阶、滚花、钻孔，加工尺寸如图 10-8 所示。图中 $\phi$22mm×12mm 孔是为了调头加工螺纹时，减短螺纹内孔的车削长度。

2）调头夹 $\phi$48mm×12mm 工艺台阶，找正，车端面。

3）粗车 1:5 圆锥大端直径 $\phi$42.5mm×25mm。

4）车 M20-6H 内螺纹小径至 $\phi$17.5mm。

5）粗车 $\phi$30mm 内孔至 $\phi$29.5mm×30mm。

6）粗、精车 M20-6H 内螺纹至要求。

7）精车 $\phi$52mm 外圆、$\phi$30mm 内孔至要求。

8）精车 1:5 圆锥至要求，保证小端直径。

9）调头包铜皮夹滚花处，找正，车端面，控制总长至图样要求。

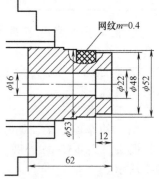

图 10-8　粗车螺母外圆、车工艺台阶、滚花、钻孔

10）倒角。

11）检查卸车。

12）打扫整理工作场地，将工件摆放整齐。

**3. 注意事项或安全风险提示**

1）校正偏心时，可通过调整微锥垫块的位置和用百分表校端面分别对偏心距和轴线平行度进行精校。

2）在滚花，车螺纹过程中，不能用手和棉纱去接触工件滚花表面，以防伤人。

3）滚花时，应取较小的切削速度，并应加注充分的切削液，同时，工件装夹必须牢靠。

4）一夹一顶或两顶尖装夹时，不能直接把工件切断，以防切断时工件飞出伤人。

5）在切断、滚花前应调整中、小滑板的松紧，一般宜紧一些为好。

6）车螺纹应始终保持切削刃锋利。如中途换刀或磨刀后，必须对刀以防止破牙，并重新调整中滑板刻度。

7）注意内螺纹车刀刀杆不能选择得太细，否则由于切削力的作用，易引起振颤和变形，出现"扎刀""啃刀""让刀"和发出不正常声音及振纹等现象。

**4．操作要点**

轴套三件组合主要部位的检验：

（1）偏心套偏心距的检验方法

1）用杠杆百分表、量块检验。将被测偏心套放在平板上的磁性 V 形块内，并用挡块进行轴向定位，回转偏心套，找出杠杆百分表测量读数最小位置。工件保持不动，缓缓移动杠杆百分表的测头，找出最小值并将其调零，与量块组的尺寸 h 进行比较后，得出杠杆百分表测头零位距离平板的最小距离 $H_1$；将工件转 180°，得到百分表另一读数值，与量块组比较得出杠杆百分表测头零位距离平板的最小距离 $H_2$，如图 10-9 所示。按下式可得出偏心距 $H$ 的测量结果，两量块组数值之差的一半，即 $H/2 = \dfrac{H_1 - H_2}{2}$ 就是工件实际偏心距尺寸。

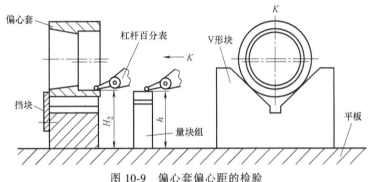

图 10-9　偏心套偏心距的检验

2）用壁厚千分尺或尖头千分尺测量偏心套的壁厚，将内孔与外径的实际尺寸代入计算，也可以间接测出偏心距。

3）将被测偏心轴安装在偏摆检测仪或车床的两顶尖之间。杠杆百分表测杆与偏摆检测仪轴线大致垂直，用手回转偏心轴一周后，杠杆百分表的最大读数值与最小读数值之差的一半即为偏心轴的实际偏心距。

（2）组装后尺寸的检验　组装后的尺寸（5±0.06）mm 可用量块配合塞尺测量，如图 10-10 所示，但切忌用量块当作塞规来直接测量槽宽；也可以用游标卡尺进行测量。

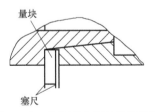

图 10-10　量块配合塞尺检验槽宽

# 思 考 题

1．组合件有什么特点？加工时应注意哪些？如何操作？

2．轴套三件组合加工时，工艺分析应考虑哪些方面？

3．加工组合件时如何选择切削用量？

4. 如何检测轴套三件组合的主要部位？

5. 按图 10-11 所示加工零件，材料为 45 钢。

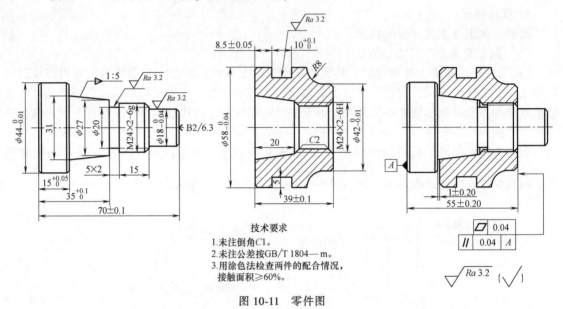

技术要求
1. 未注倒角C1。
2. 未注公差按GB/T 1804—m。
3. 用涂色法检查两件的配合情况，
   接触面积≥60%。

图 10-11　零件图

# 附录

## 常用车床型号与技术参数

### 附录 A 常用卧式车床的型号与技术参数

| 技术参数 | | | 机床型号 | | |
|---|---|---|---|---|---|
| | | | CA6140 | CW6163 | CW6180 |
| 工件最大直径 | 床身上/mm | | 400 | 630 | 800 |
| | 刀架上/mm | | 210 | 350 | 480 |
| 顶尖间最大距离/mm | | | 650、900 | 1350、2850 | 1350、2850、4850 |
| 加工螺纹范围 | 普通螺纹 | 螺距/mm | 1~192 | 1~240 | 1~240 |
| | 寸制螺纹 | 螺距/(牙/in) | 24~2 | 0.5~120 | 14~1 |
| | 模数螺纹 | 模数/mm | 0.25~48 | 14~1 | 0.5~120 |
| | 径节螺纹 | 径节/(牙/in) | 96~1 | 28~1 | 28~1 |
| 主轴 | 最大通过直径/mm | | 48 | 80 | 80 |
| | 孔锥度 | | 莫氏5号 | | |
| | 正转转速级数 | | 24 | 18 | 18 |
| | 正转转速范围/(r/min) | | 10~1400 | 6~800 | 4.8~640 |
| | 反转转速级数 | | 12 | | |
| | 反转转速范围/(r/min) | | 14~1580 | | |
| 进给量 | 纵向级数 | | 64 | 72 | 72 |
| | 纵向范围/(mm/r) | | 0.08~1.95 | 0.1~24 | 0.1~24 |
| | 横向级数 | | 64 | 72 | 72 |
| | 横向范围/(mm/r) | | 0.04~0.79 | 0.05~12 | 0.05~12 |
| 刀架 | 最大横向行程/mm | | 320 | 420 | 500 |
| | 最大纵向行程/mm | | 140 | 200 | 200 |
| | 最大回转角度 | | ±90° | | |
| | 中心高/mm | | 26 | 33 | 35 |
| | 刀杆截面$\left(\dfrac{B}{mm}\times\dfrac{H}{mm}\right)$ | | 25×25 | 30×30 | 30×30 |

（续）

| 技 术 参 数 | | 机床型号 | | |
|---|---|---|---|---|
| | | CA6140 | CW6163 | CW6180 |
| 尾座 | 顶尖套最大移动量/mm | 150 | 250 | 250 |
| | 横向最大移动量/mm | ±15 | ±20 | ±20 |
| | 顶尖套内孔锥度 | 莫氏 4 号 | 莫氏 6 号 | 莫氏 6 号 |
| 电动机功率 | 主电动机功率/kW | 7.5 | 10 | 11 |
| | 总功率/kW | 7.84 | 12 | 12.2 |
| 外形尺寸 | 长/mm | 2418、2668 | 3665、5165 | 3750、5250、7250 |
| | 宽/mm | 1000 | 1440 | 1550 |
| | 高/mm | 1267 | 1450 | 1650 |
| 工作精度 | 圆度/mm | 0.009 | 0.01 | 0.01 |
| | 圆柱度/mm | 0.027/300 | 0.03/300 | 0.03/300 |
| | 平面度/mm | 0.019/$\phi$300 | 0.025/$\phi$300 | 0.002/$\phi$300 |
| | 表面粗糙度值 $Ra$/$\mu$m | 1.6 | 2.5 | 1.6 |

# 附录 B  常用立式车床的型号与技术参数

| 技术参数 | | 机床型号 | | | | |
|---|---|---|---|---|---|---|
| | | C5112A | C5116A | C5120C | C5225 | C5235 |
| 加工范围 | 最大工件直径/mm | 1250 | 1600 | 2000 | 2500 | 3500 |
| | 最大工件高度/mm | 1000 | 1000 | 1600 | 1600 | 2000 |
| | 最大工件质量/kg | 3200 | 5000 | 12000 | 10000 | 30000 |
| 工作台 | 直径/mm | 1000 | 1400 | 1800 | 2250 | 3080 |
| | 转速级数 | 16 | 16 | 16 | 16 | 16 |
| | 转速范围/(r/min) | 6.3~200 | 5~160 | 2.5~125 | 2~63 | 0.58~40 |
| | 最大转矩/(MN·m) | 17 | 24.5 | 32 | 62 | 82 |
| 垂直刀架 | 水平行程/mm | 800 | 915 | 1220(右)/1000(左) | 1400 | 1985 |
| | 垂直行程/mm | 700 | 800 | 1000 | 1000 | 1250 |
| | 最大回转角度 | ±30° | ±30° | ±30° | ±30° | ±30° |
| | 最大车削力/MN | 19.6 | 24.5 | 25 | 34(右)/29(左) | 34(右)/27(左) |
| 侧刀架 | 水平行程/mm | 500 | 500 | 630 | 1400 | 1985 |
| | 垂直行程/mm | 900 | 900 | 1700 | 1000 | 1250 |
| | 最大车削力/MN | 19.6 | 19.6 | 20 | 30 | 28 |
| 进给量 | 级数 | 12 | 12 | 16 | 18 | 24 |
| | 范围/(mm/min) | 0.8~86 | 0.8~86 | 0.045~2 (mm/r) | 0.25~90 (mm/r) | 0.29~91.6 |

（续）

| 技术参数 | | 机床型号 | | | | |
|---|---|---|---|---|---|---|
| | | C5112A | C5116A | C5120C | C5225 | C5235 |
| 刀架快速移动速度/(mm/min) | | 1800 | 1800 | 2500 | 1550 | 1600 |
| 刀杆截面最大尺寸/mm | | 30×40 | 30×40 | 40×40 | 40×50 | 50×50 |
| 横梁 | 最大行程/mm | 650 | 650 | 1350 | 1250 | 1750 |
| | 升降速度/(mm/min) | 440 | 440 | 430 | 350 | 370 |
| 电动机功率 | 主电动机功率/kW | 22 | 30 | 40 | 55 | 55 |
| | 总功率/kW | 32.1 | 40.1 | 52.2 | 70.7 | 83 |
| 外形尺寸 | 长/mm | 2360 | 2660 | 4100 | 5180 | 9520 |
| | 宽/mm | 2277 | 2660 | 4720 | 4560 | 5040 |
| | 高/mm | 3403 | 3528 | 4500 | 4680 | 7450 |
| 工作精度 | 圆度/mm | 0.01 | 0.01 | 0.01 | 0.025 | 0.015 |
| | 圆柱度/mm | 0.01 | 0.01 | 0.01 | 0.01 | 0.01 |
| | 平面度/mm | 0.03 | 0.03 | 0.03 | 0.03 | 0.03 |

# 参 考 文 献

[1]  王公安. 车工工艺学 [M]. 5 版. 北京：中国劳动社会保障出版社，2014.

[2]  吴拓. 机械制造技术基础 [M]. 北京：清华大学出版社，2007.

[3]  孙学强. 机械加工技术 [M]. 2 版. 北京：机械工业出版社，2016.

[4]  陈刚，刘迎军. 车工技术 [M]. 北京：机械工业出版社，2014.

[5]  王先逵. 机械加工工艺手册 [M]. 2 版. 北京：机械工业出版社，2007.

[6]  杜俊伟. 车工工艺学：上册 [M]. 北京：机械工业出版社，2008.

[7]  杜俊伟. 车工工艺学：下册 [M]. 北京：机械工业出版社，2008.

[8]  贾恒旦. 技术工人操作技能试题精选：车工 [M]. 北京：航空工业出版社，2008.

[9]  郭玉林，刘天舒，李海. 车工技术手册 [M]. 郑州：河南科学技术出版社，2010.

[10]  潘旺林. 车工实用技术手册 [M]. 北京：电子工业出版社，2008.

[11]  邱言龙，王兵，刘继福. 车工实用技术手册 [M]. 北京：中国电力出版社，2010.

[12]  于太安. 零起点就业直通车：车工 [M]. 北京：化学工业出版社，2010.